300款快手酱汁酱料

牛国平 牛 翔 编著

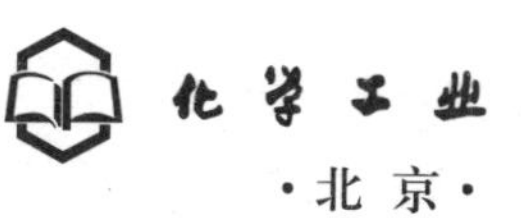

化学工业出版社
·北京·

本书介绍了300款自制的实用调味酱。由专业厨师亲自创制，风味多样，操作简单。以食材的制作条件及食用需要为出发点，详细介绍了每一款调味酱的原料组成、调配方法以及适用范围等。每一款调味酱都附有一款实例举证，不仅能让读者快速调出实用且味美的调味酱，还能指导读者运用调味酱烹制菜肴。

书中内容通俗易懂、实用性强，不仅适用于专业厨师，也适合大众读者在家中操作使用。

图书在版编目（CIP）数据

300款快手酱汁酱料／牛国平，牛翔编著.
北京：化学工业出版社，2017.11
ISBN 978-7-122-30641-8

Ⅰ.①3… Ⅱ.①牛… ②牛… Ⅲ.①调味酱-制作
Ⅳ.①TS264.2

中国版本图书馆CIP数据核字（2017）第227257号

责任编辑：马冰初　李锦侠　　　文字编辑：王　琪
责任校对：边　涛　　　装帧设计：水长流

出版发行：化学工业出版社（北京市东城区青年湖南街13号　邮政编码100011）
印　　装：三河市延风印装有限公司
710mm×1000mm　1/16　印张18　字数300千字　2018年3月北京第1版第1次印刷

购书咨询：010-64518888（传真：010-64519686）　售后服务：010-64518899
网　　址：http://www.cip.com.cn
凡购买本书，如有缺损质量问题，本社销售中心负责调换。

定　　价：39.80元

目录 CONTENTS

CHAPTER 1 凉拌酱

——拌出别样味道

CHAPTER 2

热菜酱

——烹出飘香美味

CHAPTER 3
拌面酱
——拌面百吃不厌

CHAPTER 4

下饭酱

——吃出滋味米饭

CHAPTER 5

蘸酱

——蘸出奇香妙味

CHAPTER 6

烧烤酱

——烤出菜香袭人

CHAPTER 7

甜点酱

——吃出幸福甜蜜

CHAPTER 1

凉拌酱

——拌出别样味道

健康蔬菜酱

这款调味酱是以青葱叶、蒜瓣和菠菜汁为原料，加上辣鲜露、精盐等调料配制而成的，色泽碧绿、味道清香。

原料组成： 青葱叶25克，菠菜汁25克，蒜瓣20克，柠檬汁50克，辣鲜露30克，精盐5克，冰块3小块，橄榄油60克。

调配方法： ①青葱叶洗净，沥干水分，切成小节；蒜瓣去皮，用刀拍裂。②把青葱节、蒜瓣、精盐、辣鲜露、柠檬汁和橄榄油放进料理机里，然后加入冰块，开机打成泥状，加入菠菜汁和匀调色即成。

调酱心语： ①必须选用小香葱的青叶。大葱的青叶有苦味，不宜选用。②菠菜汁起调色的作用，制取前务须进行焯水处理，以去除部分酸涩味。③辣鲜露起提辣、助咸、增鲜的作用。④打酱时一定要加冰块，以免机器高速运转产生的热量使食材变色变味。

适用范围： 拌制各种荤类凉菜。

实例举证：慢煮嫩滑鸡

原料：仔鸡1只，生姜3片，大葱2段，料酒10克，柠檬片、熟豌豆、黑芝麻、健康蔬菜酱各适量。

制法：①坐锅点火，添入适量冷水，放入姜片、葱段、料酒和仔鸡，大火烧开后转微火浸至八成熟，关火浸至汤冷且鸡肉熟透。②把仔鸡捞出来控尽水分，剔去骨头，切成条状，装盘后用柠檬片、熟豌豆和黑芝麻作点缀，淋上健康蔬菜酱即成。

特点：鸡肉嫩滑，清香可口。

提示：①仔鸡用汤的余热浸煮熟透，口感才嫩滑。②仔鸡也可带骨切块，但要一刀切断，以免出现碎骨渣。

开胃绿酱

这是用杭椒和鲜青花椒制蓉调味后，再加上烧热的香油、葱油和花椒油这三种油调制而成的一款凉菜调味酱，味道香浓、咸麻鲜辣、清爽开胃。

原料组成： 杭椒100克，鲜青花椒25克，精盐、鸡粉、白糖、香油、葱油、花椒油各30克。

调配方法：①杭椒洗净去蒂，放在干燥的热锅里烤至表皮起泡，撕去表皮，切节；鲜青花椒用刀压裂，除去黑籽。②杭椒节和鲜青花椒放在一起剁成细蓉，放在小盆里，加入精盐、鸡粉和白糖拌匀，再加入烧热的香油、葱油和花椒油的混合油，搅匀凉冷即成。

调酱心语：①杭椒是主要原料，它的辣度和鲜青花椒的麻度是相适的，两者的味道都不能互相盖住。②鲜青花椒突显麻味，必须把里面的黑籽去掉，否则会影响色泽和口感。③香油、葱油和花椒油这三种油起增香、滋润的作用，缺少哪一种，酱的香味都会大打折扣。

适用范围：拌制各种荤素凉菜。如配蔬菜、配熟肉皆可。

实例举证：香笋拌牛脸

原料：牛脸300克，腌干笋30克，生姜6片，大葱6节，料酒10克，五香炖肉料1小包，开胃绿酱适量，色拉油10克。

制法：①把牛脸治净，放入加有3片生姜、3节大葱和料酒的水锅里氽一水后，捞出放在高压锅里，加入五香炖肉料、精盐及剩余姜片和葱节，压熟凉凉。②腌干笋用温水泡发，入沸水锅氽水后，捞出切丝，再放入烧热的色拉油锅内炒香，盛出待用。③把牛脸切成大薄片，和炒过的笋丝放在一起，加入开胃绿酱拌匀，装盘便成。

特点：脆嫩爽口，清香开胃。

提示：①牛脸不要加热过头，否则入口没有嚼头。②笋丝煸炒过后再调味，味道才佳。

蒜椒香葱酱

这款调味酱是一种创新的川菜味型，是在调好的椒麻味汁中加入蒜蓉和青尖椒蓉调制而成的。除具有咸麻味外，还具有青椒的辣味和大蒜的香味。

原料组成：香葱叶50克，青尖椒50克，蒜瓣25克，鲜青花椒25克，精盐、味精、生抽、香油各适量，鸡汤100克。

调配方法：①香葱叶洗净，控干水分，切成小节；青尖椒洗净去蒂，切碎；蒜瓣拍松切末；鲜青花椒择去丫枝。②把青葱节、尖椒碎、蒜末和鲜青花椒依次放入料理机内打成细蓉，盛在容器内，加入鸡汤、精盐、味精、生抽和香油调匀即成。

调酱心语：①要选用色鲜、清香、麻味醇正特点的鲜青花椒。②香葱叶务须选用小香葱的部分，成品葱香味才浓郁。③青尖椒突出鲜辣风味，蒜蓉体现蒜香味，两者用量均要够。④加入生抽是为了提鲜，切忌太多，以免压抑鲜青花椒的清香味。

适用范围：拌制各种荤素凉菜。如蘸水蜂窝肚、椒麻鸡丝、脆皮凤爪、蒜椒脆笋肚等。

实例举证：蒜椒脆笋肚

原料：净猪肚200克，净青笋50克，大葱2段，生姜3片，料酒10克，精盐1克，胡椒数粒，蒜椒香葱酱适量。

制法：①净猪肚放在加有料酒、葱段、姜片和胡椒的水锅里煮熟，离火闷至冷却，捞出来控净水分，切成细丝。②另把青笋切成粗丝，加精盐拌匀，腌3分钟，沥去水分，与猪肚丝放在一起，加入蒜椒香葱酱拌匀，装盘便成。

特点：鲜香麻辣，脆软爽口。

提示：①煮好的猪肚不要急于捞出来，让其吸足水分，使口感更爽嫩。②青笋丝先用盐腌一下去除些水分，再与猪肚丝同拌。

山椒蔬菜酱

这款调味酱是用泡野山椒搭配芹菜、香菜等具有特殊香味的蔬菜和酱油、大红浙醋等调料配制而成的，味道酸辣、蔬菜清香。

原料组成：泡野山椒50克，芹菜、香菜各25克，生姜、大葱、洋葱各10克，一品鲜酱油、大红浙醋、白糖、味精、红油、香油各适量。

调配方法：①芹菜、香菜择洗干净，同去蒂的泡野山椒分别切小节；生姜、大葱、洋葱分别去皮，切成碎末。②把芹菜节、香菜节、泡野山椒节、姜末、葱末和洋葱末依次放入料理机内打成蓉，盛在碗内，加入一品鲜酱油、大红浙醋、白糖、味精、红油和香油调匀即成。

调酱心语： ①泡野山椒定辣味，用量要够。②芹菜、香菜突出蔬菜的清香味，且有去腻的作用。③生姜、大葱、洋葱起增香和杀菌的作用。④大红浙醋起助酸的作用，与野山椒的辣味组合成适口的酸辣味。⑤酱油提鲜、助咸，味精增鲜，白糖提鲜、合味，红油提辣味，香油增香，这些调料用量均要适度。

适用范围： 拌制各种荤素类凉菜。

实例举证： 酸辣土鸡片

原料：净土鸡300克，青笋50克，生姜3片，大葱2段，料酒10克，山椒蔬菜酱30克。

制法：①净土鸡放在加有姜片、葱段和料酒的水锅中煮熟，离火原汤泡冷，捞出沥汁。②青笋去皮切片，铺盘中垫底；熟土鸡肉去骨，切成抹刀片，覆盖在笋片上，最后淋上山椒蔬菜酱即成。

特点：鸡肉鲜嫩，酸辣开胃。

提示：①净土鸡用小火慢慢煮熟，口感才嫩滑。②鸡肉切片要大小、厚薄一致，以求装盘成形美观。

泰式青柠酱

这款调味酱是以泰国鸡酱、青柠檬汁、小米椒等料配制而成的，色泽红亮、味道酸辣。

原料组成： 青柠檬半个，泰国鸡酱30克，小米椒10克，蒜瓣5克，香葱5克，鲜香茅草3克，白糖5克，精盐3克，橄榄油15克。

调配方法： ①小米椒洗净去蒂，切节；蒜瓣剥皮，香葱去皮，分别切末；鲜香茅草洗净，切末；青柠檬榨取汁液，并取一半青柠檬肉切小粒。②将泰国鸡酱、蒜末、香葱末、小米椒节、鲜香茅草末、橄榄油、青柠檬肉粒和青柠檬汁一起放入料理机内打成泥，盛在容器内，加白糖和精盐调味即成。

调酱心语： ①青柠檬的肉和汁起突出果酸味的作用，用量要适度。②小米椒起助辣的作用。③精盐起合味、定咸的作用。④白糖起提鲜、合味的作用，不宜多用。⑤橄榄油起增香和滋润的作用。

适用范围： 拌制各种海鲜、素类凉菜。

实例举证：酸辣海蜇

原料：海蜇头200克，黄瓜75克，泰式青柠酱适量。

制法：①将海蜇头放在案板上，用坡刀片成薄片，放在小盆中，注入淡盐水中浸泡10分钟后，用手反复搓洗片刻，捞起将盐水倒掉，再换清水反复泡洗至去净泥沙，最后用凉开水洗两遍，沥干水分，堆在盘中。②黄瓜洗净，切花刀片，围在海蜇周边，然后淋上泰式青柠酱即成。

特点：质地爽脆，酸辣回甜。

提示：①海蜇用淡盐水浸泡，既可去除咸涩味，又容易去除沙粒。②海蜇片一定要控干水分再装盘。

芥末蒜椒酱

这是以红小米椒和蒜瓣为主料，搭配白醋、芥末油等调料配制而成的一种凉菜调味酱，色泽粉红、蒜香浓郁、芥辣味冲。

原料组成： 红小米椒50克，蒜瓣25克，精盐、味精、白醋、芥末油、香油各适量。

调配方法： ①红小米椒洗净去蒂，切小节；蒜瓣去皮，拍松切末。②将红小米椒节和蒜末放入料理机，倒入少量纯净水打成细蓉，盛在容器内，加精盐、味精、白醋、芥末油和香油调匀即成。

调酱心语： ①芥末油起定主味的作用。②蒜瓣起突出蒜味辣香的作用，白醋起突出酸味、合味解腻的作用。③味精起提鲜的作用，香油起增香的作用。

适用范围： 拌制各种荤素类凉菜。

实例举证：冰镇墨鱼仔

原料：冰鲜墨鱼仔200克，生姜3片，大葱2段，芥末蒜椒酱30克。

制法：①将冰鲜墨鱼仔解冻后，修整均匀，放入加有姜片和葱段的沸水锅中汆至断生，捞在冰水中镇凉。②把墨鱼仔取出控干水分，装在盘中，淋上芥末蒜椒酱即成。

特点：形态美观，清脆爽口。

提示：①墨鱼仔初加工要细致，使成品有一个好的卖相。②焯好的墨鱼仔用冰水镇一下，口感更脆。

复合香其酱

这款调味酱是用香其酱、洋葱、酱油、陈醋等调料配制而成的，褐红油亮、酸香回甜。

原料组成：香其酱20克，白洋葱60克，大蒜50克，生姜20克，海鲜酱油30克，陈醋25克，白糖10克，色拉油50克。

调配方法：①白洋葱去皮，切粒；大蒜去皮，拍松切末；生姜洗净去皮，切末。②坐锅点火，注入色拉油烧至六成热时，放入洋葱末、蒜末和姜末炒香，加入香其酱略炒，再加海鲜酱油、陈醋和白糖煮浓即可。

调酱心语：①香其酱定主味，突出风味特色。②陈醋起助味的作用，以成品微透酸味即可。③白糖起助鲜、回甜的作用。④大蒜、生姜、海鲜酱油起提鲜、增香的作用。⑤色拉油起滋润、炒制和增香的作用。

适用范围：拌制各种素类凉菜。

实例举证：别样拌豇豆

原料：嫩豇豆200克，复合香其酱30克，熟芝麻5克，精盐1克，色拉油5克，红油10克。

制法：①嫩豇豆洗净，切成8厘米长的段，放入加有精盐和色拉油的沸水锅里煮熟，捞出来用纯净水投凉，装盘成“过桥”形。②将复合香其酱与红油拌匀，淋在豇豆段上面，撒上熟芝麻即可。

特点：豇豆脆嫩，咸香可口。

提示：①豇豆焯水时加点色拉油，可使色泽更加油绿。②不喜欢辣味的，可不用红油。

新派麻辣酱

这款调味酱是以花生酱、芝麻酱、干锅酱和沙茶酱四种酱料，加上生抽、油泼辣子、香料粉等调料配制而成的，口味新颖、麻辣适口。

原料组成：花生酱15克，干锅酱10克，沙茶酱10克，芝麻酱5克，生抽15克，一品鲜酱油10克，油泼辣子10克，花椒粉3克，香料粉1克，味精3克，藤椒油5克，香油10克。

调配方法：①花生酱和芝麻酱放在小盆里，先加生抽调匀，再加入干锅酱、沙茶酱调匀。②最后依次加入一品鲜酱油、油泼辣子、花椒粉、香料粉、味精、藤椒油和香油调匀即成。

调酱心语：①花生酱、芝麻酱起助香味的作用。②干锅酱提色、增麻辣味，沙茶酱提鲜味。③花椒粉辅助干锅酱增加麻味，用量要适度。④藤椒油除助花椒粉提麻味外，还同香油起增香、滋润的作用。⑤香料粉增香，味精提鲜，均不宜多用。

适用范围：拌制各种荤素类凉菜。

实例举证：麻辣脆口条

原料：白卤口条1根，青笋、金针菇、水发木耳各30克，新派麻辣酱30克。

制法：①青笋去皮，切菱形片；水发木耳择洗干净，撕成小片，同洗净去根的金针菇一起焯水，过凉水后挤去水分；白卤口条切成大薄片。②把青笋片、金针菇和木耳放盘中垫底，上面整齐覆盖口条片，最后淋上新派麻辣酱即成。

特点：入口脆爽，麻辣鲜香。

提示：①白卤口条切片不宜太厚，以确保美妙口感。②垫底的蔬菜不拘一格，可根据口味爱好选用。

松花鲮鱼酱

这款调味酱是以豆豉鲮鱼和松花蛋为主要原料，辅加酱油、冷鸡汤等料调配而成的，咸香鲜美、风味独特。

原料组成：豆豉鲮鱼50克，松花蛋1个，香葱10克，酱油10克，味精5克，冷鸡汤50克。

调配方法：①豆豉鲮鱼放在料理机内打成泥；松花蛋剥去外皮，切成小粒；香葱择洗干净，切末。②豆豉鲮鱼泥入碗，先加冷鸡汤调成稀糊状，再加入酱油、味精和松花蛋粒调匀，撒入香葱末即成。

调酱心语：①豆豉鲮鱼是一种罐头制品，在此酱中起突出风味的作用。②松花蛋起增奇香的作用。③酱油增色、定咸味，宜选用咸鲜味浓且色淡的酱油。④味精起提鲜的作用。⑤冷鸡汤起稀释、增鲜、提香的作用，要控制好用量，避免调好的酱太稀。

适用范围：拌制各种素类凉菜。如蒜椒鲮鱼拌豆皮、鲮鱼酱拌油菜等。

实例举证：鲮鱼酱拌油菜

原料：小油菜250克，松花鲮鱼酱30克，精盐2克，色拉油5克。

制法：①小油菜去泥根，分片择洗干净，控尽水分。②坐锅点火，添入清水烧开，放入精盐和色拉油后，纳小油菜焯熟，捞出过凉，挤去水分，整齐码在盘中，淋上松花鲮鱼酱即成。

特点：色泽油绿，清香利口。

提示：①爱吃脆的小油菜，焯制时间短一点；反之，时间长一些。②小油菜一定要挤干水分再装盘。

蒜椒鲮鱼酱

这种调味酱是以豆豉鲮鱼、蒜瓣、小米椒、花椒油和鲜汤等原料调配而成的，蒜香突出、豆豉味浓、咸鲜微辣。

原料组成：豆豉鲮鱼50克，蒜瓣20克，小米椒15克，白糖5克，精盐5克，味精3克，葱油、花椒油各10克，鲜汤25克。

调配方法：①豆豉鲮鱼切碎；蒜瓣拍松；小米椒洗净，去蒂切粒。②将豆豉鲮鱼、蒜碎和小米椒粒放在料理机内打成泥，盛在碗内，加入鲜汤、白糖、精盐、味精、葱油和花椒油调匀即成。

调酱心语：①豆豉鲮鱼定主味，选用优质佳品。②蒜末定蒜香味，起杀菌的作用。③小米椒定辣味，满足口味需要即可。④葱油、花椒油起增香、滋润的作用。⑤此酱以咸鲜味为主，稍突出辣味即可。

适用范围：拌制各种素类凉菜。如玉带莴苣、蒜椒鲮鱼拌油麦菜等。

实例举证：玉带莴苣

原料：嫩莴苣200克，精盐3克，纯净水200克，蒜椒鲮鱼酱适量。

制法：①莴苣削去外皮，切去质老的部分，顺长剖为两半，刀切面朝下平放于案板上，用平刀片成长条片。②纯净水入盆，加入精盐搅匀至溶化，放入莴苣片泡3分钟，捞出控尽汁水，堆在盘中，浇上蒜椒鲮鱼酱即成。

特点：形似玉带，脆爽利口。

提示：①片莴苣片时要注意力度，避免伤到手指。②莴苣片盐水泡时间不要过长，否则口感不好。

豉香花生酱

这种酱是以豆豉和花生酱为主要调料，辅加白酱油、白糖、味精等调料配制而成的，豉香味浓、咸鲜爽口。

原料组成： 豆豉50克，花生酱30克，白酱油20克，白糖10克，味精3克，香油20克，色拉油30克。

调配方法： ①豆豉用刀剁成细蓉；花生酱入碗，加入白酱油调稀。②坐锅点火，注入色拉油烧热，下入豆豉蓉炒香，盛入碗内，加白糖、味精、香油和调稀的花生酱充分调匀即成。

调酱心语： ①豆豉用量要大，并剁成细蓉，炒时也不要炒焦，以突出咸鲜和豉香味。②白酱油起定咸味的作用。③白糖、味精起提鲜的作用。④芝麻油、花生酱增香、滋润。⑤色拉油起炒制和滋润的作用。

适用范围： 拌制各种荤素凉菜。如豉香滑鱼条、豉香莴笋、豉香猪尾等。

实例举证： 豉香滑鱼条

原料：净鱼肉150克，黄瓜50克，鸡蛋（取蛋清）1个，淀粉15克，料酒5克，精盐3克，豉香花生酱适量。

制法：①净鱼肉切成5厘米长、筷子粗的条，放在碗内，加入料酒、1克精盐、淀粉和打澥的鸡蛋清拌匀上浆；黄瓜洗净，切成小指粗的条，与2克精盐拌匀，腌几分钟，沥去汁水，整齐地码在盘边，备用。②坐锅点火，添水烧沸，分散下入鱼条氽熟，捞出用纯净水投凉，沥去水分，堆在盘中黄瓜条中间，然后淋上豉香花生酱便成。

特点：鱼肉滑嫩，豉香咸鲜。

提示：①切鱼条时要把残留的细小鱼刺剔出来。②鱼条投凉时用力要轻，以免断碎。

洋葱油醋酱

这种酱是以洋葱泥为主要原料，加上香醋、辣椒粉、香油等调料配制而成的，色泽淡红、酸辣爽口。

原料组成： 洋葱150克，香醋50克，辣椒粉5克，精盐适量，香油50克。

调配方法： ①洋葱剥皮，切成小丁，放在料理机内打成细泥，盛在小碗内，加入辣椒粉和精盐拌匀，待用。②香油入锅烧至七成热时，倒在有洋葱的小碗内，搅匀凉冷，加入香醋调匀成稀酱状即成。

调酱心语： ①香醋起突出酸味的作用，以选色淡、味香的醋为佳。②辣椒粉定辣味，要选味辣色正的品种。③精盐确定咸味，满足对原料的需要。④如喜食洋葱的辣味，就直接使用，不要用热油浇之。

适用范围： 拌制各种荤素凉菜。如凉拌羊杂、酸辣花生米等。

实例举证： 凉拌羊杂

原料：熟羊杂200克，青笋100克，精盐1克，洋葱油醋酱适量。

制法：①熟羊杂切片；青笋去皮，切菱形片，与精盐拌匀，腌一会儿，沥去汁水。②将羊杂片和青笋片放在小盆内，加入洋葱油醋酱拌匀，装盘上桌。

特点：口感多样，下酒极佳。

提示：①买回来的熟羊杂要即拌即食。若放入冰箱中冷冻保存，则口感大打折扣。②青笋片盐腌时间不宜过长，以免失水过多，口感不脆。

藤椒豉油酱

这种酱是用蒸鱼豉油、小葱、鲜青花椒、藤椒油等调料配制而成的，味道麻辣、藤椒味突出。

原料组成： 蒸鱼豉油50克，小葱30克，鲜青花椒20克，红美人椒5个，白糖、鸡精各少许，藤椒油15克。

调配方法： ①小葱择洗干净，切节；鲜青花椒去除黑籽；红美人椒洗净，去蒂切小圈。②将小葱节、鲜青花椒和红美人椒圈依次放在料理机内打成细蓉，盛在容器内，加入蒸鱼豉油、白糖、鸡精和藤椒油调匀即成。

调酱心语： ①蒸鱼豉油用量大，起增咸、提鲜的作用。②鲜青花椒、藤椒油起突出麻味的作用。③红美人椒起增加色泽和提辣味的作用。④小葱起增香的作用。⑤白糖、鸡精起提鲜的作用，少加为妙。

适用范围： 拌制各种肉类食材。如藤椒腰花、藤椒鸡翅、藤椒鱼片等。

实例举证： **藤椒腰花**

原料：鲜猪腰2只，黄瓜75克，藤椒豉油酱适量。

制法：①鲜猪腰洗净，剖成两半，剔净腰臊，先用坡刀切上一行行平行刀纹，再转一角度切成每三刀一断的条；黄瓜洗净，切片，铺盘中垫底。②锅内添水烧沸，放入猪腰花烫至断生，捞出用纯净水漂洗两遍，控干水分，盖在黄瓜片上，最后淋上藤椒豉油酱即成。

特点：腰花软嫩，麻辣香醇。

提示：①要选用新鲜而有弹性的猪腰。②腰花焯水后漂洗的目的是彻底去净血污。

红油姜酱

这种酱是以生姜和辣椒油为主要调料，搭配美极鲜味汁、香醋等调料配制而成的，色泽红亮、酸辣香鲜、姜味突出。

原料组成： 生姜75克，美极鲜味汁30克，香醋20克，精盐5克，白糖3克，味精2克，香油10克，辣椒油30克。

调配方法： ①生姜洗净去皮，切成小丁，放在料理机内打成细蓉，待用。②精盐和白糖入碗，加入美极鲜味汁搅拌至溶化，再加入生姜蓉、香醋、味精、香油和辣椒油，充分调匀即成。

调酱心语： ①姜蓉起突出姜香的作用，使用量要大一些。②辣椒油起定辣味的作用，香醋起助酸的作用，两者组合成可口的酸辣味。③美极鲜味汁和精盐定咸、提鲜，味精起助鲜的作用。④白糖起合味的作用，以入口尝不出甜味为度。⑤香油起增香的作用。

适用范围： 用于凉菜、灼菜等类菜肴。如红油肚片、红油鸡胗等。

实例举证：红油鸡胗

原料：净莴苣150克，卤鸡胗100克，精盐2克，红油姜酱适量。

制法：①净莴苣斜刀切成1.5厘米厚的马蹄块，再用直刀切成0.3厘米厚的菱形片；卤鸡胗切成薄片。②把莴苣片放在小盆内，加精盐拌匀，腌约2分钟，滗去汁水，铺在盘中，上盖鸡胗片，淋上红油姜酱便成。

特点：红绿分明，莴苣水脆，鸡胗香韧。

提示：①莴苣片先腌去一些水分再拌。如直接拌制会出汤，影响味道。②卤鸡胗有味道，应注意酱的用量。

香醋蒜蓉酱

这种酱是以蒜蓉、香醋、香油等调料配制而成的，蒜味浓郁、咸鲜酸香、开胃利口。

原料组成：大蒜100克，香醋50克，精盐适量，香油10克，纯净水25克。

调配方法：①大蒜剥去外皮，放在钵内，加入精盐，用木槌捣成细蓉，盛在容器内。②先加纯净水调澥，再加香醋、精盐和香油调匀即成。

调酱心语：①大蒜与精盐同捣成蓉，可使黏性增大，蒜香味更浓。②精盐定咸味，要求用量适中。太少蒜味不浓；太多味咸，无法食用。③蒜蓉捣好后，不要久放，以免变色，影响味道。

适用范围：拌制各种荤素类凉菜。如蒜酱豆角、蒜酱鸡片等。

实例举证：蒜酱豆角

原料：嫩豆角250克，香醋蒜蓉酱50克，精盐3克，色拉油5克。

制法：①嫩豆角洗净，择去两头，放在加有精盐和色拉油的开水锅中焯至断生，捞出迅速用纯净水过凉，控干水分。②把豆角段整齐码在盘子上，随后淋上香醋蒜蓉酱，即可上桌。

特点：豆角脆绿，蒜香宜人。

提示：①豆角焯水加点精盐来增加底味。②豆角必须控净水分再装盘，否则会影响味道。

干妈麻辣酱

这是以老干妈辣酱、美极鲜酱油、芝麻酱等调料配制而成的一种凉菜调味酱，褐红油亮、麻辣鲜香。

原料组成： 老干妈辣酱50克，美极鲜酱油30克，芝麻酱10克，朝天干椒5克，香醋5克，白糖5克，花椒粉3克，精盐3克，味精2克，香油10克。

调配方法： ①朝天干椒洗净去蒂，切短节入碗，注入烧至七成热的香油，搅匀凉冷至呈棕红焦脆时，待用。②芝麻酱入碗，先加美极鲜酱油和香醋搅澥，再加剁细的老干妈辣酱调匀，最后加入干辣椒节、白糖、花椒粉、精盐和味精调匀即成。

调酱心语： ①芝麻酱增香，应先用酱油和香醋调澥后再加入其他调料。②干辣椒增辣味，用香油炸焦脆，味道更香。③花椒粉增香、提麻味，用量以入口能接受为度。④每加入一种调料搅匀后再加入另一种调料，这样才能充分调匀。

适用范围： 拌制各种荤素凉菜。如干妈麻辣凉粉、干妈麻辣肝片。

实例举证： 干妈麻辣凉粉

原料：绿豆淀粉50克，黄瓜50克，精盐少许，干妈麻辣酱适量。

制法：①绿豆淀粉入碗，注入100克清水调匀成稀糊，待用；黄瓜洗净切片，与精盐拌匀，腌几分钟，沥去水分。②坐锅点火，倒入300克清水烧沸，边倒入绿豆淀粉糊边搅拌成稠糊状至熟透，倒在盘中摊平自然冷透，切长条片后，与黄瓜片装在盘里，最后淋上干妈麻辣酱便成。

特点：滑凉爽口，麻辣浓香。

提示：①掌握好淀粉与水的比例。过多或过少都会影响凉粉的美妙口感。②必须等凉粉凉透后再切片，否则口感欠佳。

豆瓣肉末酱

这种酱是以猪肉末和豆瓣酱为主料，搭配泡辣椒蓉、海椒面、姜末、蒜末等调料配制而成的，色泽红亮、咸辣香浓。

原料组成： 猪肉150克，豆瓣酱150克，泡辣椒50克，豆豉25克，海椒面10克，生姜10克，蒜瓣10克，酱油、精盐、味精、花椒粉、色拉油各适量，香叶2片，桂皮1小块。

调配方法： ①猪肉切成小丁，剁成碎末；豆瓣酱剁细；泡辣椒去蒂，剁成细蓉；生姜、蒜瓣分别切末。②炒锅上火，放入色拉油烧热，下入桂皮和香叶炸香捞出，再下入猪肉末炒至酥香，加入姜末、蒜末、豆瓣酱、泡辣椒蓉、豆豉和海椒面炒香出红油，调入酱油、精盐、味精和花椒粉，炒至充分融合在一起即成。

调酱心语： ①猪肉起定肉香的作用，以肥瘦之比2∶8为佳，并用热油炒至酥香。②必须把豆瓣酱等料炒香出色，成品才红亮油润。③加入海椒面不仅增加辣味，而且使色泽红润，用量要够。④花椒粉起增香的作用。如喜食麻味，可加大用量。⑤白糖中和辣味，酱油补色，均宜少用。⑥炒时应用手勺不停地推搅，以免煳锅底而影响风味。

适用范围： 拌制各种素类凉菜。如凉拌芥蓝、凉拌豆腐等。

实例举证： **凉拌芥蓝**

原料：芥蓝250克，精盐2克，色拉油5克，豆瓣肉末酱30克。

制法：①将芥蓝除去老叶外皮，洗净沥干；随后把芥蓝的茎部一切为四，要求上半部还连着。②锅内放入清水上旺火烧开，加入精盐和色拉油，投入芥蓝焯至断生，迅速捞出沥水，整齐码在盘中，淋上豆瓣肉末酱即成。

特点：清脆利口，咸鲜香辣。

提示：①选购芥蓝以嫩小者为佳。②焯芥蓝的时间要掌握好，不要焯软了，失去脆感。

烤椒麻辣酱

这种酱是把烤焦的干辣椒和焙香的红花椒，配上姜、葱、蒜打成蓉状，加上生抽、精盐、酱油等调料配制而成的，色泽褐红、麻辣适中。

原料组成： 朝天干辣椒200克，红花椒40克，生抽40克，蒜瓣40克，葱花20克，姜末10克，精盐10克，酱油10克，味精5克，香油15克。

调配方法： ①朝天干辣椒去籽，放在炭火上烤至呈暗红色，凉冷；红花椒去籽，放入干燥的锅内用小火焙香，倒出凉冷。②将烤焦的朝天干辣椒和焙香的红花椒放入料理机内，加入蒜瓣、葱花和姜末打成蓉状，盛在容器中，放入生抽、精盐、酱油、味精和香油，充分搅匀即成。

调酱心语：①干辣椒定辣味。家里无炭火，可将干燥的锅放在火上，放入干辣椒焙成暗红色。②红花椒起定麻味的作用，焙香时不宜用旺火。③生抽、酱油起提鲜、助咸的作用。④精盐确定咸味，味精起提鲜的作用。⑤香油起增香、滋润的作用，也有防腐的效果。⑥酱料要打得细腻一些。

适用范围：制作干拌菜或略带汤汁的凉菜。如青笋金钱肚、麻辣肥鸡等。

实例举证：青笋金钱肚

原料：白卤金钱肚200克，青笋100克，精盐少许，烤椒麻辣酱30克。

制法：①青笋刨皮洗净，切成6厘米长的薄片，用少许精盐拌匀，腌一下，沥去汁水，铺在盘中垫底。②把白卤金钱肚改刀成一字条，整齐地摆在青笋片上，最后把烤椒麻辣酱淋在金钱肚上便成。

特点：青笋水脆，肚条筋道，麻辣不燥。

提示：①要选购新鲜的白卤金钱肚。若手摸有粘黏感，则不新鲜。②青笋片盐腌时间不要过长，以免无水脆之口感。

韩式牛肉酱

这种酱是以牛肉和黄豆酱为主要原料，搭配辣椒酱、蒜瓣、香菇等料制作而成的，褐红油亮、酱香咸辣。

原料组成：牛肉100克，黄豆酱200克，辣椒酱50克，蒜瓣25克，青椒、香菇、美人椒各25克，精盐5克，味精3克，牛肉汤、色拉油各适量。

调配方法：①牛肉洗净切丁，剁成粗末；蒜瓣剁成末；青椒、香菇、美人椒分别洗净，切成小丁。②坐锅点火，注入色拉油烧至六成热，下入蒜末煸炒出香，倒入牛肉末炒散变色，加入香菇丁炒透，再放入黄豆酱和辣椒酱炒香，添入牛肉汤，调入精盐和味精，以小火煮至黏稠，加入青椒丁和美人椒丁，炒匀即成。

调酱心语：①牛肉起定肉香的作用，应略带一点肥肉。②黄豆酱突出酱香味，用量要足。③辣椒酱提辣味，可多可少。④要把酱的水汽炒干，味道才香。

适用范围：凉拌蔬菜。如凉拌茭白、凉拌油麦菜等。

实例举证：凉拌茭白

原料：茭白300克，韩式牛肉酱适量。

制法：①茭白剥去外皮，洗净后剖为两半，斜刀切成厚片。②锅内添清水上旺火烧开，纳茭白片略烫，捞出过凉，沥尽水分，堆在盘内，淋上韩式牛肉酱便成。

特点：清脆，微辣。

提示：①选用新鲜的茭白为好。若放置时间太长，则水分减少，口感不佳。②茭白含有较多的草酸，凉拌前一定要用沸水氽烫处理。

紫苏梅辣酱

这种酱是以紫苏梅肉和红辣椒为主要原料，再加上白糖、梅子酒等调料配制而成的，色泽艳丽、酸甜带辣。

原料组成：紫苏梅肉300克，红辣椒100克，白糖75克，梅子酒50克，精盐5克，纯净水100克。

调配方法：①将紫苏梅肉切成小丁；红辣椒洗净去蒂，切成碎末。②把紫苏梅丁和红辣椒碎放入料理机内，加白糖、梅子酒、精盐和纯净水打成酱状，盛出装瓶，密封7天后即成。

调酱心语：①紫苏梅肉主要起突出风味的作用，它是用青梅加紫苏制作而成的，成品市场上有售。②梅子酒既起增香、防腐的作用，又有辅助紫苏梅突出风味的效果。③白糖增甜味，以入口能品尝出甜味即好。④红辣椒定辣味，洗净后一定要晾干水分，否则保存时易坏。

适用范围：拌制蔬菜、白煮之荤素类凉菜。如苏梅辣酱羊肉、苏梅辣酱菜心等。

实例举证：苏梅辣酱羊肉

原料：净羊羔肉300克，炖羊肉香料5克，洋葱、生姜、蒜瓣、芹菜各5克，香油、紫苏梅辣酱各适量。

制法：①将羊羔肉洗净，沥干水分，放在砂锅内，添入适量清水烧开，撇净浮沫，加入洋葱、生姜、蒜瓣、芹菜和炖羊肉香料，以小火煮熟，离火闷至凉透。②把羊羔肉取出沥去汁水，刷上香油，切成条状，整齐码在盘中，淋上紫苏梅辣酱即成。

特点：皮爽肉嫩，鲜香味美。

提示：①煮羊肉时加入蔬菜，起到去除羊膻味的作用。②煮制时用小火慢慢进行，使其软烂而不失其形。

五味鲜椒酱

这种酱是以鲜红辣椒为主要原料，辅加蚝油、青花椒、蒜瓣、泡姜末等调料配制而成的，色泽红艳、鲜辣味浓、甜酸咸麻。

原料组成： 鲜红辣椒250克，蚝油100 克，青花椒75克，蒜瓣、盐酥花生碎各50克，白糖、白醋、熟芝麻、泡姜各25克，陈皮15 克，精盐、味精、色拉油各适量。

调配方法： ①鲜红辣椒洗净，去蒂切小节；青花椒去掉丫枝及杂质；蒜瓣用刀拍松；泡姜切末；陈皮用温水泡软，切粒。将上述原料共放在搅拌机内打成细蓉，盛出。②坐锅点火，注入色拉油烧至六成热时，倒入鲜红辣椒混合蓉炒出香味，加入蚝油和白糖以小火煮匀，调入精盐、味精和白醋稍熬，撒入熟芝麻和盐酥花生碎，搅匀即成。

调酱心语： ①要用小火把鲜辣椒蓉料炒香。若火大，则有可能出现煳味，影响口感。②蚝油提鲜、助咸，应加足用量后，再补加精盐调好咸味。③白糖和白醋的量，以成品微有酸甜味为度。但白醋应最后加入，以免加热时间过长，酸味挥发。④青花椒提麻味，以入口刚能品尝出即好。⑤熟芝麻、盐酥花生碎起提香、增加口感的作用，用量可多可少。

适用范围： 拌制白煮禽畜肉、海鲜之类的凉菜。

实例举证： 五味脆皮凤爪

原料：肉鸡爪250克，葱段、姜片、料酒各10克，花椒数粒，五味鲜椒酱适量。

制法：①将肉鸡爪用沸水烫一下，清洗干净，剁去爪尖，放入烧至微开的热水锅中，加入葱段、姜片、料酒和花椒，用中火煮至刚熟，关火闷几分钟，捞出后立即用冷开水投凉。②把凤爪取出，用小刀从凤爪脚背沿脚趾划几刀，剔去骨头，与五味鲜椒酱拌匀，掌面向上整齐码在盘中即成。

特点：质感脆嫩，五味俱全。

提示：①一定要选用色白、肉厚的鸡爪。②鸡爪煮好后用冷水激冷的目的，是为了让凤爪的胶质变脆而不黏糯。

炼乳柠檬酱

这种酱是以鲜柠檬汁为主料，加入白糖、白醋、炼乳等调料配制而成的，色泽淡黄鲜艳、酸甜微带咸鲜并兼果香和奶香。

原料组成： 鲜柠檬汁250克，白糖100克，白醋50克，炼乳25克，精盐3克，青柠檬皮5克，吉士粉10克。

调配方法： ①青柠檬皮洗净，切末，与白糖、炼乳和精盐入锅熬3分钟。②再加入鲜柠檬汁、白醋和吉士粉，续熬至诸料融合在一起成为酱状即成。

调酱心语： ①青柠檬皮上的白色筋络一定要去净，以免影响口味。②白醋起辅助柠檬汁提升酸味的作用，用量应适度。③白糖突出甜味，与酸味综合体现酸甜味。④炼乳起增加奶香和助甜味的作用。⑤吉士粉起提色、增香、勾芡的作用。

适用范围： 除适用于凉菜的调味外，也可用于煎菜或炸菜的淋酱。

实例举证： 三色薯泥沙拉

原料：土豆150克，胡萝卜100克，豌豆粒、甜玉米各50克，鲜牛奶50克，精盐1克，炼乳柠檬酱适量。

制法：①土豆去皮切块，放入水锅中煮烂，趁热压成细泥，加入鲜牛奶和精盐搅匀；胡萝卜洗净，切成小丁，同豌豆粒、甜玉米粒放在开水锅中煮熟，捞出过凉，控尽水分。②把土豆泥中加入胡萝卜丁、豌豆粒和甜玉米粒拌匀，用冰淇淋勺挖成球状，装在盘中，淋上炼乳柠檬酱即成。

特点：色彩艳丽，口味新鲜，质感美妙。

提示：①原料不要煮得太烂，保证美好的口感。②土豆泥中加入鲜牛奶的量不要过多，以便于造型。

传统椒麻酱

这是一款传统风味的椒麻酱，是以青葱叶和干红花椒剁成细泥，加上酱油、冷鸡汤等调制而成的，味道咸鲜、香麻可口。

原料组成： 青葱叶100克，干红花椒25克，酱油10克，精盐5克，味精2克，冷鸡汤30克。

调配方法： ①青葱叶洗净，控干水分；干红花椒拣去黑籽和丫枝，用温水洗去表面灰分，控干水分。②青葱叶切节后剁成碎末；干红花椒铡碎。然后将两者合在一起剁成细泥，盛在容器内，加入冷鸡汤、酱油、精盐和味精调匀成稀糊状便成。

调酱心语： ①必须选用色泽碧绿的小香葱的青叶。②干红花椒突显麻味，刀工前要去籽并用温水稍泡，既便于剁细，口感又好。③酱油提鲜、助咸，加足后补加精盐确定咸味。④冷鸡汤起增香、提鲜、稀释的作用。

适用范围： 拌制荤素类凉菜。常见的有椒麻鸡丝、椒麻肚头、椒麻鸭掌等。

实例举证： 椒麻鸡丝

原料：鸡脯肉200克，水发木耳25克，青椒、红椒各15克，干淀粉20克，鸡蛋（取蛋清）1个，精盐、味精各适量，传统椒麻酱适量。

制法：①将鸡脯肉剔去白筋，切成细丝，纳碗并加鸡蛋清、干淀粉、精盐和味精拌匀浆好；青椒、红椒去蒂及籽，同水发木耳分别切丝。②锅内放清水烧开，分散下入上浆的鸡丝汆熟，捞出用冷开水洗两遍，挤干水分，与青椒丝、红椒丝和木耳丝一同放在小盆内，加入传统椒麻酱拌匀，装盘即可。

特点：色彩鲜艳，麻香软嫩。

提示：①鸡丝上浆不可太薄，否则口感不滑嫩。②鸡丝汆至刚熟即迅速捞出。若时间太长，则质老不嫩。

新式椒麻酱

这种酱是以青葱叶和保鲜青花椒为主要调料，经过打成泥后，加上精盐、藤椒油等调料配制而形成的，色泽碧绿、清鲜醇麻。

原料组成：青葱叶100克，鲜青花椒50克，精盐、味精、藤椒油各适量，鸡汤100克。

调配方法：①青葱叶洗净，控干水分，切成小节；鲜青花椒择去丫枝。②将青葱叶和鲜青花椒放入料理机内，加鸡汤打成酱状，倒在容器内，加入精盐、味精和藤椒油调匀即成。

调酱心语：①鲜青花椒有色鲜、清香、麻味醇正等特点。与青葱叶必须打成极细的泥，才能突出鲜青花椒与鲜葱叶的清鲜醇麻风味。②也可不用鲜青花椒，来增大藤椒油的用量确定麻味，这种口感会更好。③加入鸡汤是为了提鲜，切忌使用得太多，以免压抑鲜青花椒的清香味。

适用范围：拌制各种荤素凉菜。如椒麻桃仁、椒麻茭白、脆皮凤爪等。

实例举证：椒麻桃仁

原料：新鲜核桃仁200克，新式椒麻酱适量。

制法：①将新鲜核桃仁放在开水锅里稍烫，捞出后逐一撕去外皮，再用纯净水漂洗一遍，控干水分。②把核桃仁放在小盆内，加入新式椒麻酱拌匀，按自然状态堆在盘中即可。

特点：色泽白绿，葱香浓郁，麻味突出。

提示：①核桃仁表面的一层薄皮有涩味，最好去除。②要把原料的水分控干后再加酱拌制。

香芹尖椒酱

这种酱是以香芹和青尖椒为主要原料，搭配白酱油、白糖、味精等调料配制而成的，色泽碧绿、微辣清香。

原料组成：香芹50克，青尖椒20克，白酱油20克，精盐5克，白糖4克，味精3克，香油10克，色拉油50克。

调配方法： ①香芹洗净，去净筋络，切成小节；青尖椒洗净，去蒂切丁。将两者放在料理机内打成细蓉，盛出备用。②坐锅点火，放入色拉油烧至四成热，下香芹青尖椒混合蓉炒出味，盛在碗内，加入白酱油、精盐、白糖、味精和香油调匀即成。

调酱心语： ①香芹起突出清香的作用，炒制时，注意油温与火候，保持香味和绿色。②青尖椒起助香、提辣的作用，连籽一起炒制，味道较佳。③白糖起合味的作用，味精起提鲜的作用。④精盐、白酱油起定咸味的作用。⑤香油起提香的作用。⑥色拉油起炒制和滋润的作用。

适用范围： 拌制各种荤素凉菜。如芹椒拌白肉、芹椒拌肚丝、芹椒拌鸡腿等。

实例举证： 芹椒拌鸡腿

原料：鸡腿2个，鲜红椒25克，料酒10克，精盐3克，生姜3片，香芹尖椒酱适量。

制法：①鸡腿放入水锅中，加姜片、料酒和精盐，以小火煮熟，熄火凉冷。②把鸡腿肉用手撕成小条，鲜红椒切丝；将两者放在一起，加入香芹尖椒酱拌匀，装盘上桌。

特点：鸡肉细嫩，红椒脆爽，味香微辣。

提示：①鸡腿煮至恰熟即好。若过熟，则口感不好。②拌制时若加足香芹尖椒酱咸味还不够，可补加精盐满足口味需要。

酱油蒜香酱

这种酱是以酱油、大蒜、精盐、香油等调料配制而成的，蒜香浓郁、咸鲜微辣。

原料组成： 酱油50克，大蒜50克，精盐3克，味精2克，香油10克。

调配方法： ①大蒜分瓣剥皮，放在钵内，加入精盐捣成细蓉。②再加入酱油、味精和香油，调匀成稀酱状即成。

调酱心语： ①必须选用优质酱油，且须是咸味的。②捣大蒜时加上精盐，既容易捣成蓉，又蒜香味浓郁。③此酱不要加任何汤水。

适用范围：拌制白煮肉类菜肴。

实例举证： **翡翠花肉片**

原料：带皮五花肉300克，黄瓜100克，姜片、葱节、料酒各10克，酱油蒜香酱适量。

制法：①锅中添清水烧沸，放入姜片、葱节、料酒和治净的带皮五花肉，以小火煮至断生，捞出凉冷，放在冰箱中镇一会儿。②黄瓜洗净消毒，用平刀批成长条片，折叠后码在盘边；再把五花肉取出，切成大薄片，码在黄瓜中间，淋上酱油蒜香酱即成。

特点：咸鲜蒜辣，香嫩可口。

提示：①五花肉不要煮过火，否则食用时没嚼劲。②五花肉冻硬实后容易切成均匀的大薄片。

红油蒜蓉酱

这种调味酱是以红油和蒜蓉为主要调料，加上酱油、精盐、味精等调料配制而成的，色泽红艳、咸香微辣、蒜味浓郁。

原料组成：大蒜50克，酱油5克，精盐3克，味精2克，白糖2克，香辣红油30克，纯净水15克。

调配方法：①大蒜分瓣去皮，入钵后放入精盐，用木槌捣烂成细蓉，盛在容器内。②先加纯净水调澥，再加味精、白糖、香辣红油和酱油调匀至溶化即成。

调酱心语：①大蒜的用量要够，以突出蒜辣的特点。②加入纯净水起增加蒜蓉黏性的作用，一定要少用。③红油增色、提辣味，用量要够。④味精提鲜，投放量要恰到好处。⑤酱油增色并辅助咸味，不宜多用。

适用范围：拌制各种荤素凉菜。如牛筋拌西芹、红油蒜泥鲜贝、红油蒜泥肚丝等。

实例举证： **牛筋拌西芹**

原料：西芹100克，卤熟牛筋75克，精盐1克，红油蒜蓉酱适量。

制法：①将西芹洗净，撕去筋络，斜刀切成菱形块，放到开水锅中焯熟，捞出用纯净水过凉，控尽水分；卤熟牛筋切成小丁。②将西芹块放入小盆内，加精盐拌匀，腌3分钟，滗去汁水，再加入熟牛筋丁和红油蒜蓉酱，拌匀装盘即成。

特点：绿中泛红，芹菜水脆，牛筋筋道，咸香微辣。

提示：①西芹入锅稍烫即可，不要烫烂。烫后要立即过凉，以保持色泽碧绿。②要选用新鲜的卤熟牛筋。市售袋装的有用牛皮制作充当熟牛筋卖的，购买时要辨别真伪。

蒜香辣乳酱

这款调味酱是以油辣腐乳、蒜蓉为主，辅加精盐、白糖、香油等调料配制而成的，色泽红润、乳味浓郁、蒜香微辣。

原料组成： 油辣腐乳50克，油辣腐乳原汁50克，蒜瓣25克，精盐、味精、白糖、香油各少许，熟芝麻5克，纯净水25克。

调配方法： ①蒜瓣入钵，放入精盐捣成细蓉，加纯净水调匀，待用。②油辣腐乳放在小盆里，用小勺压成细泥后，加入味精、白糖、油辣腐乳原汁、蒜蓉水和香油调匀，撒入熟芝麻即成。

调酱心语： ①油辣腐乳，为加有红油的腐乳，用量要足，以突出其风味。如无油辣腐乳，可用白腐乳加红辣椒油调配使用。②蒜瓣捣成细蓉后，加纯净水调稀，其蒜香味才浓郁。③精盐定咸味，味精提鲜，白糖中和口味，三者用量均不宜多。④香油和熟芝麻起增香的作用。

适用范围： 拌制各种荤素凉菜。如乳香小油菜、白切花肉片等。

实例举证： 乳香小油菜

原料：小油菜250克，精盐2克，色拉油5克，蒜香辣乳酱适量。

制法：①小油菜择洗干净，控干水分。②锅内放清水烧沸，加入色拉油和精盐后，放入小油菜心焯至断生，捞出用纯净水过凉，挤干水分，与蒜香辣乳酱拌匀，装盘上桌。

特点：口感脆嫩，乳香味辣。

提示：①小油菜焯水时加色拉油和精盐，色泽油亮碧绿。②喜欢脆点的小油菜，焯水时间可短点。

绿芥花生酱

这种酱是以花生酱、蒸鱼豉油、绿芥末等调料配制而成的，咸鲜冲辣、花生酱香。

原料组成： 花生酱50克，蒸鱼豉油50克，黄瓜25克，绿芥末5克，精盐、味精、白糖各少许。

调配方法： ①黄瓜洗净，切成绿豆大小的粒。②将花生酱和绿芥末放在小碗内，加入蒸鱼豉油调匀成稀糊状，再加入精盐、味精、白糖和黄瓜粒调匀即成。

调酱心语： ①花生酱定酱香，用量要够。②蒸鱼豉油主要起突出咸味和鲜味的作用。③绿芥末起定辣味的作用。④白糖提鲜，味精增鲜，精盐辅助定咸味，三者用量均宜少放。

适用范围： 拌制各种荤素凉菜。如芥拌海参、芥拌苦瓜、芥拌鸭掌等。

实例举证： 芥拌海参

原料：水发小海参8只，绿芥花生酱适量。

制法：①水发海参洗净，用小刀顺长划两三刀，放入开水锅中煮2分钟，捞在冰水中激凉，待用。②把海参捞出控干水分，呈放射状摆在盘中，淋上绿芥花生酱便成。

特点：形状美观，咸鲜冲辣。

提示：①水发海参划上刀口，便于入味。②煮好的海参迅速用冰水激凉，更具滑弹口感。

鸡香葱油酱

这种酱是用葱蓉、精盐、味精、鸡汤等调料配制而成的，口味咸鲜、葱香浓郁。

原料组成： 葱白100克，鸡汤15克，精盐5克，味精2克，香油5克，色拉油30克。

调配方法： ①葱白洗净切节，放入料理机内打成细蓉，盛在碗中，加精盐搅匀，待用。②坐锅点火，注入色拉油烧至七成热，倒在盛有葱白蓉的碗内，搅匀出香味后，加鸡汤、味精和香油调匀成酱状即成。

调酱心语：①葱白定葱香味，用量要够。②精盐定咸味，以满足对原料的需要。③色拉油起增香和炸制的作用。加热时要注意控制油温。高则易使葱白变煳，葱香不浓；低则不出香味，风味大逊。④鸡汤一定要用浓鸡汤，以提高此酱的鲜度。

适用范围：拌制各种荤素凉菜。如葱油鸡块、葱油鱼片、葱油土豆丝、葱油菠菜等。

实例举证：葱油菠菜

原料：嫩菠菜250克，鲜红椒20克，色拉油5克，鸡香葱油酱适量。

制法：①将嫩菠菜的黄、烂叶及不能食用的部分拣净，清水洗净后，切成5厘米长的段；鲜红椒洗净，切成小粒。②锅内放清水上旺火烧开，放入色拉油和菠菜烫至断生，迅速捞出用纯净水过凉，挤干水分，放在小盆内，加入红椒粒和鸡香葱油酱拌匀，装盘上桌。

特点：色泽油绿，葱香浓郁。

提示：①水中加点色拉油，焯出的菠菜色泽更绿。②菠菜不能烫得过熟，且要挤干水分。

沙姜蚝油酱

这种调味酱是用蚝油、沙姜粉、葱泥、精盐等调料配制而成的，制法简单、色泽棕红、咸鲜香浓。

原料组成：蚝油50克，沙姜粉25克，葱白25克，精盐、味精各适量，色拉油25克。

调配方法：①葱白洗净，剁成细泥，同沙姜粉、精盐和味精共纳一碗内搅匀。②锅内放色拉油烧至七成热时，倒在盛有葱泥料的碗中，搅匀凉冷后，加入蚝油调匀即成。

调酱心语：①沙姜粉定主味，用热油炝过味道才突出。②蚝油起提鲜、增咸的作用。③精盐助咸味，应加足蚝油后，再试味补加。④此酱现调现用，效果最佳。

适用范围：拌制各种白煮菜肴。如时蔬拌三鲜、沙姜肥鸡、姜油豌豆苗等。

实例举证：时蔬拌三鲜

原料：水发海参、净虾肉、熟鸡肉各75克，黄瓜、红柿子椒各50克，精盐2克，沙姜蚝油酱适量。

制法：①水发海参洗净腹内杂物，同净虾肉分别用坡刀切片；熟鸡肉用手撕成不规则的小条；红柿子椒洗净，去蒂和籽筋，同黄瓜分别切菱形片，与精盐拌匀，腌一会儿，沥去汁水。②锅内放水烧开，下入海参片和虾肉汆透，捞出用凉开水过冷，挤干水分，与鸡肉条、黄瓜片和红椒片共放在小盆内，加入沙姜蚝油酱拌匀，装盘即成。

特点：色彩鲜艳，口感多样，味道香醇。

提示：①海参片和虾肉要分别焯水。②黄瓜和红柿子椒腌去些水分，再与“三鲜”和酱料同拌成菜。

松仁香蔬酱

这种酱是用有特殊香味的香芹、香菜搭配松子仁、精盐、纯净水等料配制而成的，色泽浅绿、味道咸鲜、清香适口。

原料组成：香芹25克，香菜25克，松子仁15克，精盐5克，白糖3克，香油5克，色拉油20克，纯净水50克。

调配方法：①香芹、香菜择洗干净，分别切成小段；松子仁用香油炒至金黄焦脆，凉冷待用。②将香芹段、香菜段和松子仁放入料理机里，加入精盐、白糖、色拉油和纯净水，打成稀糊状即成。

调酱心语：①香芹、香菜取其特有的清香味，要求色绿新鲜。②松子仁起增香的作用，用香油炒时切不可炒煳。③色拉油起增香、滋润的作用，不宜多用，太多有油腻感。④纯净水起稀释的作用，控制好用量，不要让酱过稀或过稠。切不可用生水。

适用范围：拌制肉类凉菜。如香蔬拌肥鸡、香蔬拌仔鸭、香蔬拌兔肉等。

实例举证：香蔬拌肥鸡

原料：肉鸡腿2只，土豆150克，蒜

瓣10克，鲜柠檬汁10克，精盐3克，松仁香蔬酱适量。

制法：①土豆洗净去皮，切成5厘米长、筷子粗的条；肉鸡腿去骨，用刀尖戳数下，皮朝下放在盘中，撒上精盐，淋上鲜柠檬汁，抹匀腌10分钟。②汤锅内添清水坐火上，放入拍碎的蒜瓣、鸡腿肉和土豆条，以大火烧开，转小火煮3分钟，熄火闷4分钟。③把土豆条捞出控汁，装盘中垫底。再把鸡腿肉捞出来，切成条状，覆盖在土豆条上，最后淋上松仁香蔬酱即成。

特点：鸡肉香嫩，土豆绵软，咸鲜味奇。

提示：①切好的土豆条用加有白醋的水泡住，可防止变色。②鸡腿肉先煮后闷，口感更软嫩。

蒜香蛋黄酱

这种酱是以熟咸蛋黄为主料，加上大蒜、白糖、鲜汤等料调配而成的，色泽浅黄、味道咸鲜、蛋黄油香。

原料组成：熟咸蛋黄2个，蒜瓣15克，白糖5克，精盐5克，味精3克，大葱2段，鲜汤50克，香油5克，色拉油25克。

调配方法：①熟咸蛋黄压成细蓉；蒜瓣入钵，捣成细蓉。②坐锅点火，注入色拉油烧热，下入葱段炸黄捞出，放入蒜蓉炸黄出香，再放入咸蛋黄蓉炒至翻沙，盛在碗中，加入白糖、精盐、味精、鲜汤和香油调匀即成。

调酱心语：①咸蛋黄作主料，用量大，起突出蛋黄油香风味的作用，在炒制时千万不要炒煳。②大蒜起去异味、杀菌、突出蒜香的作用。③精盐确定咸味，应在一定量的鲜汤里用足咸蛋黄后补加精盐。④白糖起提鲜、中和口味的作用。⑤鲜汤起提鲜、增香、稀释咸蛋黄的作用。⑥香油起增香的作用。⑦色拉油起炒制和滋润的作用。

适用范围：拌制各种素类凉菜。如黄金嫩豆腐、蛋黄拌豆角、蛋黄拌油菜等。

实例举证：黄金嫩豆腐

原料：内酯豆腐1盒，嫩芦笋50克，精盐2克，生姜3片，鲜汤200

克，蒜香蛋黄酱适量。

制法：①内酯豆腐切成1厘米见方的丁，纳碗并加鲜汤、精盐和姜片，上笼蒸2分钟，取出沥干水分。②嫩芦笋洗净，切成小丁，放在沸水锅中焯一下，捞出过凉控水，与豆腐丁纳盆，加入蒜香蛋黄酱拌匀，装盘上桌。

特点：凉爽软嫩，咸香鲜醇。

提示：①豆腐丁蒸制的目的是去除豆腥味，增加底味。②调制时要轻拌，以防弄碎豆腐丁。

蒜泥韭花酱

这种调味酱是以大蒜和腌韭花为主料，搭配酱豆腐汁、酱油等调料配制而成的，咸香鲜醇、蒜味浓郁、韭香突出。

原料组成：大蒜75克，腌韭花50克，酱豆腐汁50克，酱油、香油各适量，花生油50克。

调配方法：①大蒜剥皮洗净，同腌韭花一起放在料理机内，加25克清水打成泥，盛在碗内。②把花生油入锅烧至六成热，倒在韭花蒜泥内调匀，最后加入酱豆腐汁、酱油和香油调匀即成。

调酱心语：①大蒜突出浓郁的蒜香味，与腌韭花合捣成泥，其味更浓。②因所用原料均含有盐分，故调制时不需加盐。③香油起增香的作用，不可多用。否则会压抑原料本身的清香味。

适用范围：拌制各种禽畜肉和海鲜凉菜。如白切狗肉、手撕嫩兔、拌三皮丝等。

实例举证：拌三皮丝

原料：干粉皮50克，海蜇皮150克，鲜鸡皮150克，黄瓜、胡萝卜各25克，料酒、蒜泥韭花酱各适量。

制法：①先将干粉皮用冷水泡软，切丝后再用滚水煮透，投凉沥干；海蜇皮切细丝，用清水浸泡数小时，沸水略烫，捞出浸凉；鲜鸡皮洗净，投入有料酒的水锅中煮熟，捞出凉凉后切细丝；黄瓜、胡萝卜也分别切细丝。②将粉皮丝、海蜇皮丝、鸡皮丝、黄瓜丝和胡萝卜丝放在小盆内，加入蒜泥韭花酱拌匀，装盘上桌。

特点：口感多样，咸鲜适口。

提示：①海蜇皮丝一定要用清水浸泡数小时，以去除咸涩味。②此菜现吃现拌，成品口感才美。

香乳蛋黄酱

这种酱是以咸蛋黄和豆腐乳为主要原料，加上姜汁、香油、红油等调料配制而成的，色泽淡红、味道咸香。

原料组成：咸蛋黄2个，豆腐乳3块，腐乳汁25克，姜汁、精盐、味精各少许，香油5克，红油10克。

调配方法：①咸蛋黄和豆腐乳放在小盆内，用羹匙压成细泥。②加入腐乳汁和姜汁调匀，续加精盐、味精、香油和红油调匀即成。

调酱心语：①咸蛋黄增咸味，突出蛋黄的油香味。②豆腐乳和腐乳汁起定咸和酱香味的作用。③姜汁起压异味、增香的作用。④香油增香，辣椒油提辣味。

适用范围：制作凉拌菜肴或白灼菜肴。如乳酱拌菜片、乳酱拌豆腐、乳酱拌豆角等。

实例举证：乳酱拌菜片

原料：白菜帮200克，香菜段、熟白芝麻各5克，香乳蛋黄酱适量。

制法：①白菜帮用坡刀切成片，投入开水锅中汆至断生，捞出用纯净水投冷。②把白菜帮捞出攥干水分，放在小盆内，加入香乳蛋黄酱、香菜段和熟白芝麻拌匀，装盘便成。

特点：白菜软嫩，乳味浓香。

提示：①白菜帮要横着筋络切成薄片状。②白菜片一定要攥干水分。

芥末蛋黄酱

这种酱是以熟咸蛋黄、芥末酱、白醋、白糖等原料调配而成的，色泽鹅黄、酸甜冲辣、咸鲜开胃。

原料组成：白醋75克，芥末酱、白糖各25克，熟咸蛋黄2个，精盐、味精、香油各适量，凉开水50克。

调配方法：①熟咸蛋黄置于案板上，用刀面压成细泥。②芥末酱入小盆内，加凉开水稀瀞后，再加入白醋、白糖、精盐、味精、熟咸蛋黄泥和香油，搅匀至呈稀糊状即成。

调酱心语：①要选择色泽黄亮的咸鸡蛋黄，否则成品色泽发暗。②芥末酱突出冲鼻的辛辣味，用量以入口能接受为度。③白醋和白糖定酸甜味，其用量以在芥末辣味中透出酸甜味为妙。④加入各料后，要充分搅拌均匀，味道才美妙。

适用范围：拌制各种荤素凉菜，以及用于生食的鲜活水产的调味。如蛋黄芥酱沙拉、蛋黄芥酱银鱼、蛋黄芥酱甜豆等。

实例举证： **蛋黄芥酱沙拉**

原料：泡苦瓜250克，泡胡萝卜100克，番茄1个，泡青辣椒、泡红辣椒各1个，熟鸡蛋（取蛋清）1个，芥末蛋黄酱适量。

制法：①泡苦瓜、泡胡萝卜洗净，分别切成3.5厘米长、筷子粗的小条，用淡盐水浸泡洗净；番茄用沸水略烫去皮，切成小丁；泡青辣椒、泡红辣椒切碎；熟蛋清切成小丁。②把苦瓜条、胡萝卜条和番茄丁放小盆内，倒入芥末蛋黄酱拌匀，堆在盘中，撒上蛋清丁和青辣椒碎、红辣椒碎即成。

特点：色泽美观，脆爽利口，冲辣酸甜。

提示：①番茄最好选用八九成熟的。过熟，改刀后不易成形；过生，容易中毒。②苦瓜条和胡萝卜条用淡盐水泡一下，口感更爽脆。

香糟剁椒酱

这种酱是以红剁椒、香糟汁为主要调料，加上美极鲜酱油、青小米椒、红油等料调配而成的，糟香味浓、咸鲜微辣。

原料组成：红剁椒50克，香糟汁25克，美极鲜酱油15克，青小米椒、蒜瓣各10克，生姜5克，白糖5克，味精3克，红油15克。

调配方法：①青小米椒洗净去蒂，切成碎末；生姜洗净去皮，同蒜瓣分别剁成细蓉。②将青小米椒末、生姜蓉、蒜蓉和红剁椒放在小碗内，加入香糟汁、美极鲜酱油、白糖、味精和红油调匀即成。

调酱心语：①香糟汁定主味，突出浓郁的酒糟香味。②红剁椒、小米椒定辣味，以入口能接受为宜。③红油起增香、助辣的作用。④酱油提鲜，辅助红剁椒定咸味。⑤白糖起合味的作用，以尝不出甜味为宜。

适用范围：拌制凉菜。如糟椒拌鸡杂、糟椒拌散丹、糟椒拌鱼片等。

实例举证：糟椒拌鱼片

原料：净黑鱼肉200克，黄瓜100克，水发木耳25克，鸡蛋（取蛋清）1个，料酒10克，精盐5克，干细淀粉15克，香糟剁椒酱适量。

制法：①净黑鱼肉切成0.3厘米厚的片，纳碗并加料酒、精盐、蛋清和干细淀粉抓匀上浆；黄瓜切成柳叶形薄片；水发木耳择洗干净，个大的用手撕开。②锅内放清水烧沸，分散下入上浆的鱼片和木耳烫熟，捞出用纯净水过冷，控干水分，放在小盆中，加入黄瓜片和香糟剁椒酱，拌匀装盘即成。

特点：色泽艳丽，肉质细嫩，咸鲜微辣。

提示：①鱼片上浆时要轻，以免抓碎鱼片。②鱼片烫好后必须用水洗去表面的淀粉黏液，使口感清爽。

红油香麻酱

这款调味酱是以芝麻酱和花生酱为主要调料，搭配酱油、蚝油、鲜汤、红油等调料配制而成的，味道咸鲜、香辣适口。

原料组成：芝麻酱25克，花生酱10克，小葱花10克，熟芝麻5克，酱油、精盐、味精各5克，蚝油4克，白糖3克，鲜汤60克，红油30克。

调配方法：①花生酱和芝麻酱放入小碗内，分次倒入鲜汤顺向搅成稀糊状。②加入酱油、精盐、味精、蚝油、白糖和红油搅匀，放入熟芝麻和小葱花调匀即成。

调酱心语：①花生酱和芝麻酱定酱香，突出香味，一定要先用鲜汤调开后再加其他调料。②蚝油起提鲜、助咸的作用。③白糖起合味的作用，香醋起提味的作用，不宜多放。④红油起提辣味、滋润、增亮的作用。

适用范围： 拌制各种荤素凉菜，也可作火锅的味碟。如凉拌鸡爪、凉拌腐皮等。

实例举证： **凉拌鸡爪**

原料：熟鸡爪200克，黄瓜50克，水发木耳50克，红油香麻酱适量。

制法：①熟鸡爪去爪尖及大骨，改刀成小块；黄瓜切10厘米长段，再用平刀片成长条片，卷起；水发木耳择洗干净，撕成小片，焯水。②将木耳放盘中垫底，中间放上鸡爪，周边摆上黄瓜卷，淋上调好的红油香麻酱即成。

特点：口感筋道，咸香微辣。

提示：①生鸡爪煮前要把黄皮和老茧清洗干净。②煮熟的鸡爪放至微凉，放入冰箱冷藏一下，很容易去骨，且形态完整。

奇香麻酱

这种酱是以芝麻酱为主料，搭配既臭又香的臭豆腐、臭冬瓜等原料调制而成的，味道奇香、口感润滑。

原料组成： 芝麻酱50克，臭豆腐、臭冬瓜、臭苋菜梗各15克，生姜10克，精盐、味精、香油各适量，温水120克。

调配方法： ①臭豆腐放在碗内，用羹匙压成细泥；臭冬瓜、臭苋菜梗分别切成小粒；生姜刨皮洗净，剁成细蓉。②芝麻酱放在小盆内，分次注入温水顺向搅拌成稀糊状，加入臭豆腐泥、臭冬瓜粒、臭苋菜梗粒和生姜蓉调匀，最后加入精盐、味精和香油搅匀即成。

调酱心语： ①芝麻酱起定主味的作用，搅拌时不要一次加够水，否则不易搅上劲。②臭豆腐、臭冬瓜、臭苋菜梗突出奇香味，用量以略有表现即可。③精盐定咸味，味精提鲜，香油增香，用量均适可而止。

适用范围： 拌制各种腥味较重的畜禽内脏，也可作各类火锅的蘸碟。

实例举证：风衣鸡腿菇

原料：鸡腿菇300克，生鸡皮150克，黄瓜50克，精盐1克，奇香麻酱适量。

制法：①鸡腿菇顺长切开焯透，捞出挤干水分；生鸡皮煮熟，切成5厘米长、0.5厘米宽的条；黄瓜洗净，切成筷子粗的条。②将黄瓜条、鸡腿菇和鸡皮放在容器里，加入精盐拌匀，腌3分钟，滗去汁水，再加入奇香麻酱拌匀，堆在盘中即成。

特点：质感滑嫩，味道鲜美。

提示：①要选用色泽洁白且质地新鲜的鸡皮作原料。②食材先加精盐腌去部分汁水，增加底味。

奶油辣酱

这种酱是以炒香的面粉加上三花淡奶、鲜奶油、辣椒粉等料调配而成的，色泽粉红、咸鲜微辣、奶香味浓。

原料组成：三花淡奶200克，面粉50克，鲜奶油50克，辣椒粉10克，精盐、味精各适量，鸡汤400克，色拉油75克。

调配方法：①坐锅点火，放入色拉油烧至四成热，加入面粉炒至微黄出香成油面酱，盛出备用。②鸡汤入锅烧开，加入三花淡奶、鲜奶油、辣椒粉、精盐和味精调匀，稍熬后加入炒好的油面酱熬成酱状，熄火凉凉即成。

调酱心语：①炒面粉时火力不要太大，炒至面粉呈微黄色并出固有的香味为好。②三花淡奶、鲜奶油起增加奶香味的作用。③辣椒粉起提色、提辣味的作用。④熬制时要用中小火，且不时地用手勺推动，以免煳锅底而影响色泽和风味。

适用范围：用作生食鲜活水产或蔬菜的调味。如生食三文鱼、鸭肉苹果沙拉、奶香面酱芹果等。

实例举证：奶香面酱芹果

原料：西芹200克，腰果75克，精盐2克，奶油辣酱、色拉油各适量。

制法：①西芹洗净，撕去表皮及筋络，斜刀切6厘米长的菱形块，投入到加有精盐的沸水锅中略烫捞出，迅速用冷水投凉，用冰水泡住，进冰箱冷藏约10分钟。②腰果投入到烧至三四成热的色拉油中炸至金黄焦脆，捞出沥油，与芹菜段装盘，淋上奶油辣酱即成。

特点：西芹脆凉，腰果酥甜，奶香微辣。

提示：①西芹烫好后，应迅速用冰水泡住，以保证其碧绿的色泽。②腰果受热易上色，炸制时油温不要太热。

生抽香椿酱

这种酱是以香椿为主要原料，辅加生抽、香醋、精盐等调料配制而成的，色泽美观、清香咸鲜。

原料组成：鲜香椿100克，生抽20克，香醋15克，精盐5克，味精3克，香油10克，色拉油25克。

调配方法：①鲜香椿择洗干净，放在沸水锅中烫至变色，捞出用纯净水过凉，挤干水分，切成小节，放在料理机内打成细蓉，盛出待用。②锅置火上，注入色拉油烧至四成热时，下鲜香椿蓉炒出香味，加精盐、生抽、香醋、味精和香油调匀即成。

调酱心语：①鲜香椿起突出清香和特殊香味的作用。应选用嫩绿、味浓香的香椿树嫩芽，且必须做焯水处理，以最大限度地降低亚硝酸盐的含量。②精盐、生抽起定咸味的作用。③香醋起增香、助酸、提味的作用。④味精起提鲜的作用。⑤香油起增香的作用，使用量不宜太大，以免掩盖香椿的清香味。

适用范围：拌制各种荤素凉菜。如香椿鸡丝、香椿鱿片、香椿豆腐等。

实例举证：香椿豆腐

原料：嫩豆腐300克，精盐2克，生抽香椿酱适量。

制法：①豆腐切成1厘米见方的小丁，放在加有精盐的开水锅中焯透，捞出用纯净水过凉。②把豆腐丁沥尽水分，与生抽香椿酱拌匀，装盘即成。

特点：豆腐软嫩，咸鲜略酸。

提示：①豆腐丁要用开水焯2分钟，以去除豆腥味。②现吃现拌，味道和口感才好。

极鲜姜椒酱

这种酱是以老姜和花椒为主要调料，辅加美极鲜味汁、精盐等调料配制而成的，姜椒浓香、咸香微麻。

原料组成： 老姜50克，鲜花椒15克，美极鲜味汁25克，香醋5克，精盐3克，味精2克，香油5克，色拉油30克。

调配方法： ①老姜去皮洗净，切成小粒，与鲜花椒一起放在料理机内打成细蓉。②坐锅点火，注入色拉油烧至五成热，投入姜椒蓉炒香，盛在碗内，加美极鲜味汁、香醋、精盐、味精和香油调匀即成。

调酱心语： ①老姜洗净去皮后，才能与鲜花椒一起打成极细的蓉。②老姜和花椒要表现出姜椒酱的主味。要求姜味要浓，椒麻味不宜过重。③美极鲜味汁、精盐起定咸味的作用。④香醋起助味的作用，味精起提鲜的作用。⑤香油增香，起滋润的作用，色拉油起炒制和滋润的作用。

适用范围： 拌制各种荤素凉菜。如姜椒毛肚、姜椒肉丝、姜椒鱼片等。

实例举证： 姜椒毛肚

原料：熟毛肚150克，青笋50克，精盐1克，极鲜姜椒酱适量。

制法：①熟毛肚切成细丝；青笋去皮，切成粗丝。②将毛肚丝和青笋丝放在一起，加精盐拌匀，腌3分钟，滗去汁水，再加入极鲜姜椒酱拌匀，装盘上桌。

特点：笋丝水脆，毛肚软烂，姜香咸麻。

提示：①青笋腌制时间不要过长，否则口感不清脆。②原料去除一些水分再调味，味道才佳。

极鲜蒜椒酱

这款调味酱是以大蒜和鲜青花椒为主料，辅加美极鲜酱油、香醋、香油等调料配制而成的，大蒜味浓、麻咸鲜香、略有辣味。

原料组成： 大蒜50克，鲜青花椒15克，美极鲜酱油15克，香醋10

克，精盐4克，味精3克，辣椒油5克，香油10克。

调配方法：①大蒜剥皮，入钵捣成细蓉，加少量纯净水调开；鲜青花椒去蒂和籽，用刀剁成蓉。②蒜蓉和鲜青花椒蓉入碗，加入美极鲜酱油、精盐、味精、香醋、辣椒油和香油调匀成酱即成。

调酱心语：①美极鲜酱油、精盐定基础咸味。②大蒜起突出蒜味辣香的作用。③鲜青花椒起突出清香麻味的作用。用量不宜过重，否则太麻无法入口。④醋的用量以略有酸味即可，不宜太多。⑤辣椒油起辅助辣香味的作用。⑥香油用以表现香味和滋润口感。

适用范围：拌制各种荤素凉菜。如蒜椒肚条、蒜椒肥肠、蒜椒豆角、豆角拌肥肠等。

实例举证：豆角拌肥肠

原料：熟白肥肠150克，嫩豆角100克，精盐3克，色拉油10克，极鲜蒜椒酱适量。

制法：①嫩豆角洗净，择去两头及筋络，放在加有精盐和色拉油的开水锅中煮至断生，捞出用纯净水过凉，控干水分，切成5厘米长的段。②把熟白肥肠切成5厘米长的条，也放入开水中焯透，捞出用纯净水投凉，控干水分，与豆角段放在一起，加入极鲜蒜椒酱拌匀，装盘上桌。

特点：肥肠软烂，豆角脆爽，麻辣适口。

提示：①豆角煮熟后再改刀，既可保留养分，又可避免发生食物中毒。②熟白肥肠焯水的目的是把内部油脂去净，确保清爽的口感。

松腐怪味酱

这款调味酱是以臭豆腐、松花蛋为主料，加上姜蓉、白糖、香醋、辣椒油等调料配制而成的，味道奇香、微甜酸辣、咸鲜适口。

原料组成：臭豆腐2块，松花蛋1个，生姜25克，精盐、味精、白糖、香醋、香油、辣椒油各适量。

调配方法：①松花蛋剥去泥壳，洗净后控干水分，剁成碎末；生姜去皮切末，入钵捣成细蓉。②臭豆腐放在小碗内，用小勺压成细泥，加入松花蛋末、姜蓉、精盐、味精、白糖、香醋、香油和辣椒油调匀成酱状即可。

调酱心语：①臭豆腐和松花蛋均有一种奇异的香味，用量以入口能接受为度。②白糖和醋突出酸甜味，其用量以成品刚透出酸甜味为度。③辣椒油增加香辣味，用量根据个人口味加入。④香油起增香的作用，以不压抑臭豆腐的香味即可。

适用范围：拌制各种荤素凉菜，也可作火锅或炖菜的味碟。如怪味笋片、怪味豆腐、白萝卜炖羊肉等。

实例举证：怪味笋片

原料：青笋200克，红柿子椒10克，熟芝麻5克，松腐怪味酱适量。

制法：①青笋去皮洗净，先切成马蹄块，再切成菱形片；红柿子椒去籽及蒂，也切成菱形片，均放入冰水中浸泡约15分钟。②把泡好的青笋片和红柿子椒片捞出控尽水分，装在盘中，淋上松腐怪味酱，撒上熟芝麻即成。

特点：口感水脆，香味奇特。

提示：①青笋的皮一定要去净，否则会影响美妙质感。②原料控干水分再调味，以免装盘后析出汁水而影响味道。

香葱蒜油酱

这款调味酱是以香葱蓉和蒜蓉为主料，辅加精盐、香油等调料配制而成的，蒜香、葱香味浓和咸鲜适口。

原料组成：小香葱25克，大蒜25克，精盐、味精各适量，色拉油、香油各20克。

调配方法：①大蒜分瓣剥皮，入钵加精盐捣成细蓉，再加10克冷开水调匀；小香葱洗净，控干水分，剁成细末。②香葱末和蒜蓉一起放入碗内，加精盐和味精拌匀，注入烧至七成热的色拉油和香油，搅匀冷却即成。

调酱心语：①捣蒜蓉时加点精盐，既易捣成蓉，又蒜味浓郁。②蒜蓉内加少许冷水，蒜辣味更突出。③精盐定咸味，味精提鲜味。④油的温度要够，过低，葱蒜香味挥发不出来。

适用范围：拌制各种荤素凉菜。如瓜丁桃仁、葱蒜酱拌头肉等。

实例举证：瓜丁桃仁

原料：鲜核桃仁100克，黄瓜50克，香葱蒜油酱适量。

制法：①鲜核桃仁掰成小块，放入开水锅中焯透，捞出投凉，沥干水分；黄瓜洗净，切成菱形小丁。②鲜核桃仁和黄瓜丁放在一起，加入香葱蒜油酱拌匀，装盘便成。

特点：白绿相间，清脆咸香。

提示：①鲜核桃仁有涩味，必须做焯水处理。②黄瓜切丁小点，以突出主料。

葱香三油酱

这种酱是将小香葱剁成细蓉，搭配蚝油、美极鲜酱油、花生油等料调制而成的，油润褐亮、味道咸鲜、葱味浓郁。

原料组成：小香葱50克，蚝油20克，美极鲜酱油10克，香菜5克，精盐、味精各适量，花生油15克。

调配方法：①把洗净的小香葱控尽水分，剁成细蓉，放在小碗内；香菜择洗干净，切末。②锅内注入花生油烧至七成热，倒在盛有葱蓉的碗内，搅匀后加入蚝油、美极鲜酱油、精盐、味精和香菜末，调匀即成。

调酱心语：①花生油烧至极热，才能把小葱的香味激出。②蚝油、美极鲜酱油均起提鲜、助咸的作用。③精盐定咸味，控制好用量。④香菜起增加香味的作用。

适用范围：拌制各种荤素凉菜。如三油葫芦、三油鱼片等。

实例举证：三油葫芦

原料：西葫芦300克，精盐1克，葱香三油酱适量。

制法：①西葫芦洗净，剖为两半，挖去瓜瓤，横切成厚约0.5厘米的片，放在开水中烫至八成熟，捞出过一遍纯净水，控尽水分。②西葫芦片加精盐拌匀，腌5分钟，再次控去水分，与葱香三油酱拌匀，装盘即成。

特点：口感脆嫩，鲜香味美。

提示：①西葫芦焯烫时间以断生为佳，若过长，则皮软不脆。②西葫芦片趁热与酱拌匀，冷后食用，味道才佳。

豆瓣麻酱

这种酱是在芝麻酱内加上豆瓣辣酱、蒜末等调料配制而成的，咸香微辣、鲜醇浓厚。

原料组成： 芝麻酱20克，豆瓣辣酱10克，蒜瓣5克，香醋10克，精盐2克，白糖2克，香油10克。

调配方法： ①豆瓣辣酱剁成细蓉，纳碗并加入烧热的香油，搅匀；蒜瓣去皮，入钵捣成细蓉。②芝麻酱纳碗，分次注入40克温水搅成稀糊状后，加豆瓣辣酱、蒜蓉、香醋、精盐和白糖调匀即成。

调酱心语： ①芝麻酱突出浓郁的香味，搅拌时应顺一个方向，否则调出的酱澥而不黏。②豆瓣辣酱突出辣味，先用热油激出红油，味道才好。③蒜蓉起增香、杀菌的作用，宜直接生用。④白糖起提鲜、合味的作用，不宜多加。

适用范围： 拌制各种荤素凉菜。如干香牛肉片、辣酱拌生菜等。

实例举证： **干香牛肉片**

原料：火锅牛肉片200克，洋葱、胡萝卜、芹菜、紫甘蓝各25克，蒜末5克，柠檬汁10克，精盐2克，豆瓣麻酱适量。

制法：①牛肉片纳盆，加蒜末拌匀，腌约两三分钟；洋葱剥去外皮，同洗净的胡萝卜、芹菜、紫甘蓝分别切成细丝，用纯净水泡至发挺，捞出沥尽水分，加精盐和柠檬汁拌匀，铺在一盘中垫底，待用。②锅内添入清水上旺火烧开，分散下入牛肉片后关火，搅散至熟，捞出沥水降温，与豆瓣麻酱拌匀，码摆在盘中蔬菜丝上即成。

特点：牛肉软嫩，咸香带辣，素丝爽脆。

提示：①要选择有一定厚度且肥瘦兼有的牛肉片，口感才好。②不可用旺火沸水汆牛肉片，否则口感不嫩。

蒜蓉鲜椒酱

这种酱是以鲜红辣椒和蒜瓣为主要原料，加上酱油、生抽、香醋、香油等调料配制而成的，蒜香味浓、咸酸爽口、略带辣味。

原料组成：鲜红辣椒100克，蒜瓣25克，生姜5克，美极鲜酱油、生抽、香醋、精盐、味精、香油各适量。

调配方法：①鲜红辣椒洗净去蒂，切碎；蒜瓣拍裂，切碎；生姜刮皮洗净，切末。②将红辣椒碎、蒜碎和姜末放入料理机内打成蓉，盛入碗内，加入美极鲜酱油、生抽、香醋、精盐、味精和香油调匀即成。

调酱心语：①大蒜起突出蒜味辣香的作用，用量要足。②鲜红辣椒增色、提辣，用量稍大。③香醋提酸味，以适口为度。④精盐定咸味，美极鲜酱油、生抽提鲜、助咸，味精提鲜，香油增香，这些调料均不宜太多。

适用范围：拌制各种荤素凉菜。

实例举证：油麦菜鲫鱼

原料：鲫鱼2条（每条约重250克），油麦菜100克，葱段、姜片、料酒、精盐、蒜蓉鲜椒酱各适量，色拉油5克。

制法：①鲫鱼宰杀治净，逐一对剖成两半，周身抹匀料酒和精盐，摆在垫有葱段和姜片的盘子上，入笼用旺火蒸约8分钟至刚熟取出，凉凉后剁成块，与蒜蓉鲜椒酱拌匀，封上保鲜膜，进冰箱中镇约半小时，待用。②油麦菜择洗干净，切段，投入到加有色拉油的沸水锅中汆至断生，捞出冷水过凉，挤干水分，放在盘中垫底，上面摆放鲫鱼块即成。

特点：鱼肉软嫩，鲜香微辣，清凉利口。

提示：①鲫鱼镇至冰凉即好，若时间过长，口感不佳。②也可将剁块的鱼摆在盘子上，再淋上调味酱。

藤椒油葱酱

这种酱是以小香葱为主要调料，加上藤椒油、白酱油、精盐等调料制作而成的，色泽碧绿、鲜味浓郁、口味清爽。

原料组成：小香葱250克，藤椒油70克，白酱油25克，精盐10克，味精、鸡汁各20克，白糖15克。

调配方法：①小香葱择洗干净，切成小节，放到料理机里打成细蓉。②香葱蓉放到碗里，加入白酱油、精盐、味精、鸡汁、白糖和藤椒油，充分调匀即成。

调酱心语：①小香葱用量稍大，突出葱香味。②白酱油提鲜、助咸，如果不加，就把精盐的量增加一些。③精盐定咸味，味精和鸡汁提鲜味。④白糖起合味的作用，以尝不出甜味即好。⑤藤椒油主要突出麻香味。

适用范围：拌制各种荤素凉菜。

实例举证：藤椒蚌肉

原料：兰花蚌500克，青笋75克，生姜3片，精盐少许，藤椒油葱酱适量。

制法：①将兰花蚌治净，放入加有姜片的沸水锅里汆熟，捞出后入冰水中镇凉，控去水分。②青笋去皮，切成薄片，用精盐稍微腌制后，放在盘里垫底；随后把兰花蚌与藤椒油葱酱拌匀，盖在青笋片上即成。

特点：蚌肉脆嫩，麻味清香。

提示：①兰花蚌不可汆烫时间过长，以刚熟即好。②兰花蚌肉用冰水镇凉，口感更脆嫩。

清香蔬菜酱

这种酱是以具有独特香味的香菜，加上大蒜、青椒、葱油等料配制而成的，绿中带红、咸鲜微辣、清香利口。

原料组成：香菜50克，大蒜50克，青椒50克，红美人椒15克，精盐5克，味精3克，葱油30克。

调配方法：①香菜择洗干净切碎；大蒜剥皮，拍松；青椒、红美人椒洗净去蒂，切成小丁。②把香菜碎、蒜瓣、青椒丁和红美人椒丁一起放入料理机内打成蓉，盛在碗里，加入精盐、味精和葱油拌匀即成。

调酱心语：①香菜主要突出特有的清香味，必须选用香味浓、鲜嫩的品种。②大蒜起清香、杀菌的作用。③红美人椒主要起增色的作用，不宜多放。④精盐定咸味，味精起提鲜的作用。⑤葱油起增香、润口的作用。

适用范围：拌制各种荤素凉菜。

实例举证：清香蔬菜茄子

原料：线茄2个，精盐1克，清香蔬菜酱适量。

制法：①将线茄洗净去蒂，纵向剖开一道口子，撒入精盐，上笼以旺火蒸8分钟至断生，取出放凉。②把茄子刀口掰开，填入清香蔬菜酱，复合成原形，切成3厘米长的段，整齐装盘，再淋上少量清香蔬菜酱即成。

特点：卖相美观，茄子鲜软，馅料清香。

提示：茄子不要蒸得太熟，否则影响形态的美观。

CHAPTER

2

热菜酱

——烹出飘香美味

番茄味酱

这种酱是以番茄酱、白糖和醋为主要调料配制而成的，色泽红亮、味道酸甜、酱黏润滑。

原料组成： 番茄酱40克，白糖50克，醋30克，姜末、蒜末各5克，精盐3克，水淀粉15克，香油10克，色拉油25克。

调配方法： ①坐锅点火，注入色拉油烧至六成热，下入姜末和蒜末炸香，下入番茄酱炒去酸涩味，掺适量清水，加白糖、醋和精盐调好酸甜口味。②沸后淋入水淀粉，搅匀后再加入香油和25克热油快速推搅，至酱呈晶莹透亮、似动非动、有较多鱼眼泡状时即成。

调酱心语： ①番茄酱一定要在炸香姜末、蒜末的热底油中煸炒出香酸味后，再加水，否则味酱会发涩，影响风味。②白糖增甜味，醋体现酸味。两者常规比例大约为4：3。因番茄酱有酸味，其比例应调整为4：2。由于醋的酸度不同，在实际操作时要灵活掌握，切不可生搬硬套。③加入精盐量要适度。有人认为做酸甜汁不加精盐，以为味道会更加醇正。其实不然，精盐在此味汁中起着举足轻重的作用，它既是糖醋中咸味和鲜味的主要来源，又是能去除酸甜味中腻口的部分。④水淀粉起增稠和润滑的作用，应边淋入边搅动，以避免有小粉疙瘩出现。⑤最后加入的热油起增亮的作用，与酱融为一体才可出锅。⑥此酱现做现用，效果才佳。

适用范围： 烹制焦熘菜肴。如茄汁虾仁面包、番茄豆腐、番茄大虾、番茄脆皮鱼等。

实例举证： 茄汁虾仁面包

原料：方形面包1个，鲜虾仁50克，鸡蛋液100克，青豆10克，干淀粉10克，精盐1克，番茄味酱、色拉油各适量。

制法：①方形面包切成1厘米厚的片，去除硬边后，改刀成1厘米见方的块；鲜虾仁洗净，挤干水分，与精盐和干淀粉拌匀上浆，待用。②坐锅点火，注入色拉油烧至四成热时，放入虾仁滑熟捞出；待油温升到五成热时，下入裹匀鸡蛋液的面包丁炸透呈金黄色，捞出控油，装在盘中。③随后把虾仁和青豆放入调好的番茄味酱中搅匀，出锅淋在炸好的面包丁上即成。

特点：色泽红艳，味道酸甜，外焦内软。

提示：①炸面包丁时控制好油温，以免炸煳。②炸面包丁和做番茄味酱最好同时完成，两者才能很好地结合在一起，形成美妙的口感。

泡椒茄酱

这款调味酱是在番茄味酱的基础上加入泡辣椒烹制而成的，色泽红润油亮、味道酸甜香辣。

原料组成：番茄酱40克，白糖50克，醋30克，泡辣椒25克，生姜、蒜瓣各5克，精盐3克，水淀粉15克，香油5克，泡椒油15克，色拉油20克。

调配方法：①泡辣椒去蒂及籽，剁成细蓉；蒜瓣入钵，捣烂成泥；生姜刨皮洗净，切末。②炒锅上火，放入色拉油烧热，放入蒜泥、姜末和泡辣椒蓉煸香出色，续入番茄酱炒去酸涩味，掺适量开水，加白糖、醋和精盐调成酸甜口味，勾水淀粉煮熟，加烧热的泡椒油和香油，推匀便成。

调酱心语：①泡辣椒蓉用足量的热底油煸香出红油，泡椒味才浓。②番茄酱必须用热油煸炒，以去其酸涩味。③水淀粉起增稠、滋润的作用，加入量以成品酱能缓缓流动为佳。④泡椒油突出泡椒风味并增加色泽，所以加入酱中时务必烧热，并且与酱融为一体时才可出锅。

适用范围：烹制焦熘菜肴或一些蒸菜。如泡椒脆皮豆腐、泡椒脆皮鱼条、泡椒牛肉饼等。

实例举证：泡椒脆皮豆腐

原料：日本豆腐4条，干淀粉25克，生菜叶、泡椒茄酱、色拉油各适量。

制法：①将日本豆腐脱去外皮，切成2厘米长的段，放在盘中，撒上干淀粉，然后轻拌至裹匀豆腐段。②净锅上火，注入色拉油烧至六成热时，下入拍粉的豆腐炸至内透且色泽金黄时，捞出控净油分，摆在盘中，边围消毒的生菜叶，淋上调好的泡椒茄酱便成。

特点：色泽红亮，外酥内软，酸甜香辣。

提示：①日本豆腐极嫩，拍粉时一

定要轻拌，以免弄碎，失去形态之美。②炸制豆腐段时最好放在漏勺上进行，这样可避免粘连现象发生。

糖醋味酱

这种酱是以酱油、白糖和醋为主调配而成的，色泽褐红、口味以酸甜为主、兼具咸鲜。

原料组成：白糖50克，醋40克，料酒10克，蒜末、姜末各3克，精盐2克，酱油、水淀粉、香油、色拉油各适量。

调配方法：①炒锅上火，放入色拉油烧热，下入姜末和蒜末炸香，烹料酒，加适量清水、酱油、白糖、醋和精盐调好酸甜味。②沸后勾水淀粉，淋香油搅匀，再加适量的热油，用手勺快速推搅几下至味汁呈晶莹透亮、似动非动、有较多鱼眼泡状时即成。

调酱心语：①要掌握好白糖和醋的用量比例，糖多醋少或者相反，味汁的口味均达不到质量要求。一般是酸甜口味各占整个口味的1/2。②姜末和蒜末增香味，不要炸煳。③酱油和精盐的总量以尝不出咸味为度。调味时，应先加酱油调好色，再补加精盐。④也可加少量番茄酱来调色，其理由是：比单用酱油调好的成品色泽艳丽，还可弥补其维生素的不足，使之营养成分更趋合理。⑤水淀粉起勾芡的作用。注意味酱的浓稠度。如芡汁过稠，既不易均匀地挂在原料上，又会食之腻口；如芡汁过稀，既挂不住原料，又影响口味。

适用范围：烹制焦熘菜肴。如糖醋鲤鱼、糖醋丸子、糖醋里脊等。

实例举证：糖醋丸子

原料：猪夹心肉200克，干淀粉25克，鸡蛋1个，姜末5克，酱油5克，精盐3克，糖醋味酱100克，色拉油适量。

制法：①猪夹心肉剁成粗末，放在盆内，加入干淀粉、鸡蛋、姜末、酱油和精盐拌匀成馅。②坐锅点火，注入色拉油烧至五成热时，把猪肉馅做成小丸子下油锅中炸熟捞出，再升高油温至六成热复炸成金红色，捞出控油，放在糖醋味酱里翻拌均匀，装盘上桌。

特点：色泽褐红，外焦内嫩，味道

酸甜。

提示：①猪肉馅调匀即可，切不能搅拌上劲。②丸子经过复炸，口感更焦脆。

荔枝味酱

这种调味酱是以酱油、白糖和醋为主要调料，辅加葱花、蒜末、精盐、水淀粉等料调配而成的，色泽浅红、酸味突出、咸中回甜、味似荔枝。

原料组成：白糖40克，醋50克，料酒10克，葱花5克，蒜末5克，酱油、精盐、味精、水淀粉、香油、色拉油各适量。

调配方法：①炒锅上火，放入色拉油烧热，下蒜末和葱花炸香，掺适量清水，加酱油、精盐、白糖、醋和料酒调成酸甜味。②淋入水淀粉搅匀，再加适量香油和20克热油，充分搅拌均匀即成。

调酱心语：①荔枝味酱色泽与糖醋味酱相同，但其口味有别："荔枝味酱"的咸味应比"糖醋味酱"的略重，甜味应比"糖醋味酱"的略少，而自身的酸味又应略大于甜味。故调配时要把握好醋、糖、盐三者的比例关系。糖的用量不要超过醋，才能体现酸甜味。如果比例不当，就会变成糖醋味。由于醋的挥发性大，可以在起锅前补加醋，以保持各味之间的协调。②味酱的底味不要过重，精盐和酱油的用量不要过多，只起基本味的作用。③水淀粉起勾芡的作用。注意味酱的浓稠度。

适用范围：烹制焦熘菜肴。如荔枝牛柳、荔枝肉、荔枝鸡球等。

实例举证：荔枝鸡球

原料：鸡脯肉200克，湿淀粉75克，料酒10克，精盐3克，鸡蛋1个，荔枝味酱、色拉油各适量。

制法：①将鸡脯肉用平刀片成两半，在一面切上多十字花刀，然后改刀成边长2厘米的菱形块，放在小盆内，加入料酒、精盐、鸡蛋液和湿淀粉抓匀，再加10克色拉油拌匀。②锅内放入色拉油烧至五成热时，逐一下入鸡块炸至结壳定型且八成熟时，捞出；待油温升高，再次下入复炸至外焦内熟，倒出控油，与荔枝味酱拌匀装盘。

特点：褐红明亮，外焦内嫩，入口酸甜。

提示：①鸡脯肉先剞花刀再切块，较易入味和制熟。②开始炸制时油温不要太高，以免外煳而内不熟。

抓炒味酱

这种调味酱是制作“抓炒菜”专用的一种调味方法，即以酱油、白糖、醋和精盐为主要调料炒制而成的，色泽褐红，突出酸、甜、咸鲜口味，这就是行业中所说的“三致口”。

原料组成： 白糖30克，香醋15克，酱油10克，葱花、姜末、蒜末各5克，精盐、味精、香油、水淀粉、色拉油各适量，鲜汤150克。

调配方法： ①用鲜汤、酱油、白糖、香醋、精盐和味精在一小碗内调成酸、甜、咸三致口的味汁。②坐锅点火，放入色拉油烧热，下入葱花、姜末和蒜末炸香，倒入兑好的碗汁，烧沸后用水淀粉勾浓芡，淋香油，再加20克热油，使酱爆起呈“棉花泡”状时即好。

调酱心语： ①糖、醋、盐（包括带咸味的酱油等）的比例要准，使口味保证达到“三致口”，即甜、酸、咸各占整个口味的1/3。注意，不是所用调味料的量各占1/3。②以酱油为主色调，成品呈褐红色。酱油用量一定要适度。过少，色泽欠佳；过多，色泽发黑。③调味酱出锅前，应加入适量的热油爆汁。这样做可使芡汁明亮，成菜后有光泽，香气四溢。

适用范围： 烹制抓炒菜肴。如抓炒里脊、抓炒鱼片、抓炒豆腐、抓炒腰花等都是代表菜例。

实例举证： **抓炒里脊**

原料：猪里脊200克，鸡蛋（取蛋清）2个，干淀粉25克，料酒10克，精盐3克，抓炒味酱、色拉油各适量。

制法：①将猪里脊上一层筋膜剔去，顶刀切成0.3厘米厚的金钱片，放在小盆内，加入料酒、精盐、鸡蛋清、干淀粉及适量清水抓拌均匀，静置10分钟待用。②坐锅点火，注入色拉油烧至六成热时，分散下入挂糊的里脊片炸至金黄熟透，倒在漏勺内沥油，与调好的抓炒味酱快速翻匀，装盘上桌。

特点：外焦内嫩，咸鲜酸甜。

提示：①里脊片与糊拌匀后不要立即炸制。②抓炒味酱的量以裹匀原料略有剩余即好。

葡萄糖醋酱

这种酱是以红葡萄酒、白糖、白醋、水淀粉等料调配而成的，色泽深红，酸甜适口。

原料组成：红葡萄酒、白糖各100克，白醋50克，洋葱20克，料酒10克，精盐3克，水淀粉15克，色拉油40克。

调配方法：①洋葱剥皮，切成丝后，再切成米粒状。②坐锅点火，注入25克色拉油烧至六成热，下入洋葱粒煸香，烹料酒，倒入红葡萄酒，加入白糖、白醋、精盐和适量开水，待烧沸后尝好酸甜味，勾水淀粉，再加入15克热油搅匀即成。

调酱心语：①红葡萄酒起定主味的作用，用量要大。②掌握好白糖和白醋的用量，使味道酸甜适口。③洋葱起增香作用，煸黄至透明为佳。④此酱不可长时间熬制，以免酒香味挥发。⑤最后加入适量热油，使酱达到透明发亮的效果。

适用范围：烹制焦熘或煎制菜肴。如葡萄酒鱼条、葡萄酒土豆饼、干煎猪肉饼等。

实例举证：葡萄酒鱼条

原料：净鱼肉150克，鸡蛋1个，干淀粉15克，料酒10克，姜汁5克，精盐3克，葡萄糖醋酱、色拉油各适量。

制法：①净鱼肉切成小指粗的条，纳碗并加料酒、姜汁和精盐拌匀，腌5分钟，再加鸡蛋液和干淀粉拌匀。②坐锅点火，注入色拉油烧至五成热时，逐一下入挂糊的鱼条炸至金黄焦脆，捞出控油，与调好的葡萄糖醋酱拌匀，装在盘中即成。

特点：外焦内嫩，味道酸甜。

提示：①切鱼条时应把残留的细小鱼刺剔出来。②鱼条应分散下入油锅中，以免黏结成团。

胡萝卜糖醋酱

这种酱是以胡萝卜汁为主料，搭配米醋、白糖等调料配制的，色呈淡红、味道酸甜。

原料组成：胡萝卜汁150克，米醋75克，白糖50克，精盐3克，吉士粉10克。

调配方法：①不锈钢锅上火，倒入胡萝卜汁煮开，加入白糖煮至溶化。②再加入米醋和精盐调好酸甜味，沸后用吉士粉勾芡，搅匀即成。

调酱心语：①胡萝卜汁提色，突出风味。②米醋和白糖定酸甜味，与胡萝卜汁的量要搭配好。③加热时间不可过长，以避免出现更多的泡沫。④用吉士粉勾芡，既可能增加成菜的香味，又不会影响到其色泽。

适用范围：烹制焦熘菜品。如胡萝卜酱虾仁、胡萝卜酱肉丸、焦熘鱼卷等。

实例举证：胡萝卜酱虾仁

原料：鲜虾仁150克，鸡蛋1个，干细淀粉、面粉各25克，胡萝卜糖醋酱、精盐、料酒、葱姜汁、色拉油各适量。

制法：①鲜虾仁洗净挤干水分，加精盐、料酒和葱姜汁拌匀渍味；鸡蛋、干细淀粉、面粉及适量水调匀成稀稠适度的全蛋双粉糊。②坐锅点火，注入色拉油烧至六成热时，虾仁与蛋糊拌匀，逐粒下入油锅中浸炸至结壳发硬时捞出；视油温升至七成热时，再投入虾仁复炸至熟透，捞出控油，与胡萝卜糖醋酱翻拌均匀，出锅装盘即成。

特点：色艳鲜香，焦嫩酸甜。

提示：①虾仁一定要挤干水分，否则入糊内后会稀澥蛋糊，影响挂糊效果。②虾仁必须复炸，口感才酥脆。

南瓜糖醋酱

这种酱是以南瓜汁、米醋和白糖调配的，色泽黄亮、味道酸甜、富有南瓜清香味。

原料组成：南瓜汁150克，米醋75克，白糖50克，精盐3克，水淀粉15克，香油10克。

调配方法：①不锈钢锅坐火位，倒入南瓜汁，加入白糖和精盐煮至溶化。②再加入米醋调好酸甜口味，烧沸煮溶后，淋水淀粉，加香油，搅匀便成。

调酱心语：①南瓜汁起定色、突出风味的作用。最好选用南瓜中的板栗南瓜来榨汁，原料不但出汁多，而且味道和色泽更理想。②米醋和白糖定酸甜味，与南瓜汁的量要搭配好。③此味酱不宜用铁锅熬制，否则色泽会变暗。

适用范围：烹制焦熘菜品。如豆沙南瓜、糖醋肉条、焦熘平菇条等。

实例举证：焦熘平菇条

原料：平菇150克，鸡蛋液50克，面粉、淀粉各20克，精盐2克，南瓜糖醋酱、香油、色拉油各适量。

制法：①平菇去根洗净，用手撕成5厘米长、小指粗的条，沸水略烫后沥干水分，纳盆并加入鸡蛋液、面粉、淀粉、精盐和15克色拉油抓拌均匀。②坐锅点火，注入色拉油烧至五成热时，分散下入平菇条浸炸至结壳定型捞出；待油温升至六七成热，再次下入复炸至金黄酥脆，捞出沥油，与南瓜糖醋酱拌匀即成。

特点：色泽金黄，酥脆浓香，味道酸甜。

提示：①平菇条有涩味，必须经过焯水处理。②平菇条挂糊时加些油，油炸后口感更酥脆。

红柿子椒糖醋酱

这种酱是以红柿子椒汁、米醋和白糖调配的，色泽悦目、味道酸甜。

原料组成：红柿子椒200克，白糖60克，米醋50克，番茄酱10克，精盐2克，水淀粉、香油各适量。

调配方法：①红柿子椒洗净，去蒂及籽，用手掰成小块，放入料理机里，加适量清水打成浆，过滤取汁，待用。②坐锅点火，放入红柿子椒汁、白糖、米醋、精盐和番茄酱，以中火加热至溶化，勾水淀粉，淋香油，搅匀煮沸即成。

调酱心语：①红柿子椒汁定主色，加进少量的番茄酱，起调色的作用，但用量不宜多，以免把柿子椒的味道压住。②白糖和米醋定酸甜味，控制好两者的比例。③如选用黄色柿子椒，就用湿吉士粉勾芡，以增加黄亮的色泽和香味。④香油起提香和增亮的作用。

适用范围：烹制焦熘菜品。如焦熘脆虾球、焦熘酸甜茄子、焦熘土豆丸等。

实例举证：焦熘酸甜茄子

原料：茄子250克，淀粉、面粉各20克，鸡蛋1个，精盐3克，红柿子椒糖醋酱、色拉油各适量。

制法：①茄子洗净去皮，切成滚刀块，纳盆并加鸡蛋、淀粉、面粉、精盐、15克色拉油和适量水抓拌均匀，待用。②坐锅点火，注入色拉油烧至六成热时，下入挂糊的茄块炸至金黄色且内熟透时，倒出控去油分，与红柿子椒糖醋酱拌匀，装盘上桌。

特点：色泽红艳，外焦内嫩，酸甜味美。

提示：①茄子切好后用清水洗去一些褐色素，经油炸后色泽更鲜亮。②茄块挂糊一定要均匀。

泡椒酒香酱

这种酱是以干红葡萄酒和泡辣椒为主，再加番茄沙司、白糖等调料炒制而成的，色泽红亮、酒香味浓、甜辣适口。

原料组成：干红葡萄酒100克，泡辣椒25克，番茄沙司25克，白糖25克，蒜瓣5克，水淀粉、香油各适量，泡椒油10克，色拉油25克。

调配方法：①泡辣椒去蒂及籽，剁成细蓉；蒜瓣剁成细末。②坐锅点火，注入色拉油烧热，下入蒜末和泡辣椒蓉炒香出色，下入番茄沙司略炒，加干红葡萄酒和白糖，沸后勾水淀粉，搅匀至煮沸，再加烧热的香油和泡椒油，拍打均匀即成。

调酱心语：①干红葡萄酒定主味，用量稍多。②泡辣椒突出泡香辣风味，同蒜末一起炒出红油，味道才浓。③白糖起助甜的作用。④番茄沙司起调色的作用，不宜过多。⑤水淀粉起增稠的作用，用量要控制好，以防酱粘锅结块，食之不爽。⑥此酱不宜长时间煮制，以免酒香味挥发过多，味道不浓。

适用范围：烹制焦熘菜品。如泡椒酒香虾球、泡椒酒香藕夹、泡椒酒香鱼片等。

实例举证：泡椒酒香藕夹

原料：去皮莲藕150克，猪肉馅100克，鸡蛋液50克，干淀粉15

克，姜末3克，精盐、五香粉各少许，泡椒酒香酱、色拉油各适量。

制法：①去皮莲藕切成0.2厘米厚的夹刀片；猪肉馅入碗，加入姜末、25克鸡蛋液、精盐、五香粉和5克干淀粉调匀成馅，填在藕夹内按实；另将剩余鸡蛋液和干淀粉在碗内调匀成蛋糊，待用。②坐锅点火，注入色拉油烧至六成热时，把藕夹蘸匀蛋糊，下油锅中炸熟呈金黄色，捞出控油，摆在盘中，淋上调好的泡椒酒香酱即成。

特点：色泽红艳，外焦内嫩，酸甜味美。

提示：①藕片不宜放置过久，否则会变黑。②藕夹挂糊以薄薄一层为佳。

蒜香椒酱

这种酱是以辣椒酱和蒜蓉为主要调料，辅加白糖、醋、鲜汤等料调配而成的，色泽红亮、咸辣酸甜。

原料组成：辣椒酱20克，香醋20克，白糖15克，蒜瓣10克，小葱、泡姜各5克，精盐3克，酱油、鲜汤、水淀粉、香油、色拉油各适量。

调配方法：①辣椒酱剁细；蒜瓣拍松，切末；小葱择洗干净，切碎花；泡姜剁成末。②坐锅点火，注入色拉油烧热，放入蒜末和泡姜末炸香，投入辣椒酱炒出红油，掺鲜汤煮开，加入酱油、白糖、香醋和精盐调好色味，用水淀粉勾芡，搅匀煮沸，淋香油，撒小葱花，再次搅匀即成。

调酱心语：①辣椒酱定酱香，并有增咸、助辣的作用。②蒜蓉用量要够，突出浓郁的蒜香味。③白糖和香醋调和成微甜回酸的口味。④小葱、泡姜起增香的作用。⑤水淀粉起增稠、合味、增亮的作用。⑥色拉油起炒制和滋润的作用，应以合适的油温把蒜末和辣椒酱炒出红油，成品味道才香。

适用范围：烹制焦熘菜肴。如焦熘茄子、焦熘蒲棒肉、焦熘鱼饼、焦熘虾球等。

实例举证：焦熘虾球

原料：大虾8只，干淀粉30克，鸡蛋1个，料酒、葱姜汁、精盐、味精、蒜香椒酱、色拉油各适量。

制法：①大虾去头、爪及须，剥壳留尾，用刀从背部划开，挑去泥肠，洗净后揩干水分，纳盆并加料酒、葱姜汁、精盐、味精、鸡蛋液和干淀粉拌匀，待用。②锅内放色拉油烧至五成热时，将大虾逐只下入油锅中炸至结壳定型捞出；待油温升高，再次下入复炸至金黄焦脆，倒出沥油，与蒜香椒酱拌匀，装盘上桌。

特点：外脆内嫩，味感丰富。

提示：①虾球挂糊不要过厚，否则吃不出虾肉的鲜嫩。②虾球与调味酱应快速翻匀装盘。若过多翻拌，表皮回软脱落，失去脆感。

鸡油泡椒酱

这种酱是用鸡油炒香的泡辣椒蓉，加上葱末、姜汁、精盐、鸡汤等料炒制而成的，颜色红亮、泡椒辣酸、鸡香味浓。

原料组成：泡红辣椒30克，大葱20克，姜汁10克，精盐5克，鸡精3克，白糖、胡椒粉各2克，水淀粉25克，鸡汤100克，化鸡油50克。

调配方法：①泡红辣椒去蒂，剁成细蓉；大葱切碎花。②坐锅点火，倒入化鸡油烧至五成热时，下泡红辣椒蓉炒出红油，加葱花和姜汁炒香，掺鸡汤煮沸，加白糖、胡椒粉、精盐和鸡精调味，勾水淀粉，搅匀即成。

调酱心语：①化鸡油和泡红辣椒定主味，突出鸡油鲜香和泡辣香味。②精盐定咸味，满足调味的需要。③胡椒粉、姜汁、葱花助香、去异味，白糖合味，起助鲜的作用。④鸡汤、鸡精起增鲜的作用。

适用范围：烹制焦熘、软熘菜肴。如泡椒肉丸、百花酿香菇、泡椒熘腐竹等。

实例举证：泡椒肉丸

原料：猪夹心肉150克，鸡蛋1个，干淀粉50克，精盐、味精各2克，姜末5克，鸡油泡椒酱、色拉油各适量。

制法：①猪夹心肉切成小丁，剁成粗末，纳盆并加鸡蛋、干淀粉、精盐、味精和姜末拌匀成馅料，待用。②坐锅点火，注入色拉油烧热至五成热，把猪肉馅做成小丸子下油锅中炸熟呈金黄色，滗去余油，倒入鸡油泡椒酱翻匀，装盘上桌。

提示：①猪肉馅不能搅上劲，否则油炸时易爆锅。②丸子与酱料回锅时拌匀即好，以确保外焦内嫩的口感。

番茄豆瓣酱

这种酱是以番茄酱、豆瓣酱、白糖、香醋和鲜汤等原料调配而成的，色泽红亮、酸辣微甜、鲜香醇厚。

原料组成： 番茄酱25克，白糖25克，香醋20克，豆瓣酱15克，干辣椒、香葱、蒜瓣、生姜各5克，精盐、味精、香油各适量，水淀粉15克，鲜汤150克，色拉油20克。

调配方法： ①豆瓣酱剁细；干辣椒去蒂，切短节；香葱、蒜瓣、生姜分别切末。②坐锅点火，注入色拉油烧至六成热，下入葱末、蒜末、姜末和干辣椒节炸香，放番茄酱和豆瓣酱炒出红油，掺鲜汤煮沸，加白糖、香醋、精盐和味精调好口味，勾水淀粉，搅匀，淋香油即成。

调酱心语： ①番茄酱增色、提酸味，一定要用热底油煸炒一下，以去除其酸涩味。②豆瓣酱和干辣椒定辣味，也需先用热底油炒出红油。③香醋搭配番茄酱突出酸味。④白糖定甜味，应根据所加酸味调料的酸度投放，来调出可口的酸甜味。⑤水淀粉起勾芡的作用，增加酱的黏性和亮度。

适用范围： 烹制焦熘菜肴或作炸、煎、烤菜的味碟。如酥香肉片、焦熘羊肉饼、油烤蘑菇等。

实例举证： 酥香肉片

原料：猪肥瘦肉150克，鸡蛋1个，面粉、淀粉各10克，精盐2克，番茄豆瓣酱、色拉油各适量。

制法：①猪肥瘦肉切成约5厘米长、3厘米宽、0.2厘米厚的片；用鸡蛋、面粉、淀粉、15克色拉油、精盐和适量水调匀成蛋酥糊。②炒锅上火，注入色拉油烧至六成热时，将肥瘦肉片放入蛋酥糊中拌匀，逐片下入油锅中浸炸至结壳发硬时捞出；待油温升到七成热，再次下入复炸至熟呈金黄色时，滗去余油，加入番茄豆瓣酱翻匀，出锅装盘。

特点：外酥内嫩，香而不腻。

提示：①原料挂糊不可太厚，并且均匀无裸露现象。②味酱与原料和匀即可，不可过多翻拌，以免脱皮。

川式鱼香酱

这种酱是用泡辣椒、白糖、香醋、葱花、蒜末、水淀粉等料调制而成的，色泽红亮、滋润滑爽、鱼香味浓郁。

原料组成：泡辣椒20克，白糖20克，香醋15克，大葱25克，蒜瓣15克，生姜10克，料酒10克，酱油、精盐、味精、水淀粉各适量，鲜汤150克，色拉油30克。

调配方法：①泡辣椒去蒂和籽，剁成细蓉；大葱切碎花；蒜瓣拍松，切末；生姜切末。②坐锅点火，放入色拉油烧热，先下姜末和蒜末炸香，再下泡辣椒蓉炒香出色，烹料酒，掺鲜汤烧沸，调入白糖、香醋、酱油、精盐和味精成微甜酸口味，随即勾入水淀粉使汁黏稠，最后放入葱花和适量热油，搅打均匀即成。

调酱心语：①泡辣椒蓉增色、提辣味，姜蒜末增香味，这些原料必须用足量的热底油炒香出色，成品才油润红亮，鱼香味才浓。②白糖和香醋突出小酸小甜的口味，两者用量要掌握好。③勾入的水淀粉量以成品酱浇在原料上缓缓流下为好。如过稠，食之腻口，还会影响菜肴形状的美观；过稀，挂不住原料，影响口味。④勾芡后还必须再加入适量的热油，使煮好的酱光滑透亮，香味浓郁。⑤葱花在起锅前加入，葱香味才浓。

适用范围：烹制焦熘的鱼香味菜肴，也可作旱蒸或铁板菜式的淋酱。常见的代表菜例有鱼香里脊、鱼香酥肉片、鱼香旱蒸虾、鱼香脆皮鸡、铁板鱼香豆腐、鱼香浪花鱼尾等。

实例举证：鱼香浪花鱼尾

原料：胖头鱼1尾（约重1250克），葱段15克，姜片10克，鸡蛋1个，淀粉50克，川式鱼香酱100克，精盐、味精、胡椒粉、料酒、色拉油各适量。

制法：①将胖头鱼宰杀治净，切下鱼头另用。鱼尾剔去中骨，即得相连的两扇净肉，然后将每扇鱼肉顺长切成5条，纳盆加葱段、姜片、精盐、味精、胡椒粉和料酒拌匀腌制；另将鸡蛋磕入盆中，加淀粉调匀成蛋糊。②净锅上火，注入色拉油烧至六成热时，把腌好的鱼尾肉挂匀蛋糊，拍上干淀粉，鱼尾朝上置中间、鱼条呈放射形摆在漏勺上，投入油锅中炸熟呈金黄色，取出沥油，置于大圆盘中，淋上调好的川式鱼香酱即成。

特点：色泽红亮，酸甜可口，外焦内嫩，形似浪花。

提示：①鱼尾肉切条要均匀，且挂糊要仔细，下锅前要抖净多余淀粉。②鱼条放在漏勺上炸制，便于定型似浪花。

蚝油剁椒酱

这种酱是以红剁椒酱为主要调料，搭配蚝油、酱油、生姜、蒜瓣等料炒制而成的，色泽深红，味道咸辣。

原料组成：红剁椒酱50克，蚝油30克，酱油15克，生姜、蒜瓣、大葱各10克，精盐8克，鸡精5克，色拉油、化猪油各15克。

调配方法：①生姜、蒜瓣、大葱均洗净，分别切成碎末。②坐锅点火，注入色拉油和化猪油烧至六成热时，下入姜末、蒜末和葱末炸香，倒入红剁椒酱炒出红油，加酱油、蚝油、精盐和鸡精炒匀，盛出即成。

调酱心语：①红剁椒酱定主味，用量大。②蚝油、酱油起提鲜、增咸的作用。③生姜、蒜瓣、大葱起增香、去腥的作用。④精盐起定咸味的作用。⑤色拉油和化猪油起增香、炒制和增亮的作用。

适用范围：蒸制鱼类菜肴。如剁椒花鲢鱼头、剁椒蒸鲈鱼、剁椒蒸武昌鱼、剁椒开屏鱼等。

实例举证：剁椒开屏鱼

原料：鲜草鱼1条（约重600克），料酒10克，葱姜汁10克，精盐3克，小葱花5克，蚝油剁椒酱适量。

制法：①将鲜草鱼刮鳞抠鳃，剖腹去除内脏，洗净血污，揩干水分，然后在脊背处切上1厘米厚的片，要求腹部相连，抹匀料酒、葱姜汁和精盐腌约5分钟。②把腌味的鲜草鱼错开刀口呈“开屏”形摆在圆盘中，淋上蚝油剁椒酱，入笼用旺火蒸约8分钟至刚熟取出，撒上小葱花即成。

特点：形似孔雀开屏，鱼肉细嫩，味道鲜辣。

提示：①要选用新鲜的草鱼，冻鱼不宜做此菜。②刀工处理要精细，装盘要美观，才能突显成菜的大气。

腊香剁椒酱

这种酱是以红剁椒、腊肉、豆豉、醪糟汁等原料调配而成的，油润红亮、味道鲜辣、香味浓醇。

原料组成：醪糟汁100克，红剁椒75克，腊肉25克，豆豉10克，生姜、蒜瓣各10克，精盐5克，干淀粉5克，香油、色拉油各25克。

调配方法：①腊肉用温水洗净，切成小粒；豆豉剁成碎末；生姜洗净去皮，同蒜瓣分别切末。②坐锅点火，倒入香油和色拉油烧热，下入腊肉粒和豆豉炒香，续下姜末、蒜末和红剁椒炒至油红，盛在小碗内，加入精盐、醪糟汁和干淀粉拌匀即成。

调酱心语：①红剁椒定辣味、增色泽，用热油炒过后再调制，味道更辣、色泽更红。②醪糟汁起去腥、解腻、提鲜的作用。③腊肉起增香、去腥的作用，投放量不宜多。④豆豉起增加风味的作用。⑤干淀粉起勾芡、合味的作用，也不宜多放。

适用范围：蒸制各种鱼类菜肴。如剁椒蒸鱼头、剁椒蒸鲈鱼、剁椒蒸鳕鱼等。

实例举证：剁椒蒸鲈鱼

原料：鲜鲈鱼1尾，腊香剁椒酱100克，料酒15克，姜汁5克，胡椒粉2克，色拉油25克。

制法：①将鲜鲈鱼宰杀治净，剁下鱼头和鱼尾，把鱼身切成1厘米厚的块，与料酒、姜汁和胡椒粉拌匀，腌10分钟。②取一圆盘，把鲈鱼块呈扇形码在盘中，摆上鱼头和鱼尾，盖上腊香剁椒酱，上笼用旺火蒸8分钟至熟，取出，再浇上烧至极热的色拉油，即可上桌。

特点：形状美观，鱼肉烫嫩，味鲜微辣。

提示：①鲈鱼块切得不宜太厚。②蒸制时间要控制好，避免鱼肉过熟或粘刺夹生。

三椒辣酱

这种酱是以泡野山椒、泡红辣椒和鲜红椒三种原料，搭配豆瓣酱、花椒粉等调料炒制而成的，香辣醇厚、色泽红亮。

原料组成： 泡野山椒25克，泡红辣椒25克，鲜红椒25克，豆瓣酱5克，泡生姜10克，蒜瓣5克，味精、白糖各3克，花椒粉2克，色拉油、化猪油各25克。

调配方法： ①泡野山椒、泡红辣椒、鲜红椒、豆瓣酱分别剁细；泡生姜切小粒；蒜瓣拍松，切末。②坐锅点火，注入色拉油烧热，下入剁细的“三椒”和豆瓣酱炒出红油，加入泡姜粒、花椒粉和蒜末炒出香味，调入味精和白糖，充分炒匀即成。

调酱心语： ①泡野山椒、泡红辣椒、豆瓣酱定辣味，用足量的热底油炒香，辣味才香。②鲜红椒起增色的作用。③泡姜粒起突出泡菜风味的作用。④白糖起中和口味的作用。⑤化猪油和色拉油除起炒制和滋润的作用外，化猪油还有去腥、增香的效果。

适用范围： 蒸制各种鱼类菜肴。如三椒蒸泥鳅、三椒蒸草鱼、三椒蒸中段等。

实例举证： 三椒蒸中段

原料：鲤鱼中段400克，料酒10克，精盐、胡椒粉、三椒辣酱各适量，葱油25克。

制法：①将鲤鱼中段顺脊背切为两半，在表面划上深至骨的一字花刀，与料酒、精盐和胡椒粉拌匀，腌10分钟。②把鲤鱼中段摆在盘中，浇上三椒辣酱，入笼用旺火蒸12分钟，取出浇上烧热的葱油即成。

特点：鱼肉烫嫩，鲜辣四溢。

提示：①鲤鱼中段切为两半蒸制，便于制熟和缩短加热时间。②蒸鱼时最好盖上保鲜膜，以防滴入蒸馏水，影响成菜味道。

五香剁椒酱

这种酱是以鲜红辣椒为主要原料，搭配精盐、生姜、蒜瓣、十三香粉等调料配制而成的，红润油亮、咸香微辣。

原料组成： 鲜红辣椒500克，精盐50克，生姜40克，蒜瓣40克，白酒20克，味精10克，十三香粉6克，色拉油60克。

调配方法： ①将鲜红辣椒用净湿毛巾揩去表面灰分，剪去蒂部，晾干表面水分，剁成碎末；生姜刨皮洗净，同蒜瓣分别剁成碎末。②将鲜红辣椒末、姜末和蒜末放在一起，依次加入精盐、味精、十三香粉、白酒和色拉油拌匀，装在消毒的瓶中，加盖封口，存放10天以上即成。

调酱心语： ①一定要选用新鲜红艳且发挺的尖辣椒。超级嗜辣族可以挑选小红尖椒来做，或者加入几个在里面。②毛巾在擦拭尖椒时要不时地用开水烫洗后再用。③鲜红辣椒一定要把表面水分晾干，否则在腌制时易腐败变质。④放白酒可以起到增香、防腐的作用。

适用范围： 蒸制各种鱼类菜肴。也可在炒菜、炖菜时适量加点，提升菜品风味。

实例举证： 剁椒蒸鲳鱼

原料：鲳鱼1条（约500克），五香剁椒酱50克，啤酒25克，姜末、蒜末各10克，小葱粒、精盐各适量，化猪油15克，色拉油30克。

制法：①将鲳鱼刮鳞抠鳃，剖腹去内脏，洗净血污，揩干水分，在鱼身两侧划上“柳叶形”刀口，抹匀啤酒、精盐、姜末和蒜末，腌约5分钟。②把腌味的鲳鱼放在盘中，盖上五香剁椒酱，浇上化猪油和色拉油，上笼用旺火蒸约12分钟至刚熟，取出撒上小葱粒即成。

特点：色泽红亮，鱼肉香嫩。

提示：①五香剁椒酱有咸味，在腌鱼时加精盐量以占整个口味的六成左右为好。②蒸鲳鱼的时候要掌握好时间，不能过生或过熟。

酱椒剁椒酱

这种酱是以黄灯笼辣椒酱和酱椒为主要原料，搭配大蒜、生姜、小米椒等料制作而成的，油润黄亮、辣味十足。

原料组成：黄灯笼辣椒酱200克，酱椒100克，大蒜、生姜各75克，小米椒50克，精盐、味精、鸡粉各适量，化猪油、色拉油各50克。

调配方法：①大蒜分瓣剥皮，生姜去皮洗净，分别剁成细蓉；酱椒、小米椒分别洗净，剁成碎末。②黄灯笼辣椒酱、酱椒末、小米椒末和蒜蓉共放在一起，加精盐、味精和鸡粉拌匀，注入烧至七成热的色拉油和化猪油，搅匀即成。

调酱心语：①黄灯笼辣椒酱提色、定主味，用量要够。②酱椒起突出风味的作用。③小米椒增色、辅助提辣味。④色拉油和化猪油烧至极热，调料中的水汽才能去除，可使味道更加香浓。

适用范围：蒸制各种鱼类菜肴。如酱椒蒸花鲢鱼头、酱椒蒸草鱼等。

实例举证：酱椒蒸花鲢鱼头

原料：花鲢鱼头1个，姜末、蒜末各10克，料酒、精盐、酱椒剁椒酱各适量，色拉油25克。

制法：①花鲢鱼头去鳞抠鳃，洗净揩干水分，从下巴一劈两半至皮相连，用刀拍扁，在内面抹匀姜末、蒜末、料酒和精盐，腌约10分钟。②把腌好的鱼头摆在盘中，盖上酱椒剁椒酱，上笼用旺火蒸约15分钟至熟透，取出后浇上烧热的色拉油即成。

特点：鱼头滑嫩，咸香微辣。

提示：①鱼头腌制后蒸制，既可去腥味，又增加底味。②酱椒剁椒酱比较辣，吃不了辣的朋友可少放些。

山椒剁椒酱

这种酱是以鲜红辣椒和泡野山椒为主要原料，辅加生姜、精盐等料调制而成的，红艳脆爽、咸鲜香辣。

原料组成：鲜红辣椒250克，泡野山椒150克，生姜50克，精盐25

克，白酒25克。

调配方法：①鲜红辣椒洗净，去蒂，晒至表面略干皱，剁成黄豆大小的粒；泡野山椒去蒂，同生姜均剁成细蓉。②将鲜红辣椒粒、泡野山椒末和姜蓉放在盆中，加入精盐和白酒拌匀，装入瓶中按实，加盖置阴凉处存放1周以上即成。

调酱心语：①鲜红辣椒晒蔫的目的是去除水分，在腌制时不容易变质。②泡野山椒起增辣、助泡香的作用。③此酱不要放到温度过高的地方，或放置外面的时间过长，以免导致香气流失产生酸味过重，影响口味。

适用范围：蒸制鱼类菜肴。如山椒蒸鱼嘴、山椒蒸平鱼等。

实例举证：山椒蒸鱼嘴

原料：鱼嘴3个，山椒剁椒酱75克，小葱5克，精盐、料酒、姜片各适量，色拉油25克。

制法：①鱼嘴治净，揩干水分，剁成块，加精盐、料酒和姜片拌匀，腌10分钟；小葱择洗干净，切小粒。②将鱼嘴摆在盘中，淋上山椒剁椒酱，入笼用旺火蒸熟取出，撒上小葱粒，淋上烧热的色拉油即成。

特点：鱼嘴香滑，味香微辣。

提示：①鱼嘴腌制前一定要揩干表面水分。②蒸好的鱼嘴再淋上热油，增加成品亮度，又使酱香味浓郁。

胡椒蒜蓉酱

这种酱是用蒜蓉、胡椒粉、化猪油等调料配制而成的，蒜味浓郁、胡椒味突出、咸香味鲜。

原料组成：大蒜50克，料酒10克，胡椒粉5克，精盐5克，味精3克，化猪油25克。

调配方法：①大蒜分瓣去皮，入钵捣成细蓉，加15克冷水调开，待用。②把蒜蓉盛在小盆内，加入料酒、胡椒粉、精盐和味精拌匀，注入烧至七成热的化猪油，搅匀凉冷即成。

调酱心语：①大蒜是主要调味料，用量要足。②胡椒粉起去腥异味、增香味的作用，也不可少用。③精盐定咸味，要满足主料的需要。④化猪油起增香、增肥、去腥的作用，也可与植物油对半合用。

适用范围：蒸制各种鲜鱼和贝类菜肴。

实例举证：麒麟银鳕鱼

原料：银鳕鱼肉200克，水发香菇5朵，胡萝卜50克，胡椒蒜蓉酱100克。

制法：①将银鳕鱼肉切成1.5厘米厚、7厘米长、5厘米宽的长方块，共10份；水发香菇去蒂，一切为二，用开水汆透；胡萝卜在一面切锯齿形，然后顺长切成0.3厘米厚的片。②把鳕鱼片、香菇片和胡萝卜片放在小盆里，加入胡椒蒜蓉酱拌匀，腌约10分钟，然后岔色在盘中摆成两排，上笼用旺火蒸约8分钟至刚熟即成。

特点：色形美观，鱼肉香嫩，蒜味浓郁。

提示：①一定要选表面冰薄且横截面雪白的银鳕鱼，这样的鱼才够新鲜。②各种原料的刀工处理要讲究，码摆要整齐，注重造型。③因银鳕鱼肉极嫩，蒸制时间切忌过火，否则鱼肉发黏不松嫩。

农家酸椒酱

这种酱是以青尖椒、红尖椒搭配酸白菜等料调制而成的，色泽悦人、味道酸辣。

原料组成：青尖椒、红尖椒各250克，酸白菜150克，酸白菜汤200克，精盐、白糖、白酒、味精各适量。

调配方法：①青尖椒、红尖椒洗净，去蒂及籽，放在阳光下晒至发蔫，切碎；酸白菜沥去汁液，切碎。②把青尖椒碎、红尖椒碎和酸白菜碎一起放入料理机内，加入酸白菜汤打成酱，盛在容器内，加入精盐、白糖、白酒和味精拌匀，加盖密封腌制1周以上即成。

调酱心语：①青尖椒、红尖椒突出辣味，增加色泽，一定要选用新鲜硬挺且辣味足的品种。②酸白菜和酸白菜汤共同突显酸味，与辣椒组合成适口的酸辣味。③精盐定咸味，白糖中和口味，白酒增香、发酵，这三种调料还具有防腐的作用。④味精起提鲜的作用，可少用或不用。⑤腌制期间要放在阴凉的地方，以免酸败。

适用范围： 蒸制各种河、海鲜类菜肴。如酸椒酱蒸白鳝、酸椒酱蒸扇贝、酸椒酱蒸鳗鱼等。

实例举证： **酸椒酱蒸鳗鱼**

原料：鳗鱼1尾（约重650克），料酒15克，精盐5克，胡椒粉1克，农家酸椒酱适量，化猪油15克，色拉油15克。

制法：①将鳗鱼宰杀去内脏，清洗干净，用刀在背部切成2厘米长的小节，但要求腹部相连。改完刀口后，用料酒、精盐和胡椒粉拌匀，腌15分钟，盘成蛇状于漏勺中，放入开水中略烫后捞出，用干洁毛巾揩净鱼身上的水分和黏液。②把鳗鱼置于窝盘中，随后将化猪油和色拉油入锅烧热，与农家酸椒酱拌匀，盖在鳗鱼身上，入笼用旺火蒸15分钟至刚熟，取出上桌。

特点：造型美观，鱼肉鲜嫩，咸香酸辣。

提示：①鳗鱼盘好形状再做焯水处理。②农家酸椒酱里加些烧热的化猪油，蒸出的味道更香浓。

秘香排骨酱

这种酱是以排骨酱为主要调料，搭配柱侯酱、牛肉酱、花生酱等调料配制而成的，香气浓醇、味道咸鲜。

原料组成： 排骨酱25克，柱侯酱10克，牛肉酱10克，花生酱5克，料酒10克，洋葱10克，白糖5克，高汤100克，色拉油30克。

调配方法： ①花生酱入碗，用20克高汤搅澥，洋葱去皮，切粒。②坐锅点火，注入色拉油烧至六成热，下入洋葱粒炸黄，倒入排骨酱、柱侯酱、牛肉酱和花生酱炒香，烹料酒，加入高汤和白糖，以小火煮至浓稠，盛出凉冷即成。

调酱心语： ①排骨酱、柱侯酱、牛肉酱、花生酱起定酱香的作用。②料酒、洋葱去异味和增香。③高汤起增鲜、提香和稀释酱的作用。④色拉油起炒制、增香和滋润的作用。

适用范围： 蒸制排骨、鸡、鸭等菜肴。

实例举证：秘香排骨

原料：猪肋排500克，生姜3片，大葱2段，料酒10克，秘香排骨酱、小葱花、香油各适量。

制法：①猪肋排顺骨缝划开，剁成2厘米长的小段，放在加有姜片、葱段和料酒的水锅中焯透，捞出漂净污沫，控干水分。②将猪排骨与秘香排骨酱拌匀，腌20分钟，堆在盘中，上笼以旺火蒸熟，取出撒上小葱花，淋上烧热的香油即成。

特点：排骨软嫩，香味浓郁。

提示：①猪排骨漂洗污沫时最好用热水。若用冷水，会影响肉质的口感。②将猪排骨与酱料拌匀，腌一会儿再蒸，则味透肌里。

蒜香豆豉酱

这种酱是以豆豉、大蒜为主要调料制作而成的，豆豉香浓、蒜味突出。

原料组成：豆豉50克，蒜瓣25克，红小米椒3个，精盐5克，味精3克，化猪油15克，色拉油15克。

调配方法：①豆豉剁成细蓉；红小米椒洗净去蒂，切成碎粒；蒜瓣入钵，捣成细蓉，加10克冷水调匀，待用。②坐锅点火，注入色拉油和化猪油烧热，下入豆豉和蒜蓉炒香，加入小米椒粒、精盐和味精炒匀便成。

调酱心语：①豆豉定主味，突出豆豉香味。②大蒜是不能缺少的调料，只有捣成细蓉，才能突出蒜香味。③红小米椒起增色、提辣味的作用。④化猪油和色拉油起增香和炒制的作用。

适用范围：利用蒸、炒等方法烹制河、海鲜菜肴。

实例举证：蒜香豆豉蒸虾

原料：北极虾10只，蒜香豆豉酱50克，精盐、料酒、色拉油各适量。

制法：①北极虾解冻至八成，剪去须爪，与精盐和料酒拌匀，腌5分钟，沥去水分。②将北极虾摆在盘子上，均匀地淋上蒜香豆豉酱，盖上保鲜膜，上笼大火蒸8分钟即成。

特点：蒜豉味浓，鲜香微辣。

提示：①挑选北极虾时要选饱满完整、捏着有弹性的，掉头肉软的不能买。②蒸制时盖上保鲜膜，可避免滴入蒸馏水，影响口味。

豆豉肉末酱

这种酱是以豆豉和青二荆条辣椒为主要调料，加上猪肉末、小米椒、蒸鱼豉油等料炒制而成的，咸香微辣、豆豉味浓。

原料组成： 豆豉150克，青二荆条辣椒100克，猪肉50克，小米椒20克，蒸鱼豉油15克，味精5克，化猪油50克。

调配方法： ①豆豉剁碎；青二荆条辣椒洗净去蒂，切圈；猪肉剁成碎末；小米椒洗净去蒂，切粒。②坐锅点火，注入10克化猪油烧至六成热，下入猪肉末炒至酥香，盛在小盆内，凉冷后加入豆豉碎、青二荆条辣椒圈、小米椒粒、蒸鱼豉油、味精和剩余化猪油拌匀即成。

调酱心语： ①豆豉定主味，剁碎后使用味道更佳。②猪肉起增香的作用，不宜太多。③蒸鱼豉油起提鲜、助咸的作用。④化猪油起增肥、除异、提香的作用。

适用范围： 蒸制河、海鲜和部分素类食材。

实例举证： **豆豉肉酱蒸鱼**

原料：草鱼1条（约重700克），豆豉肉末酱、精盐、葱姜汁、料酒、葱花各适量。

制法：①把草鱼宰杀治净，剖成两半，并在鱼身表面剞上一字花刀，随后抹匀精盐、姜葱汁和料酒腌制入味。②把腌好的草鱼刀口朝上平铺在盘中，上面盖一层豆豉肉末酱，入笼用旺火蒸10分钟再取出来，撒上葱花即成。

特点：鱼肉鲜嫩，豉香微辣。

提示：①草鱼劈成两半蒸制，可缩短蒸制时间。②草鱼经过腌制，既可去除一些腥味，又能增加底味。

海米猪肉酱

这种酱是用猪肉末、海米、鱼露等料配制而成的，浓稠黏滑、味道咸香、油润明亮。

原料组成： 猪肉50克，海米25克，鱼露15克，蒜瓣、红洋葱各10克，料酒15克，酱油、精盐、味精各适量，花生油25克，热水50克。

调配方法： ①猪肉去净筋膜，剁成粗末；海米拣净杂质，加料酒和热水泡软，挤去水分，放入料理机里打成蓉；蒜瓣、红洋葱剥皮，分别切末。②净锅上火，放入花生油烧至六成热，投入蒜末和红洋葱末炸香，下入海米蓉炒去水分，加入猪肉末炒酥，掺适量开水，调入鱼露、酱油、精盐和味精，以中火煮至浓稠即成。

调酱心语： ①猪肉应肥瘦兼有，其比例以2：8为好。若肥多瘦少，则有油腻感；反之，则不香浓。②炒小料时用中火温油，以免炒煳。③猪肉末炒酥，口感才好。④海米和鱼露均有咸味，调味时应试味后补加精盐定咸味。

适用范围： 烹制海鲜类、豆腐等类菜肴。

实例举证： **蒸玉脂豆腐**

原料：玉脂豆腐1盒，小香葱2棵，精盐1克，海米猪肉酱适量，色拉油20克。

制法：①把玉脂豆腐从盒中取出，放在加有精盐的开水锅中煮一下，捞出过凉，沥尽水分；小香葱择洗干净，切碎花。②将玉脂豆腐切成骨牌厚片，呈梯形摆在盘中，淋上海米猪肉酱，上笼蒸8分钟取出，撒上小葱花，浇上烧至极热的色拉油即可。

特点：口感软嫩，咸香味美。

提示：①玉脂豆腐用盐水煮一下，便于刀工时不易破碎。②蒸好后浇上热油，既提香味，又增亮度。

豆豉香辣酱

这种酱是以鲜辣椒酱和豆豉为主料调配而成的，金红油亮，咸鲜香辣，豆豉味浓。

原料组成： 辣椒酱30克，豆豉30克，生姜5克，蒜瓣5克，味精、红油、色拉油各适量。

调配方法： ①豆豉剁碎；生姜去皮洗净，同蒜瓣一起剁成细末。②坐锅点火，注入色拉油烧至六成热，放入姜末和蒜末炸出香味，加入豆豉碎炒酥，续加辣椒酱炒干水汽，最后放入味精和红油炒匀即成。

调酱心语： ①辣椒酱起提辣味、增色泽的作用。②豆豉起突出豉香风味的作用，用热油炒酥，才能很好地体现。③红油助辣味、增色泽，并且还有提香的作用。

适用范围： 除作蒸菜的调味外，还可作炒菜的调味或佐餐食用。

实例举证： 豉辣开边虾

原料：对虾8只，豆豉香辣酱30克，姜片、葱丝、红椒丝、香菜段、精盐、料酒、色拉油各适量。

制法：①将对虾的头、脚剪去，从背部剖成相连的大片，挑去虾肠后洗净，再用刀尖在虾肉上扎数下，纳盆并加姜片、精盐和料酒腌约5分钟。②取一圆盘，摆上对虾，淋上豆豉香辣酱，入笼以旺火蒸约5分钟取出，撒上葱丝、红椒丝和香菜段，最后浇上烧热的色拉油即成。

特点：形美大方，味美营养。

提示：①虾肉戳上些刀口，蒸熟后不会卷缩变形。②红椒丝和葱丝起点缀作用，使用前最好用冷水泡至卷曲。

葱香咖喱酱

这种酱是以大葱、咖喱粉、生姜、精盐等调料炒制而成的，葱香咖喱味浓、咸鲜微辣。

原料组成： 大葱75克，咖喱粉15克，生姜、蒜瓣各5克，精盐、味精、水淀粉各适量，鲜汤100克，香油5克，色拉油40克。

调配方法：①大葱洗净，切成碎末；生姜、蒜瓣分别剁成细蓉。②坐锅点火，注入色拉油烧至六成热，下入大葱末、姜蓉和蒜蓉爆香，转小火，加入咖喱粉炒出黄油，掺鲜汤煮沸，调入精盐和味精，勾水淀粉，淋香油，炒匀即成。

调酱心语：①大葱起定葱香味的作用，注意不要炸煳。②咖喱粉定咖喱香辣味，要用小火慢慢炒出香味。③生姜、蒜瓣起增香味的作用，用热油爆香，味道才浓。④色拉油起炒制和滋润的作用。

适用范围：爆、炒各种菜肴。如葱香咖喱炒羊肚、葱香咖喱炒鸡条、葱香咖喱爆牛柳等。

实例举证：葱香咖喱爆牛柳

原料：牛柳肉150克，彩椒50克，干淀粉5克，精盐3克，葱香咖喱酱75克，色拉油适量。

制法：①将牛柳肉先切成0.5厘米厚的片，再切成0.5厘米见方的小条，纳碗并加2克精盐、干淀粉和15克色拉油拌匀，腌制入味；彩椒洗净，去蒂及籽，切成细条。②坐锅点火，注入色拉油烧至四成热时，投入牛柳条滑散至熟，倒出沥油；锅留底油复上火位，下入彩椒条和剩余精盐略炒，倒入过油的牛柳条和葱香咖喱酱翻炒均匀，装盘上桌。

特点：牛柳滑嫩，味道诱人。

提示：①翻炒牛肉条时加些油，可增加其嫩度。②油温不能太高，以免把牛柳炸焦，失去滑嫩的口感。

蚝油豆酱

这种酱是以豆酱、蚝油和海鲜酱为主要调料炒制而成的，色泽褐亮、酱香味浓。

原料组成：豆酱25克，蚝油15克，海鲜酱10克，鸡汁10克，味精、胡椒粉各少许，鲜汤75克，色拉油30克。

调配方法：①海鲜酱入碗，加25克鲜汤调匀，待用。②炒锅上火，放入色拉油烧至六成热，下入豆酱炒出酱香味，添鲜汤，加入海鲜酱、蚝油、鸡汁、味精和胡椒粉炒匀即成。

调酱心语：①海鲜酱要用咸味的，炒制前用少量鲜汤澥开，以便受热时炒匀。②要把锅烧热后再放油，否则豆酱会扒锅底。③鸡汁和味精均起提鲜的作用。④鲜汤起提鲜和稀释酱的作用，用量要控制好，保证酱汁稀稠适度，能挂住原料。

适用范围：爆、炒各种菜肴，也可作白灼菜肴的味碟。

实例举证：酱爆墨鱼仔

原料：小墨鱼500克，青椒、红椒各半个，蚝油豆酱50克，葱花、姜末各3克，料酒、香油、色拉油各适量。

制法：①小墨鱼清洗干净，放在加有料酒的开水锅中焯一下，捞出过凉水，控尽水分；青椒、红椒洗净，切菱形小块。②锅内放入色拉油烧至五成热时，倒入墨鱼仔和青椒块、红椒块过一下油，迅速倒出沥油；锅留底油复上火位，炸香葱花和姜末，倒入过油的原料和蚝油豆酱，快速颠翻均匀，淋香油，出锅装盘即成。

特点：褐红油亮，咸鲜脆嫩。

提示：①小墨鱼焯水的目的是去除黏液和腥味，时间不宜太长。②成菜要求酱料紧裹原料，汁明芡亮。

宫保酱

宫保味属于川菜中的荔枝煳辣味型，这种酱是将干辣椒节放在热底油锅里炸，使之成为煳辣壳而产生的味道，随后加上葱粒、蒜泥、白糖、香醋等调料炒制而成的，色泽棕红，味道小辣、小甜、小酸。

原料组成：干辣椒10克，郫县豆瓣酱10克，大葱、蒜瓣各5克，酱油10克，白糖20克，香醋15克，精盐、味精、水淀粉、色拉油各适量，鲜汤100克。

调配方法：①干辣椒去蒂，切短节；郫县豆瓣酱剁细；大葱切碎花；蒜瓣捣成蓉。②炒锅上火，放入色拉油烧至五成热，下入干辣椒节和葱花，炒至辣椒呈棕红色，加郫县豆瓣酱和蒜蓉炒香出红油，掺入鲜汤煮沸，调入酱油、白糖、香醋、精盐和味精略滚，勾水淀粉使汁黏稠即成。

调酱心语：①干辣椒突出煳辣味，要以低油温慢慢炸成煳辣壳。火候不到或过头都会影响其味。②郫县豆瓣酱起增色、提辣的作用，必须用足量热底油炒出红油。③白糖和醋的用量以成品能尝出小甜小酸的味道为合适。④精盐定咸味，应在用足有咸味的郫县豆瓣酱和酱油后补加。

适用范围：烹制宫保系列菜肴。如宫保鸡丁、宫保墨鱼花、宫保肉丁等。

实例举证：宫保鸡丁

原料：鸡脯肉200克，油炸去皮花生米75克，鸡蛋（取蛋清）1个，湿淀粉10克，精盐、味精、料酒各少许，宫保酱、香油、色拉油各适量。

制法：①鸡脯肉切成1厘米厚的大片，在两面划上一字刀纹，先切条后再斜刀切成菱形小丁，与鸡蛋清、湿淀粉、精盐、味精和料酒拌匀浆好。②坐锅点火炙热，注入色拉油烧至四成热时，下入上浆的鸡丁滑散，滗去余油，加入宫保酱翻炒均匀，再加油炸去皮花生米和香油炒匀，出锅装盘即成。

特点：色泽棕红，鲜香细嫩，辣而不燥，略带甜酸味。

提示：①鸡脯肉先切上花刀再切丁，容易入味和制熟。②出锅前加些香油，起到增亮的效果。

辣油腐乳酱

这种酱是以豆腐乳加白糖、味精、葱、蒜和辣椒油等料调配而成的，成品呈流体状，色泽淡红、咸香带辣。

原料组成：豆腐乳2块，豆腐乳原汁20克，葱白、蒜瓣、白糖各5克，味精2克，辣椒油10克，鲜汤50克。

调配方法：①葱白、蒜瓣分别剁成碎末。②将豆腐乳放在碗内，压成细泥，先加豆腐乳原汁调匀，再加鲜汤、白糖、味精、葱末、蒜末和辣椒油调匀即成。

调酱心语：①豆腐乳定乳香味，和豆腐乳原汁一块用最好。②豆腐乳本身味咸且鲜味足，应尝味后酌加精盐确定咸味。③味精提鲜，白糖压咸、提鲜，两者用量也不要多。④辣椒油定辣味，用量以食者嗜辣程度施加。⑤此酱不能过稠，否则不能均匀地挂在原料表面。

适用范围： 炒制菜肴。如辣腐乳炒油菜、辣腐乳炒肉片等。

实例举证： **辣腐乳炒油菜**

原料：小油菜250克，辣油腐乳酱30克，大蒜2瓣，精盐2克，香油5克，色拉油15克，鲜汤适量。

制法：①小油菜择洗干净，用沸水略焯，捞出挤干水分；蒜瓣切片。②坐锅点火，注入色拉油烧热，下蒜片炸香，倒入小油菜快速翻炒至水汽干，加入精盐和辣油腐乳酱炒入味，淋香油，出锅装盘即成。

特点：脆嫩油绿，乳香咸鲜。

提示：①焯过水的小油菜必须挤干水分再炒。②若酱料有点稠，就加少量鲜汤稀释。

蚝豉尖椒酱

这种酱是以豆豉和青尖椒为主料，辅加蚝油、味精等调料配制而成的，豉辣香鲜、味咸醇厚。

原料组成： 豆豉50克，青尖椒50克，蚝油30克，味精4克，熟芝麻20克，香油10克，色拉油30克。

调配方法： ①豆豉用刀剁成细蓉；青尖椒洗净去蒂，剁成细末。②坐锅点火，注入色拉油烧至六成热，下入豆豉蓉和青尖椒末炒出香味，盛入碗内，加入蚝油、味精、熟芝麻和香油调匀即成。

调酱心语： ①豆豉定咸味，用量大，主要突出豉香。所以要选用味正气香的，煸炒时用小火慢炒，不能炒焦，否则其味发苦。②青尖椒定辣香味，以突出辣味的清香。③蚝油起助咸、增鲜的作用，味精起提鲜的作用，熟芝麻起增香的作用、④香油增香、滋润、压异味、色拉油起炒制和滋润的作用。

适用范围： 炒制、蒸制各种菜肴。如豉椒炒腰花、豉椒粉蒸鸡、豉椒炒鸡米等。

实例举证： **豉椒炒鸡米**

原料：鸡肉150克，杏鲍菇100克，葱白10克，干淀粉5克，料酒5克，精盐2克，蚝豉尖椒酱、色拉油各适量。

制法：①鸡肉切成绿豆大小的粒，纳碗并加料酒、精盐和干淀粉拌匀浆好，再加10克色拉油拌匀；杏鲍菇洗净，切成小粒；葱白切碎花。②坐锅点火，注入色拉油烧至六成热，下入杏鲍菇粒炒黄，续下鸡肉粒和葱花炒散至熟，加入蚝豉尖椒酱炒匀入味，出锅装盘即成。

特点：口感独特，味咸鲜辣。

提示：①鸡肉粒上浆后加油，炒制时容易散开。②杏鲍菇也可换成其他食用菌。

葱香蚝油酱

这种酱是在爆香干葱末和蒜末的热底油里加上蚝油、牛肉汁等料炒制而成的，葱香味浓、鲜美咸香。

原料组成：蚝油50克，干葱50克，蒜瓣25克，牛肉汁200克，白糖10克，味精5克，精盐2克，水淀粉15克。

调配方法：①干葱去皮，切末；蒜瓣入钵，加精盐捣成细蓉。②坐锅点火，注入色拉油烧至六成热，下入干葱末和蒜蓉煸黄出香，加蚝油炒透，掺牛肉汁并加白糖和味精，待煮匀至黏稠，用水淀粉勾芡便成。

调酱心语：①干葱突出浓郁的葱香味，千万不要炸煳。②蚝油提鲜、增咸，用量要够。③牛肉汁起增鲜、融合诸料的作用，根据蚝油和干葱的量加入。④白糖起提鲜、合味的作用，味精增鲜，精盐辅助蚝油定咸味。

适用范围：爆、炒各种菜肴。如葱香蚝油牛柳、葱香蚝油鸡片、葱香蚝油肉丝等。

实例举证：葱香蚝油肉丝

原料：猪肥瘦肉150克，西芹50克，鸡蛋（取蛋清）1个，干淀粉5克，料酒3克，葱香蚝油酱、色拉油各适量。

制法：①将猪肥瘦肉切成细丝，与料酒、鸡蛋清和干细淀粉抓匀上浆，再加10克色拉油拌匀；西芹洗净，撕去皮及筋络，切成3厘米长的细丝，焯水。②炒锅上火炙热，注入色拉油烧至四成热时，投入猪肉丝炒散变色，加入西芹丝续炒至断生，续加葱香蚝油酱翻炒均匀，淋香油，出锅装盘即成。

特点：肉丝滑嫩，咸鲜味美。

提示：①肉丝上浆不要过厚，否则炒制时不仅易黏结成团，而且食之黏糊不滑嫩。②炒锅一定要烧热后再下油，这样炒肉丝时才不会粘锅底。

鲜香南乳酱

这种酱是以南乳汁为主要调料，加上海鲜酱、芝麻酱等调料炒制而成的，咸鲜味和南乳香味比较突出。

原料组成： 南乳汁150克，海鲜酱、芝麻酱各15克，料酒10克，蒜瓣5克，白糖5克，鸡粉2克，五香粉、沙姜粉各1克，色拉油50克。

调配方法： ①蒜瓣去皮，捣成细蓉；芝麻酱用30克热水调稀，待用。②色拉油入锅烧至五成热，放入蒜蓉爆香，下入芝麻酱和海鲜酱炒香，烹料酒，加入南乳汁、白糖、鸡粉、五香粉和沙姜粉，以小火炒匀即成。

调酱心语： ①南乳汁定主味，突出浓郁的乳香味。②海鲜酱、芝麻酱起提鲜、增香的作用。③五香粉、沙姜粉起增香的作用，尽量少加。④料酒起去异、增香的作用。

适用范围： 烹制海鲜或五花肉、排骨等荤类食材。

实例举证： **南乳酱炒竹蛏**

原料：竹蛏450克，山药100克，罐装红腰豆10克，鲜香南乳酱30克，色拉油30克。

制法：①竹蛏洗净，放入沸水锅中焯至壳张开，捞出取肉；山药洗净去皮蒸熟，取出去皮切条。②锅内放入色拉油烧至五成热，放入鲜香南乳酱、竹蛏肉、山药条和罐装红腰豆，翻炒均匀即成。

特点：蛏肉细嫩，酱香味鲜。

提示：①竹蛏壳张开即取肉，若加热时间太长，口感会变老。②回锅时间以酱料裹匀原料即可。

味噌腐乳酱

这种酱是以豆腐乳、味噌、鲜汤等调料炒制而成的，色泽褐红、咸香鲜醇。

原料组成：豆腐乳50克，味噌25克，酱油15克，白糖15克，料酒15克，生姜10克，蒜瓣10克，鲜汤100克，色拉油30克。

调配方法：①豆腐乳压成细泥；生姜洗净去皮，蒜瓣拍松，分别切末。②坐锅点火，注入色拉油烧至六成热，投入姜末和蒜末爆香，倒入鲜汤和料酒煮开，加入味噌、豆腐乳泥、酱油和白糖，以小火煮浓即成。

调酱心语：①豆腐乳用量稍大，突出咸鲜味和乳香味。②味噌，也叫面豉酱，起助咸定酱香的作用。③酱油起提色、增鲜的作用，控制好用量，以免成品色泽发黑。④鲜汤起增鲜提香、融合诸料的作用。⑤色拉油助香，起炒制和滋润的作用。

适用范围：爆炒、滑熘鸡肉、根茎类蔬菜等。

实例举证：味噌腐乳鸡柳

原料：鸡脯肉150克，洋葱20克，青椒、胡萝卜各10克，鸡蛋（取蛋清）1个，水淀粉10克，料酒5克，精盐2克，胡椒粉1克，香油5克，味噌腐乳酱、色拉油各适量。

制法：①鸡脯肉切成筷子粗的条，纳碗并加精盐、胡椒粉、料酒、水淀粉和鸡蛋清拌匀上浆；洋葱、青椒、胡萝卜分别切成小条。②炒锅坐火上炙好，注入色拉油烧至四成热，下入鸡肉条滑开，倒出控净油分；锅留适量底油，放入洋葱条、青椒条、胡萝卜条和精盐炒香，倒入鸡肉条并加味噌腐乳酱翻炒均匀，淋香油，起锅装盘即成。

特点：鸡肉滑嫩，咸香可口。

提示：①切好的鸡肉条要求粗细均匀，使受热时制熟一致。②油温不宜太高，否则鸡肉条会黏结成团。

蒜香腐乳酱

这种酱是以大蒜和豆腐乳为主要调料配制而成的，色泽粉红、蒜香乳鲜。

原料组成： 大蒜50克，生姜10克，大葱10克，豆腐乳5块，白糖5克，精盐5克，水淀粉15克，色拉油15克，鲜汤150克。

调配方法： ①大蒜分瓣去皮，入钵，加精盐捣成细蓉；生姜、大葱分别切成细末；豆腐乳压成细泥。②坐锅点火，注入色拉油烧至六成热时，投入蒜蓉、姜末和葱末爆香，添入鲜汤，加入豆腐乳泥和白糖煮匀，淋水淀粉，搅匀稍煮至浓即成。

调酱心语： ①大蒜主要突出浓郁的蒜香味，用量稍大。②豆腐乳起助咸、增加乳香味的作用。③精盐综合豆腐乳的咸味确定咸味。④白糖起合味、提鲜的作用，以尝不出甜味为好。⑤水淀粉起增稠、滋润和融合味道的作用。

适用范围： 炒、爆各种蔬菜和肉类菜肴。

实例举证： 韭干炒鸡片

原料：鸡脯肉150克，豆腐干2片，嫩韭菜50克，蒜香腐乳酱50克，鸡蛋（取蛋清）1个，干淀粉10克，料酒10克，葱花、蒜片、精盐、味精、色拉油各适量，鲜汤适量。

制法：①将鸡脯肉用坡刀切成小薄片，放在碗内，加入精盐、味精、鸡蛋清和干淀粉抓匀上浆，再加15克色拉油拌匀；豆腐干切成筷子粗的条，用沸水汆一下，捞出沥水；嫩韭菜择洗干净，切成3厘米长的小段。②炒锅上火炙热，注入色拉油烧至五成热时，下入鸡肉片炒至散籽，续下葱花、蒜片和豆腐干炒透，烹料酒，加入韭菜、蒜香腐乳酱炒匀，淋香油，起锅装盘即成。

特点：色泽素雅，味道咸鲜。

提示：①鸡肉片上浆时加少量油，在炒制时容易散开。②炒锅烧热后再放油，炒鸡片时才不会粘锅。③炒制时如略显干瘪，可加适量鲜汤。

美味海鲜酱

这种酱是以海鲜酱搭配柱侯酱、芝麻酱等料炒制而成的，味道鲜醇、咸香适口。

原料组成： 海鲜酱25克，柱侯酱10克，芝麻酱5克，红葱头10克，大蒜3瓣，陈皮1片，高汤100克，色拉油30克。

调配方法： ①陈皮用开水泡5分钟，捞起切成碎末；红葱头、蒜瓣分别切末。②坐锅点火，注入色拉油烧至六成热，投入蒜末和红葱头末爆香，放入海鲜酱、柱侯酱和芝麻酱炒香，加入高汤和陈皮末，以小火煮5分钟即成。

调酱心语： ①海鲜酱突出浓郁的海鲜味，用量稍大。②柱侯酱辅助海鲜酱增加酱香味。③芝麻酱起增香、提鲜的作用。④红葱头和大蒜起增香的作用，用热底油爆香，味道才好。

适用范围： 烹制虾蟹、贝类菜肴。如海鲜酱炒海蟹、海鲜酱炒蛤蛎等。

实例举证：海鲜酱炒蛤蛎

原料：蛤蛎500克，美味海鲜酱30克，料酒15克，生姜10克，小葱5克，红辣椒2个，大蒜4瓣，白糖3克，水淀粉5克，香油5克，色拉油25克。

制法：①蛤蛎用清水洗净，沥干水分；生姜刮洗干净，切丝；小葱切短节；蒜瓣、红辣椒均切片。②锅内放入色拉油烧热，先放姜丝、蒜片、红辣椒片和葱节爆香，倒入蛤蛎翻炒一会儿，加入美味海鲜酱、料酒和白糖，炒至大部分开口后转大火炒至水分略干，用水淀粉勾芡，淋香油，炒匀装盘即成。

特点：蛤蛎肉嫩，海鲜味浓。

提示：①蛤蛎壳开口后炒制时间不可太长，以免质地老韧。②注意水淀粉的量宜少不宜多。

粤香蚝油酱

这种酱是以蚝油为主要调料，加上酱油、白糖、蒜蓉等料炒制而成的，色泽褐亮、味道咸鲜、蚝气冲天。

原料组成： 蚝油30克，酱油30克，白糖25克，料酒20克，蒜瓣、小葱、生姜各15克，味精2克，水淀粉15克，鲜汤150克，色拉油30克。

调配方法：①蒜瓣拍松，捣成细蓉；小葱择洗干净，切短节；生姜洗净去皮，切末。②坐锅点火炙热，注入色拉油烧至六成热时，先下蒜蓉、葱节和姜末炒香，再下蚝油略炒，烹料酒，掺鲜汤烧沸，加酱油、精盐、白糖和味精调好色味，用水淀粉勾芡，搅匀即成。

调酱心语：①蚝油是主味，用量要够。但也不能太多，否则会使菜肴过咸。因蚝油是牡蛎榨汁加酱色及盐加工而成，本身是咸的。②蚝油虽鲜但腥味较重，加入葱、姜、蒜均起去腥、增香的作用。③料酒起解腥、增香作用是要在充分挥发之后才得以实现的，所以应在煸炒蚝油后马上加入。倘若先加水再加料酒，酒挥发不彻底，不但没有香味，还会因酒味而影响菜味。④酱油提鲜，味精增鲜，二者用量均要适度。⑤白糖合味、增甜，其用量以成品能尝出甜味即好。⑥鲜汤起稀释和提鲜的作用，用多了会降低蚝油的鲜味。⑦下入水淀粉也要特别小心，千万不可太多。芡粉本身味腻，多用还会结成粉团，影响菜品滑嫩的口感。

适用范围：烹制滑炒类菜肴。如蚝油牛肉、蚝油鸡片、蚝油鱼片等。

实例举证： **蚝油牛肉**

原料：牛柳肉200克，青笋50克，粤香蚝油酱75克，鸡蛋半个，酱油2克，料酒2克，精盐1克，白糖1克，干淀粉5克，香油、色拉油各适量。

制法：①牛柳肉切成4厘米长、2.5厘米宽、0.2厘米厚的片，纳碗并加鸡蛋、酱油、料酒、精盐、白糖、干淀粉和60克清水拌匀，再加10克色拉油拌匀，静置2小时；青笋切菱形小片。②坐锅点火炙热，注入色拉油烧至四成热时，下入牛柳肉片滑至八成熟，加入青笋片推匀，迅速滗净油分，倒入粤香蚝油酱快速翻炒均匀，淋香油，装盘便成。

特点：光亮深红，牛柳滑嫩，蚝香扑鼻，味鲜回甜。

提示：①牛柳肉制熟后色泽灰暗，上浆时加少许酱油是为了上色，使之变成悦目的深红色。②滑油时间不可过长，以免牛柳片失去滑嫩的口感。

京式甜酱

这种酱是以甜面酱为主要调料，加上黄酱、白糖、香油等调料炒制而成的，是一种老北京传统调味酱，色泽褐红油亮、咸鲜回甜、酱香味浓郁。

原料组成：甜面酱30克，黄酱15克，白糖30克，料酒15克，酱油10克，鲜汤25克，香油10克，色拉油30克。

调配方法：①甜面酱和黄酱放入小碗内，加入鲜汤和香油拌匀，上笼蒸半小时，取出备用。②锅内放入色拉油烧至五成热，倒入蒸好的甜面酱炒出酱香味，加料酒、酱油和白糖炒匀即成。

调酱心语：①甜面酱和黄酱突出浓郁的酱香味，先上笼蒸透后再炒，酱香味更加浓郁，没有一点苦涩味。②鲜汤起稀释酱的作用，如选用的是很稀的甜面酱，就不用鲜汤来稀释。③炒酱时注意不宜用大火，以免煳锅。④白糖突出甜味，用量不宜少。⑤酱油起补色、助咸的作用，不宜多加。⑥色拉油起滋润和炒制的作用，用量以酱的一半为好。

适用范围：酱爆、酱炒各种菜肴。如京酱肉丝便是典型菜例，还可据此演变烹制京酱鸡丝、酱爆鱼条等。

实例举证：京酱肉丝

原料：猪里脊肉200克，大葱白100克，鲜豆腐皮2张，鸡蛋（取蛋清）1个，料酒10克，味精2克，淀粉10克，生姜5克，清水25克，京式甜酱75克，色拉油适量。

制法：①猪里脊肉切成细丝，纳碗并加清水、料酒、味精、鸡蛋清和淀粉搅拌均匀；生姜切末；大葱白切成3.5厘米长的段，再切成细丝；鲜豆腐皮切成8厘米见方的块，分别置于盘中待用。②锅内注入色拉油烧至四成热时，投入上浆的猪肉丝滑散至熟，倒出控净油分。锅留适量底油，爆香姜末，倒入滑好的猪肉丝，随后加入京式甜酱翻炒均匀，出锅装盘，随葱白丝、豆腐皮上桌佐食。

特点：酱红油亮，咸香回甜。

提示：①肉丝越细越好，并且滑油时间不能太长，否则口感就不滑嫩了。②要求成菜酱汁紧裹原料。

川香京酱

这种酱是以甜面酱为主要调料，加上辣椒酱、蚝油、白糖等调料炒制而成的，具有四川风味，成品褐红油亮、浓香酱味中带着甜辣。

原料组成：甜面酱30克，辣椒酱15克，白糖30克，料酒15克，蚝油10克，酱油、精盐、味精各适量，色拉油25克。

调配方法：①辣椒酱剁成细蓉，纳碗并加甜面酱和蚝油调匀，待用。②坐锅点火炙热，注入色拉油烧至五成热时，倒入调好的混合酱炒至起均匀小泡，烹料酒略炒，加白糖、酱油、精盐和味精炒匀即成。

调酱心语：①甜面酱定主味，用量要够。并且要用足量的热底油炒去生酱味。②辣椒酱提辣味，用量是甜面酱的一半即可。③蚝油起提鲜、助咸的作用，不宜多用。④白糖增加甜味，以成品尝出甜味即可。⑤料酒要在炒香酱料后加入，这样能很好地起到去腥、增香的作用。

适用范围：烹制川式酱类菜肴。如川香京酱肉丝便是典型菜例，还可据此演变烹制川香京酱鸡丝、川香京酱鱼丝等。

实例举证：川香京酱肉丝

原料：猪通脊肉200克，大葱白100克，鸡蛋（取蛋清）1个，料酒10克，味精2克，淀粉10克，生姜5克，清水25克，川香京酱75克，色拉油适量。

制法：①猪通脊肉切成细丝，纳碗并加清水、料酒、味精、鸡蛋清和淀粉拌匀，再加10克色拉油拌匀；生姜洗净，去皮切末；大葱白切成3.5厘米长的段，再切成细丝，铺在盘中垫底。②锅内注入色拉油烧至四成热时，投入上浆的肉丝滑散至熟，倒出控净油。锅留少许底油，爆香姜末，倒入滑好的猪肉丝，随后加入川香京酱翻炒均匀，出锅盖在盘中的葱丝上即成。

特点：油润明亮，肉丝滑嫩，酱香微辣回甜。

提示：①滑肉丝时油温不宜太高，否则肉丝会黏结成团，且口感不滑嫩。②底油宜少，若过多，酱料包裹不住原料。

麻婆酱

这款调味酱是以牛肉末、豆瓣酱、豆豉、花椒粉等料炒制而成的，色泽红亮、麻辣味浓。

原料组成：牛肉100克，郫县豆瓣酱60克，豆豉30克，辣椒末、大葱各10克，酱油、精盐、味精、花椒粉、花椒油、色拉油各适量，鲜汤200克。

调配方法：①牛肉切成绿豆大小的粒；郫县豆瓣酱、豆豉分别剁细；大葱切碎花。②炒锅上火炙好，放入色拉油烧至六成热，下入辣椒末和牛肉粒炒酥，加豆瓣酱和葱花炒香出色，再加豆豉略炒，掺鲜汤，调入酱油、精盐、味精和花椒粉，以中火熬干水汽，淋入花椒油搅匀，盛容器内存用。

调酱心语：①调料必须选用郫县豆瓣酱和永川豆豉才可使菜肴达到和显示风味特点。②牛肉末定牛肉香味，是必选配料，也可选用猪肥瘦肉代替。③牛肉末必须炒酥，而不是炒焦。④由花椒粉和花椒油产生麻味，郫县豆瓣酱和辣椒末产生辣味，精盐、豆豉和豆瓣酱综合产生咸味，故各料的量要控制好。⑤酱油主要起提色的作用，控制好用量。⑥此酱必须炒干水汽才可出锅。

适用范围：烹制各类麻婆菜肴。如麻婆豆腐、麻婆虾球等。

实例举证：麻婆豆腐

原料：豆腐300克，蒜薹3根，麻婆酱、姜末、酱油、精盐、水淀粉、鲜汤、香油、色拉油各适量。

制法：①豆腐切成1厘米见方的小丁，放在加有精盐的开水锅中汆透，捞出过凉水，沥尽水分；蒜薹洗净，切小节。②炒锅上火，注入色拉油烧至六成热，投入姜末煸香，掺鲜汤，放豆腐丁并加入麻婆酱、酱油和精盐，以小火烧入味，撒入蒜薹节，勾水淀粉略烧，淋香油，起锅装盘即成。

特点：红润明亮，麻辣咸鲜，酥软烫嫩。

提示：①豆腐用盐水焯透，既去除豆腥味，又可保证在烧制时完整不碎。②勾入水淀粉后再烧一会儿，口感烫嫩的效果才佳。

蚕豆牛肉酱

这款调味酱是以鲜牛肉、蚕豆酱、五香粉等料炒制而成的，红亮油润、咸鲜醇厚、五香味浓。

原料组成： 鲜牛肉75克，蚕豆酱40克，生姜30克，酱油20克，五香粉5克，味精5克，精盐5克，香油10克，色拉油100克。

调配方法： ①鲜牛肉洗净，剁成粗末；蚕豆酱剁细；生姜洗净，切末。②坐锅点火，注入色拉油烧至五成热时，下牛肉末炒散，加入精盐炒干水分。烹酱油炒上色，再加入蚕豆酱、姜末、五香粉、味精和香油炒匀即成。

调酱心语： ①牛肉起定牛肉香味的作用，要选略带肥一点的。②蚕豆酱起定主味的作用，用量要大，并且剁成细蓉。③五香粉和芝麻油增香，酱油提色，精盐定咸味，姜末去异味，这些调料均不可多加。④炒制时注意不要炒焦煳。

适用范围： 烧、炖各种菜肴。如肉酱烧土豆、肉酱烧茄子、肉酱炒凉粉等。

实例举证： 肉酱烧茄子

原料：茄子500克，蚕豆肉酱75克，香菜5克，蒜瓣5克，酱油、精盐、白糖、味精、水淀粉、鲜汤、香油、色拉油各适量。

制法：①茄子去皮，切成滚刀块，放在加有精盐的清水里泡5分钟，换清水漂洗一遍，挤去水分；香菜择洗干净，切小段；蒜瓣切末。②锅内注入色拉油烧至六成热，下入茄子块炸上色，倒出控净油分；锅留底油烧热，炸香蒜末，掺鲜汤，加蚕豆肉酱、酱油、精盐、白糖和味精，倒入茄块烧入味，用水淀粉勾浓芡，淋香油，撒香菜段，翻匀出锅装盘即成。

特点：口感软嫩，鲜香味醇。

提示：①茄子块用盐水泡洗可去除部分褐色素，使成菜色泽鲜亮。②茄子块已热油炸透，烧制时间不宜太长，以免碎烂。

蚝油叉烧酱

这种酱是以叉烧酱和蚝油为主要调料，搭配蒜瓣、鲜汤、黄油等料调配而成的，色泽红亮、咸甜适口、叉烧酱风味浓郁。

原料组成：叉烧酱30克，蚝油25克，蒜瓣10克，料酒、精盐、味精、鲜汤、黄油各适量。

调配方法：①蒜瓣拍松，剁成细蓉。②坐锅点火，放入黄油加热至熔化，下入蒜蓉炸黄出香，放蚝油略炒，烹料酒，掺鲜汤煮沸，加入叉烧酱、精盐和味精，以小火煮浓即成。

调酱心语：①叉烧酱定酱香，突出风味，用量要够。②蚝油起提鲜、定咸味的作用。③蒜蓉去异味、增香味，突出蒜香风味。④味精、鲜汤起提鲜的作用。⑤黄油起炒制、滋润和增香的作用。

适用范围：烧制各种鱼类及素类食材。如蚝油叉烧鱼头、蚝油叉烧带鱼、蚝油叉烧土豆等。

实例举证：蚝油叉烧鱼头

原料：鲢鱼头1个，料酒15克，精盐5克，生姜3片，大葱2段，干淀粉10克，蚝油叉烧酱、酱油、精盐、香油、色拉油各适量。

制法：①鲢鱼头治净，揩干水分，放在盆中，加入姜片、葱段、料酒和精盐拌匀，腌15分钟。②将鲢鱼头拍上一层干淀粉，待表面湿润后，入烧至六成热的色拉油锅中炸透，捞出沥油；锅留适量底油，炸香姜片和葱段，掺适量开水，调入蚝油叉烧酱、酱油和精盐，加盖焖烧10分钟至熟，铲出装盘，淋香油即成。

特点：鱼头香滑，咸鲜醇美。

提示：①鲢鱼头必须进行腌味处理，以达到去腥、增底味的作用。②加水量以没过鱼头为好。

干烧酱

干烧为川菜特有的一种烹调方法。而干烧酱是制作大部分干烧菜肴都要用到的，它是先用热油把猪五花肉、豆瓣酱、香菇和榨菜煸香，再加鲜汤和白糖等调味料炒制而成的，色泽油润红亮、味道辣中带甜、口感美妙丰富。

原料组成：猪五花肉50克，豆瓣酱50克，番茄酱20克，水发香菇、冬笋尖、榨菜各25克，生姜、蒜瓣、大葱各5克，酱油、白糖、精盐、味精、鲜汤、色拉油各适量。

调配方法：①猪五花肉、水发香菇、冬笋尖、榨菜分别切成绿豆大小的粒；豆瓣酱剁细；生姜、蒜瓣分别切末；大葱切碎粒。②炒锅上火，注入色拉油烧热，下入姜末、蒜末和葱粒炸香，续下猪肉粒、香菇粒、冬笋粒和榨菜粒炒干水分，放入豆瓣酱和番茄酱炒出红油，掺鲜汤，加酱油、白糖、精盐和味精调好色味，煮约2分钟即成。

调酱心语：①猪五花肉起增香、去腥的作用，是制作干烧类菜品不可缺少的配料之一。②豆瓣酱起增辣、提色的作用，因各品牌的豆瓣酱咸度不同，调制时要注意用量。③番茄酱起提色的作用，因其有酸味，一定要少放。④水发香菇、冬笋尖、榨菜起增香的作用，是制作干烧类菜品不可缺少的配料。⑤白糖起增甜味的作用，以入口微透甜味即好。

适用范围：烹制干烧系列菜肴。如干烧鲤鱼、干烧海参、干烧豆角、干烧大虾等。

实例举证：干烧大虾

原料：大虾10只，料酒15克，水淀粉10克，干烧酱、鲜汤、香油、色拉油各适量。

制法：①大虾去须脚，用刀顺脊背片开，挑去沙线；再用剪刀剪开头部，挑去沙包；洗净沥水。②坐锅点火，注入色拉油烧至六成热，放入大虾煎至变色，烹料酒，加入鲜汤和干烧酱，以中火烧入味，转旺火收浓汁，勾水淀粉，淋香油，出锅整齐装盘即成。

特点：色红油亮，香嫩甜辣。

提示：①煎大虾时用手勺压头部，使虾脑溢于油中。②勾芡要适度，达到汁明芡亮的效果。

鱼露咖喱酱

这种酱是用红咖喱酱、鱼露、椰糖等调料配制而成的，色泽红亮、香辣回甜。

原料组成：红咖喱酱30克，椰糖20克，洋葱25克，蒜瓣20克，鲜红辣椒15克，鱼露10克，鲜汤100克。

调配方法：①洋葱切成小块，同蒜瓣放入料理机中打成泥；鲜红辣椒洗净，切成小粒。②坐锅点火，注入色拉油烧热，倒入洋葱、蒜泥炒香，加鲜汤、鱼露、红咖喱酱和椰糖，以中火煮至黏稠，撒入红椒粒，搅匀即成。

调酱心语：①红咖喱酱定主味，突出辛辣味。②椰糖定甜味。如用麦芽糖代替椰糖，调出的酱有黏稠度和亮度。③鲜红辣椒助辣味、增色泽，不宜多用。④鱼露起提鲜、增咸味的作用。⑤注意加汤量，使酱料稀稠适度。

适用范围：烧、炖肉类菜肴。如南瓜烩肉丸、冬瓜烧排骨、咖喱粉丝肚等。

实例举证： **咖喱粉丝肚**

原料：卤猪肚200克，红薯粉条50克，鲜青椒、红椒各10克，鱼露咖喱酱30克，精盐、味精、酱油各适量，鲜汤150克，咖喱油10克。

制法：①将卤猪肚横着纹络切成6厘米长的丝；红薯粉条剪成15厘米长的段，用冷水泡软；鲜青椒、红椒分别洗净，切丝。②净锅上火，倒入鲜汤和适量清水烧开，加入鱼露咖喱酱、精盐、味精和酱油调好色味，放入肚丝和红薯粉条，以中火煮软入味，起锅盛在窝盘内，撒上青椒丝、红椒丝，再浇上烧热的咖喱油即成。

特点：肚丝细嫩，粉条软滑，鲜香微辣。

提示：①要选用新鲜的卤猪肚，因其有咸味，注意放盐量。②成菜后带些许汤汁，食用时才利口。

咸鱼豆豉酱

这种酱是以咸鱼干搭配豆豉、蒜瓣、葱白、生姜等料调配而成的，制法简单、豉香咸鲜。

原料组成：咸鱼干50克，豆豉50克，蒜瓣、葱白、生姜各20克，酱油、精盐、味精、胡椒粉、鲜汤各适量，色拉油75克。

调配方法：①咸鱼干用温水漂洗两遍，切成碎粒，同豆豉放在料理机内打成细蓉；蒜瓣、葱白、生姜分别切末。②坐锅点火，放入色拉油烧至五成热，下入蒜末、姜末和葱末炸香，倒入咸鱼豆豉蓉炒酥，掺鲜汤烧沸，加酱油、精盐、胡椒粉和味精调味，以小火煮到浓稠即成。

调酱心语：①咸鱼干和豆豉定主味，用量大。两者打成蓉并用热油炒酥香，再加鲜汤，才能突出风味。②因用料均含有盐分，故不需加盐或少加盐。③咸鱼干有腥味，加足蒜末、葱末和姜末以起到去腥、增香的作用。④胡椒粉去异、增香，香油增香，味精提鲜，均不宜多用。

适用范围：烧制或蒸制菜肴。如咸鱼酱烧豆角、咸鱼酱烧鸭块、咸鱼酱烧丸子等。

实例举证：咸鱼酱烧豆角

原料：嫩豆角400克，咸鱼豆豉酱50克，葱花、姜末各5克，精盐、味精、水淀粉、香油、色拉油各适量，鲜汤100克。

制法：①嫩豆角撕去两头及筋，投入到沸水锅中焯至变色，捞出沥水，切成等长的段。②坐锅点火，注入色拉油烧至六成热，投入葱花和姜末炒香，加鲜汤和咸鱼豆豉酱煮沸，放入豆角段，调入精盐和味精。待烧透入味后，勾水淀粉，淋香油，翻匀装盘即成。

特点：脆嫩爽口，咸鲜香醇。

提示：①豆角也可用热底油煸炒至变色后，再加汤水和调料烧制。②控制好水淀粉的用量，不要使味汁过于黏稠。

泡椒霉鱼酱

这款调味酱是以霉鱼肉为主要原料，搭配泡红辣椒、白糖、鲜汤等料调配而成的，咸鲜微辣、霉香味浓。

原料组成：霉鱼肉100克，泡红辣椒25克，葱白20克，蒜瓣15克，生姜10克，料酒、酱油、精盐、白糖、鲜汤、色拉油各适量。

调配方法：①泡红辣椒去蒂，切节，同霉鱼肉放在料理机内打成蓉；葱白、蒜瓣、生姜分别切末。②坐锅点火，注入色拉油烧至五成热，下入葱末、蒜末和姜末炸香，倒入霉鱼泡椒蓉炒香，烹料酒，掺鲜汤，调入酱油、精盐和白糖，煮至浓稠即成。

调酱心语：①霉鱼肉风味独特，在此酱中主要起突出霉香的作用。②泡红辣椒起提辣味、增色泽的作用。③葱白、大蒜、生姜和料酒起去腥味、增香的作用。④酱油调色，精盐定咸味，白糖合味。⑤鲜汤起提鲜、增香的作用。

适用范围： 烹制炖菜、烧菜。如土豆鸡块煲、霉鱼酱烧茄子等。

实例举证： **土豆鸡块煲**

原料：肉鸡腿350克，土豆250克，料酒10克，香菜段5克，酱油、精盐、味精、香油、泡椒霉鱼酱、鲜汤、色拉油各适量。

制法：①土豆洗净削皮，切成滚刀块，与少许精盐拌匀；肉鸡腿剁成小块，同料酒、精盐和酱油拌匀，腌10分钟，待用。②坐锅点火，注入色拉油烧至六成热时，下入土豆块炸至金黄色捞出；再下鸡块炸至半熟，倒出控油，装入砂锅内，掺鲜汤，调入泡椒霉鱼酱、酱油和精盐，大火烧沸，转小火炖10分钟至软烂入味，加味精、香油和香菜段即成。

特点：口感酥嫩，霉香微辣。

提示：①土豆和鸡块经过不同时间的热处理，使在炖制时同时达到入味和制熟的效果。②用小火慢炖，味道和口感才佳。

羊肉锅酱

这款调味酱是以豆瓣酱、泡辣椒、香料粉、羊油等料炒制而成的，是一种烹调羊肉专用调味酱，色泽红亮、味道香辣。

原料组成： 豆瓣酱100克，泡辣椒50克，泡姜15克，炖羊肉香料（内装山柰、八角、茴香、陈皮、丁香、桂皮和香叶等）5克，羊骨汤200克，熟菜油、化猪油各25克，羊油50克。

调配方法： ①把炖羊肉香料放在料理机内打成粉末；豆瓣酱、泡辣椒分别剁成细蓉；泡姜切细粒。②坐锅点火，放入熟菜油、化猪油和羊油烧热，放入豆瓣酱、泡椒蓉和泡姜粒炒出香味和红油，掺适量羊骨汤，加香料粉，熬至浓稠冒泡，即可盛出备用。

调酱心语： ①豆瓣酱和泡辣椒定辣、提色，必须剁成细蓉并用热底油炒出红油，再加鲜汤。②炖羊肉香料市场上有售，主要起增香的作用。③泡姜起去异、除腥的作用。④熟菜油、化猪油和羊油这三种油合用共同发挥炒制、滋润和增香的作用。若单用羊油，风味太浓，不宜被人接受；如单用熟菜油，则羊肉锅的风味不太突出。

适用范围： 烧、炖羊肉类菜肴。如红汤全羊锅、辣烧羊肉等。

实例举证：红汤全羊锅

原料：熟羊肉250克，熟羊内脏250克，羊肉锅酱100克，香菜、小葱各10克，精盐、味精、酱油、胡椒粉、羊骨汤各适量。

制法：①熟羊肉切成2厘米见方的块；熟羊内脏切条；香菜、小葱择洗干净，分别切碎。②锅内添入羊骨汤烧开，放入羊肉锅酱煮匀，纳入熟羊肉块和熟羊内脏，待煮沸5分钟，加胡椒粉、精盐、味精和酱油调好色味，盛预热的砂锅内，撒上香菜碎和葱花，加盖上桌。

特点：色泽红亮，微辣咸香，爽脆软糯，滚烫御寒。

提示：①买来或自制的熟羊内脏最好一次吃完，若置冰箱冷冻，口感则大打折扣。②此菜趁热食用，味道最佳。

黑椒酱

这种酱是以黑胡椒为主，加入沙爹酱、花生酱、蒜蓉和炒香的面粉等料配制而成的，成品呈半流体状，褐红油亮、咸香微辣、黑胡椒味浓并有面粉特有香味。

原料组成： 黑胡椒100克，沙爹酱50克，花生酱25克，面粉30克，蒜瓣、干洋葱各25克，精盐、味精、老抽各适量，香油10克，色拉油50克，清水500克。

调配方法： ①黑胡椒入锅用小火焙香，盛出磨碎；蒜瓣、干洋葱分别剁成细蓉。②坐锅点火，注入色拉油烧至三成热，下入洋葱蓉和蒜蓉炸黄捞出；再下面粉炒出固有的香味，加清水、黑胡椒碎、花生酱、沙爹酱和炸香的洋葱蓉和蒜蓉，转小火熬至浓稠，调入精盐、味精和老抽，推匀略熬，淋香油，搅匀即成。

调酱心语： ①黑胡椒定主味，是未成熟的果实，因果皮皱缩色黑而得名，除应选质量较好的外，焙香时必须用小火，以免有煳味。②炒面粉时油不能过热，以免炒黑，影响色泽和风味。③应在黑胡椒辛辣味的基础上突出酱的鲜香味。④一定要用小火熬至无水汽时，方可出锅。

适用范围：烧、炖各种菜肴，也可作烤制菜肴的调味。

实例举证：黑椒酱烧虾

原料：海虾300克，黑椒酱50克，洋葱、蒜瓣各10克，色拉油25克，黄油15克。

制法：①将海虾开背去沙线，洗净后揩干水分；洋葱、蒜瓣分别切成碎末。②锅内放色拉油烧至六成热，排入海虾煎至变成红色，铲出；原锅重新上火，放入黄油加热至熔化，下洋葱末和蒜末炸香，加入黑椒酱，放入海虾，掺适量开水烧入味，转旺火收汁装盘即成。

特点：虾肉香嫩，黑椒味浓。

提示：①海虾煎去水分再烧制，能更好地吸收黑胡椒的味道。②用黄油烧此菜，味道更香浓。

酸辣酱

这种酱是以红番茄和鲜红辣椒为主料，加上生姜、大蒜、精盐等料配制而成的，色泽红亮、酸辣咸香。

原料组成：红番茄500克，鲜红辣椒250克，生姜、大蒜各25克，精盐20克。

调配方法：①红番茄洗净去蒂，用刀在顶部切十字刀口，放入开水锅中烫至皮卷起，捞出撕去表皮，切成碎粒；鲜红辣椒洗净去蒂，晾干水分，剁成碎末；生姜、大蒜分别切末。②不锈钢锅坐火上，放入番茄碎煮沸约5分钟，加入姜末、蒜末和红辣椒末再次煮沸，加精盐调味，装入消毒的玻璃瓶内，趁热加盖封口，自然放凉后置阴凉处存用1周以上即成。

调酱心语：①番茄提色、定酸味，一定要选用熟透的红番茄，并且煮制时间要够，使其汁色泽红艳。②鲜红辣椒提辣味，最好选用辣味足、色红亮、脆度硬的品种。③生姜和大蒜增香味，用量也不能太少。④精盐定咸味，还可起到防腐的效果。⑤制作时酱要煮透，盛器消毒彻底，密封严实。这样存放一年也不会变质，酸辣味也更加浓郁。

适用范围：煮、炖各种菜肴。

实例举证：酸辣花椒鲈鱼

原料：鲜鲈鱼1尾，黄豆芽100克，酸辣酱100克，鲜青花椒20克，料酒15克，姜片15克，葱段10克，蒜瓣10克，精盐5克，花椒盐、味精、鲜汤、香料油、混合油各适量。

制法：①将鲈鱼宰杀治净，剁成1厘米厚的块，纳盆加5克姜片、葱段、料酒和精盐拌匀腌味；黄豆芽洗净，焯水。②锅里倒入混合油烧至六成热，下入蒜瓣和剩余姜片炸香，续下酸辣酱炒透，掺鲜汤煮出味道，投入黄豆芽和鲈鱼块煮熟，其间加入花椒盐和味精调味，起锅装在大深边盘内。③原锅重上火位，倒入香料油烧热，投入鲜青花椒炒香，浇在盘中鱼身上即成。

特点：鱼肉鲜嫩，味道酸辣，椒香浓郁。

提示：①鲈鱼切块不宜太厚，以方便制熟。②喜欢浓浓的酸辣味道，可在此基础上补加醋和辣酱。

香辣菌菇酱

这种酱是以鲜平菇为主要原料，经过油炸制蓉后，加上红油尖椒酱、干辣椒及各种香料炒制而成的，色泽红亮、味道香辣、菌香味突出。

原料组成：鲜平菇300克，红油尖椒酱150克，干辣椒50克，洋葱25克，香菜根10克，精盐15克，味精5克，花椒3克，八角3克，五香粉2克，色拉油150克。

调配方法：①鲜平菇洗净，沥干水分，撕成条状，放在阳光下晾至半干，切成碎粒；干辣椒去蒂，切成段节；洋葱切成小块；香菜根洗净；花椒和八角用热水漂洗一遍，控去水分。②坐锅点火，注入色拉油烧至六成热时，把平菇末放在漏勺上下入油锅中炸至略焦脆，取出沥净油分，放在料理机内绞成细蓉，盛出待用。③坐锅点火，注入色拉油烧至三成热时，放入花椒、八角、香菜根、洋葱和干辣椒，用小火炸出香味，捞出渣料，放入平菇蓉和红油尖椒酱炒透，掺适量开水煮滚，调入精盐和五香粉，待熬至无水汽且诸料融合在一起时，加味精搅匀，起锅盛容器中存用。

调酱心语：①平菇末放在细丝漏网上炸制，不仅可防部分原料油炸不足或过度，而且可保证原料在最佳效果时快速捞出。②熬制香辣油时要用小火低油温，若火大油热，各种香料的香味成分还来不及析出，香料便炸煳而影响香味。③炒制酱料时要用手勺不时地推动酱料，以免粘锅，影响色泽和风味。

适用范围：既可烹制干锅菜肴，又能烹制炒、烧类菜肴。

实例举证：干锅素什锦

原料：莲藕、红薯、青笋、鲜蘑菇各100克，黄豆芽、水发木耳各50克，芹菜30克，香辣菌菇酱50克，蒜瓣5克，精盐、白糖、红辣椒油、色拉油各适量。

制法：①莲藕、红薯、青笋洗净去皮，切成一字条；鲜蘑菇洗净，切为四瓣；黄豆芽、水发木耳择洗干净，焯水；芹菜洗净，切3厘米长的段；蒜瓣切片。②锅内放入色拉油烧至六成热，倒入莲藕条、红薯条、青笋条和蘑菇块过一下油，倒出控净油分；锅内留适量底油烧热，爆香蒜片，下香辣菌菇酱略炒，倒入过油的蔬菜炒匀，加精盐、白糖、木耳和黄豆芽，翻炒均匀，再加入芹菜段炒匀，盛装在干锅内，最后淋入红辣椒油即成。

特点：口感脆爽，菌香微辣。

提示：①原料过油后与酱料炒制成菜，比出水后成菜的味道要香。②不喜欢辣味香浓的，可把红辣椒油改为香油。

海鲜干锅酱

这种酱是用郫县豆瓣酱、红油尖椒酱加海鲜酱、蚝油等调料炒制而成的，是一种复合调味酱，成品具有红润油亮、味道鲜美、香辣浓郁的特点。

原料组成：郫县豆瓣酱、红油尖椒酱各100克，海鲜酱50克，蚝油50克，大葱15克，生姜、蒜瓣各10克，生抽、料酒、白糖、味精各适量，色拉油100克。

调配方法：①郫县豆瓣酱、红油尖椒酱放在案板上混合剁成细蓉；大葱切碎花；生姜、蒜瓣分别切末。②锅置火上烧热，放入色拉油至六成热时，下入葱花、姜末和蒜末炸香，倒入混合酱炒出红油，烹料酒，加海鲜酱、蚝油、生抽、白糖和味精，用小火炒到浓稠即成。

调酱心语：①郫县豆瓣酱、红油尖椒突出浓郁辣味和红艳色泽，投放量稍大且用热底油炒出红油，色味才佳。②海鲜酱和蚝油提鲜、助咸，增加酱香味。③必须先将锅炙热，再下足量的底油炒酱，否则酱料容易粘锅。④因所用原料均含有盐分，故调味时不需加盐，或酌加盐。

适用范围：烹制河、海鲜干锅类菜肴。

实例举证： **干锅海鲜**

原料：基围虾250克，鲜鱿鱼150克，净莲藕100克，净莴笋75克，青椒、红椒各50克，蒜瓣20克，芹菜、洋葱、干辣椒各10克，香菜、生姜各5克，海鲜干锅酱、干青花椒、料酒、精盐、鸡精、香油、色拉油各适量。

制法：①将基围虾逐个从背部划一刀，除掉沙线后洗净；鲜鱿鱼洗净，在内面剞上麦穗花刀，切成长条块；净莲藕切圆片；净莴笋切条；青椒、红椒切三角块；蒜瓣拍裂；芹菜切段；洋葱剥皮，切三角块；干辣椒切节；香菜择洗干净，切段；生姜切指甲片。②锅入色拉油烧至六七成热时，先把基围虾倒进去炸至皮酥，再把鱿鱼块、莲藕片和莴笋条也下油锅里，稍滑油便一并倒出来，沥油待用。③锅内放色拉油烧热，下蒜瓣、姜片、干辣椒节和干青花椒一起炒香，加入海鲜干锅酱炒散后，把莴笋条、青椒块、红椒块、芹菜段和洋葱块放进去翻炒均匀，其间调入料酒、精盐和鸡精，炒匀后点香油，装进干锅里，撒香菜段即可上桌。

特点：口感丰富，鲜醇香辣。

提示：①所有原料均过一下热油，炒出的味道才棒。②翻炒时宜用中火。

麻辣干锅酱

这种酱是用豆瓣酱、干辣椒、豆豉与花椒粉等多种香料调配而成的，色泽红亮、麻辣香味浓郁。

原料组成：豆瓣酱100克，干辣椒100克，豆豉15克，葱白、生姜各

10克，花椒粉5克，精盐、味精各适量，藤椒油15克，牛油50克，色拉油50克，鲜汤100克，五香料（香叶、桂皮、花椒、八角、白芷、草果、豆蔻）3克。

调配方法：①干辣椒去蒂洗净，放入水锅中煮软，捞出沥水，用搅拌机搅成细蓉；豆瓣酱剁细；豆豉剁碎；葱白、生姜分别切片。②锅置火上，放入牛油和色拉油烧热，下入五香料、葱片和姜片炸出香味后捞出，投入辣椒蓉和豆瓣酱炒至油红出香时，下豆豉碎和花椒粉略炒，掺鲜汤烧沸，改小火推炒至无水汽且酱料不粘锅酥香时，加精盐、味精和藤椒油炒匀即成。

调酱心语：①豆瓣酱和辣椒蓉突出浓郁的辣味，用量稍大。其中的豆瓣酱要求色泽鲜红，香味醇浓，咸味适中。两者必须用热底油炒香出红油才好。②豆豉起增咸香的作用。③花椒粉搭配藤椒油起体现麻味的作用。④五香料起增香的作用，必须用小火低油温慢慢浸炸，香味才浓。⑤牛油和色拉油起炒制和滋润的作用，两者合用比单用色拉油的味道要香。⑥炒酱时要用手勺不时地推动酱料，以免粘锅，影响色泽和风味。⑦加入鲜汤量要适度，且必须炒至水汽干时才可出锅。这样，既可延长存放时间，又不容易变质。

适用范围：除烹制干锅类菜肴外，也可烧、炒菜肴。

实例举证：干锅麻辣鸡翅

原料：鸡翅中500克，紫皮洋葱100克，麻辣干锅酱75克，料酒15克，香葱段15克，姜片、蒜片各10克，酱油、精盐、白糖、鸡粉、色拉油各适量。

制法：①鸡翅中择净残毛，剁成小节，放在开水锅中焯透，捞出沥去水分；紫皮洋葱去皮，切三角块。②坐锅点火，注入色拉油烧热，下入洋葱块炒至透明，放入不粘干锅里垫底。③原锅重新上火，放入色拉油烧热，倒入鸡翅节炒干水汽，加姜片、蒜片和5克香葱段炒香，烹料酒和酱油炒匀上色，添开水没住鸡翅节，加精盐调味，盖上盖焖5分钟左右，调入白糖、鸡粉和麻辣干锅酱炒匀至汁黏稠，撒入香葱段，出锅盛入垫底的洋葱锅内便成。

特点：鸡肉烫嫩，麻辣香浓。

提示：①洋葱煸炒时间不宜过长，否则会影响口感。②焖烧鸡翅时注意不要煳锅。

CHAPTER 3

拌面酱

——拌面百吃不厌

蒜蓉麻酱

这种酱是以芝麻酱为主要调料，搭配蒜蓉、酱油、白醋等调料配制而成的，是一种凉面拌酱，芝麻味浓、酸香开胃。

原料组成：芝麻酱30克，蒜瓣15克，酱油15克，白糖15克，白醋8克，精盐3克，香油15克。

调配方法：①蒜瓣用刀拍松，入钵加精盐捣成细蓉。②芝麻酱入碗，分次打入50克热水调成稠糊状，加入蒜蓉、酱油、白糖、白醋和香油调匀即成。

调酱心语：①蒜蓉突出蒜香并起杀菌的作用，一定要捣烂成蓉，并且用量足够。②芝麻酱突出浓郁的芝麻香味，应分次打入热水并顺一个方向搅打，否则成品稀薄不黏稠。③白醋提酸味并起杀菌的作用，投放量以食者能接受为宜。④酱油助咸、提鲜，白糖综合味道，两者用量不宜太多。⑤香油起增香的作用。

适用范围：与煮好的凉面条拌匀食用。

实例举证：麻酱素凉面

原料：鲜面条250克，黄瓜1根，熟面筋50克，蒜蓉麻酱、香油各适量。

制法：①黄瓜洗净，切丝；熟面筋切成0.5厘米见方的丁。②锅内添清水烧开，下入鲜面条煮熟，捞出用凉开水过凉，沥尽水分，与香油拌匀，挑入碗里，放上黄瓜丝和面筋丁，淋上蒜蓉麻酱即成。

特点：滑凉，麻香。

提示：①面条不要煮过头，否则口感没嚼劲。②香油起增香作用，少放为佳。

香辣拌面酱

这种酱是在芝麻酱内加入豆瓣酱、芥末酱、花椒粉、辣椒粉等调料配制而成的，是一种凉面酱，香味浓郁、香辣适口。

原料组成：芝麻酱30克，豆瓣酱15克，熟芝麻10克，芥末酱5克，花椒粉5克，辣椒粉5克，酱油5克，精盐3克，鸡精2克，色拉油20克。

调配方法：①豆瓣酱剁细；芝麻酱舀入小碗内，分次加凉开水搅成稠糊状。②豆瓣酱与辣椒粉入小碗内拌匀，注入烧至七成热的色拉油，搅匀后加入芥末酱、花椒粉、辣椒粉、酱油、精盐、鸡精和芝麻酱调匀，撒上熟芝麻即成。

调酱心语：①辣椒粉根据个人口味来加。②芥末酱、花椒粉增加层次，要根据芝麻酱的量来加。③酱油和豆瓣酱添香、增色，不要多放。④鸡粉增加香鲜，精盐确定咸味。

适用范围：在夏季拌制凉面，也可作素类凉菜的调味酱。

实例举证：香辣鸡丝凉面

原料：鲜圆面条250克，熟鸡腿1个，嫩黄瓜半根，香油、香辣拌面酱各适量。

制法：①将熟鸡腿上的肉剔下，用手撕成不规则的丝状；嫩黄瓜洗净，切细丝。②锅置旺火上，下入鲜圆面条煮至熟透，捞出过凉开水，沥干水分，与香油拌匀，装在碗里，浇上香辣拌面酱，放黄瓜丝和鸡丝，食用时拌匀即成。

特点：筋道，凉爽，香辣。

提示：①熟鸡腿肉用手撕成丝的口感比刀切得好。②面条一定要控尽水分，不然的话会稀澥酱料，口味欠佳。

虾油麻酱

这种酱是以芝麻酱和虾油为主要调料，辅加红酱油、花椒油等料调配而成的，是一种凉面拌酱，香味浓郁、鲜咸可口。

原料组成：芝麻酱50克，虾油25克，香菜、小葱各15克，红酱油10克，味精2克，花椒数粒，色拉油30克。

调配方法：①香菜、小葱均洗净，切成碎末；坐锅点火，倒入色拉油烧至五成热，放入花椒炸煳捞出，凉冷即得花椒油。②芝麻酱入碗，分次加入80克纯净水顺向搅拌上劲成稀糊状，加入花椒油充分搅拌均匀，再加入虾油、红酱油、味精、香菜末和小葱末搅匀即成。

调酱心语：①芝麻酱边搅边加水，才容易搅上劲。②虾油提鲜、助咸，红酱油提色、增咸，所以不宜加盐调味。③先把花椒油与芝麻酱调匀，再加其他调料。

适用范围：拌制各种凉面，也可拌制凉菜，或作涮锅的味碟。

实例举证：冰凉爽口面

原料：鲜圆面条250克，丝瓜1根，水发木耳50克，红甜椒1个，虾油麻酱适量。

制法：①丝瓜削去粗皮洗净，纵剖成4条，切成1厘米见方的小丁；红甜椒去籽，切小丁；水发木耳择洗干净，撕成小块。②汤锅上火，添入清水烧开，下鲜圆面条煮至九成熟，再下丝瓜丁、木耳和红甜椒续煮至熟，捞出过凉后放在冰水中泡约10分钟，滤净水分，装碗后淋上虾油麻酱，拌匀即可食用。

特点：冰凉筋爽，鲜香诱人。

提示：①搭配适量蔬菜起到调色和爽口的作用。②面条装碗前必须滤干水分。

泡菜辣酱

这种酱是用朝鲜泡菜加上韩式辣酱、蚝油、白糖等调料配制而成的，是一种凉面酱，咸辣味鲜、果香浓郁。

原料组成：朝鲜泡菜30克，韩式辣酱30克，蚝油30克，白糖30克，精盐1小勺，柠檬半个，香菜15克，小葱15克。

调配方法：①朝鲜泡菜切碎末；香菜、小葱择洗干净，分别切碎末。②把泡菜末、香菜末和小葱末放在碗里，加入韩式辣酱、蚝油、白糖、精盐和柠檬汁拌匀即成。

调酱心语：①朝鲜泡菜突出泡辣风味，用量要足且必须剁成碎末。②韩式辣酱起提色、定辣味的作用。③蚝油起提鲜、助咸的作用。④白糖起增鲜、中和辣味的作用。⑤精盐起定咸味的作用，应试味后加入。

适用范围：拌制凉面。

实例举证：泡菜辣酱拌面

原料：鲜切面200克，黄瓜50克，苹果25克，泡菜辣酱适量，熟芝麻少许。

制法：①把鲜切面上笼以旺火蒸8分钟至熟透，取出来放在纯净水中漂洗去表面扑面，控尽水分；黄瓜、苹果分别切丝。②把面条放在小盆中，加入泡菜辣酱、黄瓜丝和苹果丝，拌匀后装盘，撒上熟芝麻即成。

特点：面条筋道，凉滑香辣。

提示：①面条蒸熟比用水煮出来的更筋道。②把面条表面的扑面洗净，吃口才好。

台式花生酱

这种酱是在花生酱内加入芝麻酱、蒜蓉辣酱等调料配制而成的，是一种凉面酱，酱香浓郁、咸香微辣。

原料组成： 花生酱30克，芝麻酱15克，蒜蓉辣酱15克，海鲜酱油10克，香醋10克，精盐3克，鲜汤30克。

调配方法： ①蒜蓉辣酱剁成细蓉。②芝麻酱入碗，分次加入鲜汤打成稀糊状，再加入花生酱调匀，最后加入蒜蓉辣酱、海鲜酱油、香醋和精盐调匀即成。

调酱心语： ①花生酱用量稍大，以突出其浓郁的花生香味为佳。②芝麻酱起增香的作用，用量以不压抑花生酱的香味为好。③蒜蓉辣酱起助咸、提辣味的作用。④海鲜酱油起提鲜、助咸的作用，精盐起定咸味的作用。⑤香醋起爽口的作用。⑥鲜汤起提鲜、稀释酱的作用。

适用范围： 在夏季拌制凉面。

实例举证： 台式花生酱拌面

原料：鲜拉面150克，黄瓜25克，胡萝卜25克，绿豆芽25克，小葱5克。

制法：①黄瓜、胡萝卜洗净，分别切细丝；绿豆芽择去根部，放入开水中焯至断生，捞出投凉，沥去水分；小葱择洗干净，切碎花。②把鲜拉面下入沸水锅里煮熟，捞在纯净水里过凉，沥去水分，呈馒头形堆在盘中，上面放胡萝卜丝、黄瓜丝和绿豆芽，淋上台式花生酱，撒上小葱花即成。

特点：爽滑香醇，微辣咸鲜。

提示：①蔬菜不要焯过头，保证爽脆口感。②面条应滤净水分再装盘。

松仁菠菜酱

这种酱是以菠菜和松子仁为主要原料，搭配大蒜、黑胡椒等料制作而成的，色泽油绿、口味香浓。

原料组成： 菠菜100克，松子仁50克，大蒜5瓣，精盐5克，黑胡椒3克，色拉油30克。

调配方法： ①菠菜择洗干净，下入到加有5克色拉油的沸水锅中焯烫15秒，捞出投凉，沥去水分，切成小段；蒜瓣用刀拍裂。②锅内放色拉油烧至二成热，下入松子仁炸黄捞出，再下蒜瓣炸黄捞出。③把菠菜段、炸松子仁和炸蒜瓣一起放入料理机内打成蓉，再加入精盐、黑胡椒和炸过蒜瓣的油，续搅打均匀即成。

调酱心语： ①菠菜是主料，必须焯水去除草酸，才可打酱，否则味道有涩味。②松子仁突出浓郁的油香味，切不可炸煳。③蒜瓣起增香的作用，精盐定咸味。④色拉油起滋润和增香的作用。

适用范围： 搭配面条炒制或凉拌食用。

实例举证： **菠菜酱炒意面**

原料：意式圆面条100克，芦笋25克，圣女果3个，鲜蘑菇2朵，松仁菠菜酱30克，色拉油15克。

制法：①芦笋洗净去皮，斜刀切厚片，焯水；圣女果洗净去蒂，对切；鲜蘑菇用淡盐水洗净，切厚片；意式圆面条下入开水锅中煮熟，捞出控汁。②坐锅点火，注入色拉油烧至五成热，放入芦笋片、圣女果和蘑菇片煎透，倒入煮好的意面，加入松仁菠菜酱炒匀即成。

特点：面条筋滑，咸香可口。

提示：①煮意式圆面条时水中加点油，可避免粘连。②炒制时间不宜太长，以面条与酱料拌匀即好。

豆苗核桃酱

这种酱是以豌豆苗、核桃仁、鲜薄荷叶、精盐等料配制而成的，是一种新口味凉面酱，色泽淡绿、味道清香，营养健康。

原料组成： 豌豆苗50克，核桃仁25克，鲜薄荷叶25克，蒜瓣15克，特级橄榄油15克，精盐、胡椒各适量。

调配方法：①核桃仁放在干燥的热锅内，以小火炒黄至焦脆；豌豆苗、鲜薄荷叶洗净，切碎；蒜瓣用刀拍裂。②把核桃仁和蒜瓣放入料理机中打碎，加入豌豆苗、薄荷叶、精盐和胡椒一起搅拌成糊状，再加入橄榄油打匀即成。

调酱心语：①核桃仁增香味，千万不要炒煳。如有条件，用烤箱烤熟也可以。②豌豆苗是主料，洗净后一定要控干水分。③鲜薄荷叶突出清香味。④大蒜起杀菌、突出蒜香的作用。⑤橄榄油起滋润和增香的作用，也可用其他植物油代替。

适用范围：除拌面条食用外，抹面包、拌沙拉均可。

实例举证：鱼肉沙拉拌面

原料：斜管面100克，鱼肉50克，土豆25克，胡萝卜15克，圣女果3个，生菜叶2片，干淀粉、豆苗核桃酱适量。

制法：①鱼肉切成小厚片，扑上一层干淀粉；土豆去皮，切小片；胡萝卜去皮，切菱形厚片；圣女果洗净，对半切开；生菜叶洗净，用手撕成块。②锅内添清水烧开，下入斜管面煮到无硬心捞出，再下入鱼肉片、土豆片、胡萝卜片煮熟，捞出均用纯净水过凉，控尽水分，与豆苗核桃酱拌匀，堆在盘中成塔形，周边围上圣女果和生菜叶即可。

特点：面滑筋道，口感丰富，味道清香。

提示：①鱼肉片沾上淀粉余熟，口感更滑嫩。②煮食材时水要宽、火要旺，保证其美妙的口感。

四季健康酱

这种酱是以土豆、洋葱搭配番茄、白糖等料炒制而成的，色泽红润、咸香利口。

原料组成：土豆100克，洋葱100克，番茄100克，番茄酱100克，生姜5克，大蒜4瓣，白糖10克，精盐5克，色拉油50克。

调配方法：①土豆洗净去皮，切成绿豆大小的丁，放入开水中焯熟；洋葱去皮，切成碎末；番茄洗净，用沸水略烫，去皮切成小丁；

生姜刮皮洗净，蒜瓣拍松，分别切末。②坐锅点火，注色拉油烧至六成热，下洋葱末和姜末炒黄出香，倒入番茄酱炒出红油，加入番茄丁炒透，续加土豆丁、精盐、白糖和蒜末，以小火煮匀即成。

调酱心语：①土豆起增加质感和爽口的作用，绿皮和发芽的勿用。②番茄酱提色，用热底油炒透，色泽才佳。③洋葱、生姜起增香的作用，切不要炒煳。④大蒜主要起杀菌、增香的作用。⑤白糖起压抑番茄酸味的作用。⑥色拉油起炒制、滋润和增香的作用。

适用范围：拌面条、配米饭和馒头食用。

实例举证：健康蝴蝶面

原料：蝴蝶面200克，芹菜1棵，精盐、色拉油各少许，四季健康酱适量。

制法：①芹菜去叶取茎，洗净，顺长划开，斜刀切成片。②锅置旺火上，注入冷水并放精盐和色拉油，沸后下蝴蝶面煮约7分钟，再放入芹菜片略煮，捞出用纯净水过冷，沥干水分，与四季健康酱拌匀，装盘即成。

特点：口感筋道，味道清香。

提示：①芹菜受热时间勿长，以保证质脆的口感。如喜食生脆感，可不水煮。②煮好的蝴蝶面切不可用生水投凉。

香菇酸辣酱

这种酱是以鲜香菇为主料，加上白醋、生抽、蚝油、辣椒酱等调料配制而成的，是一种凉面拌酱，褐红油亮、味道酸辣。

原料组成：鲜香菇6个，白醋30克，生抽15克，蚝油15克，白糖15克，蒜瓣15克，辣椒酱10克，辣椒油30克。

调配方法：①鲜香菇洗净去蒂，切成细条；蒜瓣拍松切末。②坐锅点火，注入辣椒油烧至六成热，爆香蒜末，下香菇丝炒至吃足油分，续下辣椒酱炒出红油，加白醋、生抽、蚝油和白糖调味，以中火煮匀即成。

调酱心语：①鲜香菇是主料，用热底油炒透，口感才佳。②辣椒酱和辣椒油共同体现辣味，并增加红亮的色泽。③生抽、蚝油提鲜、定咸味，用量要够。④白醋定酸味，与辣味调料共同发挥酸辣效果。⑤蒜瓣起杀菌的作用，夏天拌凉面必不可少。⑥白糖提鲜、合味，不宜多用。

适用范围： 在夏季拌凉面食用，也可用于米粉、各种荤素食材的调味。

实例举证： **酸辣酱拌莜面**

原料：莜面200克，黄瓜50克，香菇酸辣酱适量。

制法：①莜面纳盆，注入沸水烫透，和成软面团，分成10份，每份擀成0.3厘米厚的片，刷上一层油，放在垫有笼布的箅子上，加盖用旺火蒸约10分钟，取出逐张分开，凉冷。②把凉冷的莜面片切成0.3厘米宽的条，堆在盘中；黄瓜洗净切丝，放在莜面条上，最后浇上香菇酸辣酱即成。

特点：莜面筋道，酸辣爽口。

提示：①莜面皮之间要抹匀油，防止黏结。②莜面皮蒸至熟透，口感才筋道。

北京炸肉酱

这种酱是以猪肥瘦肉为主料，加上甜面酱、黄酱等调料炒制而成的，色泽褐红油亮、味道咸香酱浓。

原料组成： 猪瘦肉350克，猪肥膘肉150克，甜面酱250克，稀黄酱250克，大葱20克，生姜、蒜瓣各10克，白糖5克，味精5克，八角2颗，鲜汤100克、色拉油200克。

调配方法： ①猪肥膘肉切成0.5厘米见方的丁；猪瘦肉切成比猪肥膘肉稍小的丁；大葱、生姜、蒜瓣分别切末；甜面酱和稀黄酱放在一起，加入鲜汤调稀，待用。②坐锅点火，注入50克色拉油烧至六成热，放入八角炸香，投入猪肥膘肉丁炒至吐油，加入10克葱末、姜末、蒜末和猪瘦肉丁炒熟盛出。③原锅重坐火位，注入色拉油烧至六成热，倒入调好的混合酱，以中火炒出酱香味，倒入炒好的猪肉丁续炒匀炒透，加白糖和味精调味，撒入剩余葱末，出锅盛容器内即成。

调酱心语： ①猪肉定肉香味，肥瘦肉的比例以3∶7为佳。煸炒时先把猪肥膘肉丁煸出油来，再下猪瘦肉丁一起炒制。②甜面酱和稀黄酱突出酱香味，一定要炒去生酱味。③葱末分两次投放，第一次起增加香味的作用，第二次是最后加入提酱的香味。④白糖起提鲜、综合咸味的作用，味精起增鲜的作用。⑤色拉油起炒制和滋润的作用，把净锅烧热后再放油炒酱，才不会粘锅底。

适用范围： 制作北京炸酱面。

实例举证： **北京炸酱面**

原料：手工圆面条200克，黄瓜、心里美萝卜、绿豆芽、白菜各15克，芹菜、黄豆嘴、青豆嘴各10克，北京炸肉酱适量。

制法：①黄瓜、心里美萝卜、白菜分别切细丝；绿豆芽择去两头，芹菜切末，分别焯水；黄豆嘴、青豆嘴分别煮熟。②把手工圆面条下到开水锅中煮熟，捞在大海碗里，放上黄瓜丝、白菜丝、心里美萝卜丝、绿豆芽、黄豆嘴和青豆嘴，中间浇上北京炸肉酱，撒上芹菜末即成。

特点：面条筋道，酱浓香醇。

提示：①夏天制作面条，和面时最好加少许食用碱。②要根据不同的季节选用不同的菜码。

韩式炸酱

这种酱是以五花肉搭配一些土豆、胡萝卜、洋葱等蔬菜，加上甜面酱、白糖等调料炒制而成的，酱红油亮、口味香甜。

原料组成： 五花肉150克，土豆、胡萝卜、洋葱各50克，甜面酱100克，白糖30克，大蒜6瓣，鸡精5克，色拉油75克。

调配方法： ①五花肉切成小丁；土豆、胡萝卜、洋葱洗净去皮，分别切成小丁；蒜瓣剁成碎蓉。②坐锅点火，注入色拉油烧至五成热，倒入甜面酱炒去生酱味，盛小碗内备用。③原锅重上火位，添适量底油烧热，下入蒜蓉炸香，倒入五花肉丁炒至微黄吐油，加入土豆丁和胡萝卜丁炒透，再加入洋葱丁略炒，倒入炒好的甜面酱，调入白糖、鸡精炒匀便成。

调酱心语： ①五花肉以选用肥而不腻、口感上乘的上五花肉为佳，也就是靠近脊背的部分。并且用热底油煸炒至微黄吐油，它吃起来才不会腻。②搭配少量的土豆、胡萝卜等蔬菜，以起到爽口、平衡营养的作用。还可以放圆白菜、小葫芦等时鲜蔬菜。③甜面酱是主要调料，除用量足够外，一定要用热油把生酱味炒掉。这样酱香味才浓。④韩式炸酱的口味是偏甜，所以加入白糖量不宜太少。⑤鸡精起提鲜的作用，适可而止。⑥色拉油起炒制和滋润作用，不宜多放。因为五花肉经煸炒后会吐出一些油脂。

适用范围： 制作韩式炸酱面。

实例举证： **韩酱一根面**

原料：精面粉150克，黄瓜25克，鸡蛋1个，韩式炸酱适量。

制法：①精面粉纳盆，磕入鸡蛋并加适量水和匀成软面团，盖上湿布饧约10分钟；黄瓜洗净，切成细丝。②将饧好的面团放在案板上揉匀，用双手搓成小指粗的圆条，刷上食用油盘好，再饧约10分钟，拉成细如粉条的圆条，下入沸水锅中煮熟，捞起盛入碗内，浇上韩式炸酱，放上黄瓜丝即成。

特点：面筋爽口，鲜香利口。

提示：面团必须揉和上劲饧好，才能扯成均匀的面条。

韩式牛肉酱

这种酱是以牛肉为主料，经过切丝煸炒后，再加上韩式辣椒酱、生抽、白糖等调料烹制而成的，酱红油亮、味道香辣。

原料组成： 牛肉100克，韩式辣椒酱20克，生抽10克，白糖10克，淀粉10克，大蒜2瓣，色拉油30克。

调配方法： ①牛肉洗净，切成粗丝，纳碗并加生抽、白糖和淀粉拌匀，再加10克色拉油拌匀；蒜瓣拍松，切末。②坐锅点火炙热，注入色拉油烧至五成热，下入蒜末炸黄出香，倒入牛肉丝炒散至八成熟，加入韩式辣椒酱和适量开水炒匀即成。

调酱心语： ①牛肉是主料，定肉香味。②韩式辣椒酱突出辣味特色，用量依个人口味加入。③生抽和白糖起提鲜的作用。④淀粉起致嫩的作用，不要多用，否则炒制时易粘锅底。⑤色拉油起炒制和滋润的作用。

适用范围： 制作韩式肉酱面。

实例举证： **韩式肉酱面**

原料：素面条100克，黄瓜25克，鸡粉1克，韩式牛肉酱150克。

制法：①黄瓜洗净，切成粗丝。②锅内添入清水烧沸，放入鸡粉稍煮，下素面条煮熟，捞出盛碗，浇上韩式牛肉酱，放上黄瓜丝即成。

特点：面条软滑，香辣味浓。

提示：①搭配黄瓜丝食用，起到爽口和平衡营养的作用。②煮素面条时加鸡粉起提鲜作用，也可不加。

大葱炸肉酱

这种酱是以猪肉为主料，经过切粒煸炒后，再加葱末、甜面酱、鲜汤等料炒制而成的，酱红油亮、味道咸香。

原料组成：猪肉250克，甜面酱100克，大葱50克，生姜15克，料酒、酱油、精盐、味精、水淀粉、香油、色拉油各适量。

调配方法：①猪肉切成绿豆大小的粒；大葱切碎花；生姜洗净，切末。②坐锅点火，注入色拉油烧至六成热，投入葱花和姜末炒香，下入剁碎的猪肉粒炒散后，再下甜面酱炒香，烹料酒，掺适量开水，调入酱油和精盐煮出味，用水淀粉勾芡，加味精和香油，搅匀即成。

调酱心语：①猪肉起定肉香的作用，不可选用全瘦肉或全肥肉，肥瘦之比以3∶7为合适。②大葱突出浓郁的葱香味，用量要足且用热底油煸香。③甜面酱突出酱香味，用量要够且不能炒煳。④水淀粉起勾芡的作用。

适用范围：拌制各种面条食用。

实例举证：肉酱菠菜面

原料：面粉500克，菠菜汁200克，精盐3克，大葱炸肉酱适量。

制法：①把面粉、菠菜汁和精盐放在一起，和成面团揉匀后，饧30分钟待用。②先把面团擀成厚薄均匀的面片，再叠起来切成等宽的面条，下到开水锅里煮熟，捞出来沥水，盛在碗里，浇上大葱炸肉酱即成。

特点：面条碧绿，嫩滑酱香。

提示：制作菠菜汁时，需把焯水的菠菜段和少许清水一并放入料理机里先打成蓉，再倒出来用细纱布过滤取汁即可。

芽菜鸡肉酱

这种酱是以鸡腿肉切丁，搭配芽菜、香菇等料炒制而成的，酱红油亮、咸香微辣。

原料组成：鸡腿肉100克，鲜香菇200克，整棵芽菜75克，荸荠50克，油炒面粉30克，豆瓣酱200克，白糖30克，料酒25克，生姜、蒜瓣各15克，色拉油200克。

调配方法：①整棵芽菜洗净，挤干水分，切末；荸荠切小丁，放入开水中焯透，捞出控去水分；鲜香菇洗净，切成小丁；鸡腿肉去皮，切成小丁；豆瓣酱用刀剁细；生姜、蒜瓣分别剁成碎末。②坐锅点火，注入色拉油烧至六成热，倒入香菇丁炒干水分至金黄捞出来，再下鸡肉丁炒至变色，加入豆瓣酱炒出红油，续加姜末和蒜末炒香，烹料酒，纳荸荠丁、香菇丁和芽菜末炒匀，掺适量开水，加白糖调味，待煮匀入味后，最后放入油炒面粉煮至浓稠即成。

调酱心语：①鸡腿肉一定要去皮，否则会影响口感。②整棵芽菜用水洗净即可。不宜过度浸泡，以免失去香味。③鲜香菇要炒出水分，煸至干松，口感才香。④如果爱吃甜味的，可加大用量。⑤豆瓣酱有咸味，不需加盐调味。⑥油炒面粉类似于勾芡，起到增稠的作用，但香味更浓。

适用范围：拌制各种面条食用。

实例举证：芽菜肉酱荞面

原料：荞麦面400克，面粉100克，食用碱少许，芽菜鸡肉酱适量。

制法：①将荞麦面和面粉掺和均匀，放入食用碱和适量温水和成略软的面团，盖上湿布饧约20分钟。②汤锅置旺火上，添入清水烧开，随后把荞麦面团装入饸饹漏斗内，压出细面条落入水锅中煮熟，捞起盛入碗中，舀上制好的芽菜鸡肉酱即成。

特点：酱香面筋，味美诱人。

提示：①荞麦面团要揉匀饧透，揉至表面光滑为宜。②荞麦面团不能太硬，以用手抓握稍加压力便可挤出为宜，否则压出面条时太费力。

担担面酱

这种酱是以猪肉为主料，油炸花生米和榨菜为辅料，加上辣椒酱、芝麻酱等调料炒制而成的，是一种川式拌面酱，色泽红亮、麻辣香浓、口感丰富。

原料组成： 猪肉200克，辣椒酱50克，芝麻酱40克，油炸花生米50克，海米20克，榨菜50克，蒜末、葱末各10克，酱油、精盐、味精、花椒粉各适量，色拉油100克，鲜汤200克。

调配方法： ①猪肉剁成绿豆大小的粒；海米、榨菜分别剁成小粒；油炸花生米压碎；芝麻酱入碗，分次加入80克温水，顺向调匀成稀糊状。②炒锅上火炙好，放入50克色拉油烧热，下入猪肉粒炒酥，盛出备用。③炒锅重上火，放入剩余的色拉油烧热，下入蒜末、葱末和海米末炸香，再下辣椒酱、榨菜粒炒出红油，掺鲜汤，加芝麻酱、酱油、花椒粉、精盐和味精调好口味，倒入炒好的猪肉粒，以小火熬至黏稠，盛出，撒入花生碎，搅匀即成。

调酱心语： ①猪肉起定肉香的作用，肥瘦肉的比例以2：8或3：7为好。过瘦不香，过肥腻口。②花椒粉提麻味，用量要适度，做到麻味适口。③辣椒酱突出辣味，同花椒的麻味体现风味特色。④油炸花生米增香、增加口感，海米提鲜、助咸，榨菜解腻、增加脆感。⑤酱油主要起调色的作用，不宜多用，以免成品色泽发黑。⑥必须熬干水汽，酱的香味才浓郁，也较易存放。

适用范围： 除制作担担面以外，还可拌食各类面条、米饭或用于素菜的调味。

实例举证： **川式担担面**

原料：龙须面条150克，小油菜25克，担担面酱、香葱花、熟芝麻、酱油、香醋、红油各适量，精盐、味精、白糖各少许。

制法：①锅内添入清水上火烧开，下入龙须面条煮熟，捞在冷开水中过凉，沥尽水分；小油菜也入锅中汆熟，捞出过凉，备用。②取一净碗，放入少许酱油、香醋、红油、精盐、味精、白糖和熟芝麻调匀，挑入煮好的面条，盖上担担面酱，放上香葱花和小油菜即成。

特点：面条筋道，麻辣鲜醇，香气

扑鼻。

提示：①也可选用鲜圆面条、韭菜叶子手工面条；小油菜可用生菜、菠菜等时令蔬菜代替。②醋不要放得太多，否则会影响鲜味。

番茄牛肉酱

这款肉酱是以番茄和牛肉为主料，辅加蘑菇、洋葱等料炒制而成的，油润红亮、细腻香滑、咸香酸甜。

原料组成：番茄250克，牛肉100克，蘑菇50克，洋葱25克，白糖15克，蒜瓣10克，精盐、胡椒粉、黄油各适量。

调配方法：①番茄用沸水略烫，去皮，切成小丁；牛肉洗净，剁成粗末；蘑菇用淡盐水洗净，切片；洋葱剥皮，切末。②坐锅点火，放入黄油熔化后，入洋葱末和蒜末煸香，倒入牛肉末炒至酥香，加入蘑菇片和番茄丁炒出红油，调入精盐、白糖和胡椒粉，搅匀，煮至汁浓稠即成。

调酱心语：①番茄是主料，突出鲜红的颜色和酸酸甜甜的口味。用热油炒透，番茄红素才易被人体吸收。②白糖起中和番茄酸味的作用，应适量加入。③蘑菇增加酱的口感，用量根据喜好而施加。

适用范围：除拌面条食用外，还可用于炒、炸、蒸菜的调味。

实例举证：番茄肉酱面

原料：意大利面100克，番茄牛肉酱30克，精盐3克，黑胡椒粉1克，香菜末5克，色拉油30克。

制法：①汤锅置于旺火上，添入清水烧开，放入1克精盐、5克色拉油和意大利面煮开，改中火煮约10分钟，捞出沥水备用。②锅中倒入剩余色拉油烧热，放入意大利面和番茄牛肉酱拌匀，加入剩余精盐和黑胡椒粉拌匀，装在盘中，撒上香菜末，即可上桌拌食。

特点：面质筋道，酱香味浓。

提示：①应试味后再补加精盐，防止味道过咸。②黑胡椒粉的香味受热极易挥发，故应在最后加入。

香菇肉酱

这款肉酱是以猪肉和香菇为主料，经过煸炒炖制而成的，褐红油亮、五香味浓。

原料组成：猪肉馅250克，鲜香菇150克，洋葱25克，料酒15克，白糖15克，五香粉5克，酱油、精盐、味精、胡椒粉、色拉油各适量。

调配方法：①鲜香菇洗净去蒂，焯水过凉，挤干水分，切成小丁；洋葱去皮洗净，切成碎末。②坐锅点火，注入色拉油烧热，倒入猪肉馅炒散变色，淋料酒，炒匀盛出。③原锅重上火位，注入色拉油烧热，下洋葱末炒黄出香，续下香菇丁炒干水汽，倒入炒好的猪肉馅，并加入白糖、五香粉、酱油、精盐、胡椒粉和适量开水，大火煮沸，改小火约煮半小时至酥软入味时，调入味精即成。

调酱心语：①制作猪肉馅不宜用太瘦的肉，最好用五花猪肉，而且要带皮绞。因为猪皮含有丰富的胶质，煮化之后产生天然的黏度而使汤汁黏稠。②此酱不宜勾芡。如果冷藏，会因含猪油成分而凝固，使用前务须加热后再用。

适用范围：既可直接拌面条食用，也可用于卤菜、炖菜、烧菜的调味。

实例举证：茄子炒面条

原料：鲜圆面条200克，嫩茄子150克，青尖椒1个，香菇肉酱50克，蒜蓉5克，精盐3克，味精1克，香油5克，色拉油30克。

制法：①嫩茄子洗净去皮，切成筷子粗的条，用淡盐水洗两遍，沥尽水分；青尖椒去蒂及籽筋，切成小条；鲜圆面条下入到开水锅中煮熟，捞出沥水。②炒锅上火，倒入色拉油烧热，爆香蒜蓉，投入尖椒条和茄子条炒熟，倒入煮好的圆面条，边炒边加香菇肉酱、精盐和味精调味，待炒入味，淋香油，出锅装盘即成。

特点：制法简单，咸香软糯。

提示：①用淡盐水漂洗茄子条的目的，是除去部分褐色素，炒制后颜色鲜亮。②茄子条用足量的底油炒透，再与面条同炒。

葱香牛肉辣酱

这款肉酱是以牛肉为主料，辣椒面为主要调料，辅加其他调料炒制而成的，色红油亮、咸鲜香辣。

原料组成：牛肉150克，大葱100克，大蒜50克，辣椒面30克，精盐10克，白糖10克，味精2克，酱油适量，色拉油100克。

调配方法：①牛肉切成小丁，剁成粗末；大葱、大蒜分别切末。②坐锅点火，注入色拉油烧热，下入葱末和蒜末炒黄出香，倒入牛肉末炒至吐油，加入辣椒面炒至油红，再加酱油、白糖、精盐和味精炒匀，装瓶即成。

调酱心语：①牛肉起突出肉香的作用，肥瘦之比以1：4为合适。②大葱、大蒜突出浓郁的葱蒜香味，炒制时注意油温，不要炒煳。③辣椒面提色、定辣味，食盐定咸味，白糖中和辣味，酱油增色，这些调料的用量都要控制好。

适用范围：除拌食各种面条外，还可用于素菜的调味。

实例举证：莜面搓鱼

原料：莜面100克，葱香牛肉辣酱适量，开水100克。

制法：①将莜面倒在盆中，加入开水，用木棍搅匀成面团，然后手蘸冷水趁热把面揉光，用湿布盖住稍饧透，待用。②左手取一块面团，右手掐下指头肚大小的面团，用双手掌均匀地搓捻成6厘米长的小条，随后将面条压扁，放在垫有湿笼布的笼内，用旺火蒸10分钟至熟透，取出抖散，与葱香牛肉辣酱拌匀，即可食用。

特点：面香筋韧，香辣满口。

提示：①搓莜面鱼时，双手应抹上少量食用油，既防止粘手，又可避免在蒸制时黏结。②蒸的时间不可过长，否则莜面鱼将软塌粘成疙瘩。③也可用其他面粉照此法制作，吃起来别有风味。

猪肉西瓜酱

此款调味酱是以西瓜为主料，猪肉为配料，加上黄酱等调味品配制而成的，色泽粉红、酱香味浓。

原料组成： 西瓜500克，黄酱200克，猪瘦肉100克，料酒10克，蒜末、葱末、姜末各10克，白糖5克，精盐5克，味精3克，八角2颗，色拉油100克。

调配方法： ①把西瓜的皮和瓤分开，接着将西瓜瓤去籽，切成小丁。另把西瓜皮表层硬皮削去，切成0.5厘米见方的丁，加2克精盐拌匀，腌10分钟，挤去水分；猪瘦肉切成小粒。②坐锅点火，注入色拉油烧热，放入八角炸香，倒入猪肉粒炒至变色，拣出八角，加入蒜末、葱末和姜末炒香，烹料酒，放入黄酱和白糖炒出酱香味，再加入西瓜皮丁、西瓜瓤丁和精盐，炒匀炒透，加味精即成。

调酱心语： ①西瓜皮表层硬皮要去净，否则会影响酱的口感。②西瓜皮丁必须用盐腌去水分，如若直接炒酱，会生出很多水分，降低酱的质量。③猪瘦肉用量不宜多，否则会掩盖西瓜的清香味。④八角不要过长时间加热，否则酱的味道会发苦。

适用范围： 佐餐面条食用。

实例举证： 西瓜酱拌扯面

原料：面粉250克，猪肉西瓜酱适量，清水150克。

制法：①面粉倒在盆中，加入清水揉和成光滑不粘盆的软面团，盖上湿布饧15分钟。②把饧好的面团放在案板上揉光，撒上扑面，用擀面杖擀成0.3厘米厚的大片，然后用刀切成1厘米宽的条，两手各捏面条的一端，轻轻扯拉成合适的长条，落入开水锅中煮熟，捞在碗里，浇上猪肉西瓜酱即成。

特点：面滑筋道，香浓鲜醇。

提示：①面团一定要饧透，否则扯拉成面条时易断。②切面条的宽窄和拉的厚度，根据个人喜好而定。一般是面皮擀得厚，切得宽一些；反之，切得窄一点。

香辣孜然肉酱

这种酱是以猪肉末和甜面酱为主要原料，辅加黄豆酱、辣椒粉、孜然粉等调料炒制而成的，暗红油亮、咸鲜香辣。

原料组成： 猪肉末200克，甜面酱200克，黄豆酱50克，洋葱末50克，辣椒粉20克，料酒15克，孜然粉、味精各5克，色拉油100克。

调配方法： ①坐锅点火，注入色拉油烧热，下入洋葱末炒至金黄时，盛出待用；辣椒粉和孜然粉放入碗中，倒入洋葱油，搅匀待用。②原锅重上火位，下入猪肉末，用中火煸炒至吐油呈金黄色，烹料酒，下甜面酱和黄豆酱，用中火翻炒出酱香味，倒入炒好的洋葱末和红椒孜然油，调入味精，炒匀即成。

调酱心语： ①猪肉突出肉香味，用量大，肥瘦肉的比例以2：8为佳。②洋葱末用慢火炒至金黄，炒出的葱油最香。③炒肉末时以白肉呈淡黄色时为炒好。④整个炒制过程避免用大火，防止酱炒煳。

适用范围： 除直接佐餐面条食用外，也可用于素菜的调味。

实例举证：辣孜肉酱土豆

原料：土豆500克，香辣孜然肉酱30克，小葱花5克，精盐3克，色拉油适量。

制法：①土豆洗净削皮，切成滚刀块，放在清水中浸泡10分钟，再换清水洗两遍，控干水分，与精盐拌匀。②锅内倒入色拉油烧至六成热时，投入土豆块炸至金黄色，捞出控油，堆在窝盘中，淋上香辣孜然肉酱，盖上玻璃纸，上笼用旺火蒸10分钟至绵软，取出撒上小葱花即成。

特点：酥软，咸香，微辣。

提示：①切好的土豆块应立即用清水泡住，以防发生褐变。②蒸制时盖上玻璃纸，防止滴入蒸馏水，影响味道。

虾皮炸黄酱

这种酱是以黄酱和虾皮为主要原料，搭配葱花、姜末等炒制而成的，褐红油亮、咸鲜酱香。

原料组成： 黄酱250克，虾皮50克，大葱25克，生姜15克，白糖10

克，色拉油150克。

调配方法： ①虾皮用温水洗一遍，挤干水分；大葱洗净，切碎花；生姜刮洗干净，切末。②坐锅点火炙热，放入25克色拉油烧热，下入虾皮炒至色黄，烹料酒，炒匀盛出；原锅重上火位，倒入色拉油烧热，投入10克葱花和姜末炸黄，下入黄酱炒干水汽至油面冒均匀小泡，调入白糖，加入虾皮和剩余葱花，炒匀即可盛出存用。

调酱心语： ①虾皮应先用少量油炒焦，冷后才脆。所以食用时再加入炸好的酱中。②黄酱起突出酱香味的作用，炒时应不停地推炒，并且水汽干时才算炒好。③葱花分两次投放。第一次在炸酱前放入一部分用热油炸黄，第二次是把酱炸熟出锅前加入剩余葱花。④黄酱有味道，不需加盐。只需加少量的白糖来去除酱的苦味即可。⑤色拉油起滋润和炸制的作用，用量以没过酱为佳。

适用范围： 拌制各种面条食用，也可佐食烤肉、蔬菜或卷饼。

实例举证： 豆渣奶香饼

原料：面粉75克，牛奶50克，鲜豆渣50克，鸡蛋1个，虾皮炸黄酱、色拉油各适量。

制法：①面粉放在盆内，磕入鸡蛋，加入鲜豆渣调匀，再倒入牛奶和适量水调匀成稠糊状，待用。②平底锅上火炙热，涂匀一层色拉油，舀入一手勺面糊摊成薄饼，煎至两面金黄熟透，铲出，在一面抹上虾皮炸黄酱，卷起即可食用。

特点：金黄柔软，奶香味浓。

提示：①一定要把饼煎熟，否则会有生豆腥味。②煎时控制好火力，防止外糊内生。

虾皮炸肉酱

这种酱是以猪五花肉为主要原料，加上虾皮、黄酱、鲜番茄汁等料炒制而成的，酱香味浓、咸鲜味醇。

原料组成： 猪五花肉100克，黄酱100克，鲜番茄汁50克，虾皮25克，酱油25克，大葱15克，生姜10克，味精3克，色拉油30克。

调配方法： ①猪五花肉切成小

丁；大葱切碎花；生姜洗净，切末；虾皮用温水泡软，挤去水分；黄酱入碗，加入鲜番茄汁澥开，再加酱油调匀，待用。②坐锅点火，注色拉油烧至六成热，投入五花肉丁煸炒至微黄吐油，加入虾皮和姜末炒干水汽，倒入调好的黄酱，以小火不停地推炒至水汽干且有小油泡时，调入味精，盛出撒上葱花即成。

调酱心语：①五花肉起增香、增肥的作用，煸出油分，味道才香。②黄酱定酱香味，用量稍大。③鲜番茄汁起到澥稀黄酱和增加营养的作用，其用量是黄酱的一半。④虾皮提鲜、助咸，搭配姜末炒干水汽，味道才好。

适用范围：拌制各种面条食用。

实例举证：酱拌猫耳朵

原料：面粉150克，黄瓜丁、青蒜节、陈醋各1小碟，虾皮炸肉酱适量，清水75克。

制法：①面粉入盆，加入清水和成软硬适度的面团，盖上湿布饧5分钟，用擀面杖擀成0.5厘米厚的片，切成0.5厘米见方的条，再横着切成小方丁，撒上扑面，用拇指捻成猫耳朵状，依此法逐一做完。②锅内添清水上火烧沸，下入猫耳朵煮熟，捞在碗内，盖上虾皮炸肉酱，随黄瓜丁、青蒜节和陈醋碟上桌佐食。

特点：口感筋道，咸香可口。

提示：面团不宜和得太硬，否则成形时既费劲，煮熟后口感又不好。

牛肉茄子酱

这种酱是以茄子和牛肉为主要原料，加上黄酱、甜面酱等调料炒制而成的，色泽褐红油亮、酱香味十足、口感美妙。

原料组成：茄子500克，黄酱250克，牛肉100克，甜面酱50克，小葱、大蒜、生姜各15克，精盐、味精、色拉油各适量。

调配方法：①将茄子洗净，晾干水分，切成1厘米见方的小丁，用清水洗两遍，控尽水分；牛肉剁成末；小葱、大蒜、生姜分别去皮，洗净，切成碎末；黄酱放在小盆内，加入适量清水调匀成稀糊状，再加入甜面酱调匀，待用。②炒锅上火炙好，注入色拉油烧热，倒入茄子丁煸干水分且表面发黄时，盛出；锅内重放色拉油烧热，纳牛肉末炒至变色，加葱末、姜末和蒜末炒出香味，倒入黄酱用小火炒约5分钟，再倒入煎好的茄丁炒2分钟，最后调入精盐和味精，炒匀离火即成。

调酱心语：①要选用嫩茄子，带皮使用，口感有嚼劲。如不喜欢，可去皮。②茄丁一定要煸干水分。③要用小火不停地推炒，以防煳锅底。④要把酱的香味炒出来，酱香味才浓。⑤因为酱是咸的，应试味后再补加精盐。

适用范围：除拌食面条外，还可用米饭、馒头蘸食。

实例举证：油炸奶味馍

原料：精面馍1个，鸡蛋1个，精盐1克，鲜牛奶100克，牛肉茄子酱1小碟，色拉油适量。

制法：①精面馍撕去表层硬皮，切成0.5厘米厚的片后，再切成0.5厘米见方的条；鸡蛋磕入碗内，加精盐调匀，待用。②锅内放色拉油烧至五成热时，把馍条放入鲜牛奶里浸透，拖匀鸡蛋液，下入油锅中炸至金黄酥脆，捞出控油，整齐装盘，随牛肉茄子酱上桌蘸食。

特点：金黄，酥软，奶香。

提示：①最好选用硬精面馍，过于松软的馍不宜。②浸牛奶液不要时间过长，以免断碎，影响操作。

香辣茄丁酱

这款拌面辣酱是以长茄子为主料，红椒、冬菇和笋尖为配料，搭配辣椒酱和黄豆酱炒制而成的，茄肉筋道、味道香浓、咸鲜微辣。

原料组成：长茄子250克，黄豆酱75克，香辣酱50克，鲜红椒1个，冬菇、笋尖各25克，蒜瓣10克，精盐、味精、香油、色拉油各适量。

调配方法：①将长茄子洗净，去蒂，先切成1厘米厚的片，再切成1厘米见方的丁，用清水洗两遍，控尽水分；鲜红椒、冬菇、笋尖洗净，分别切成小丁；蒜瓣拍松，剁末。②炒锅上火，放入色拉油烧热，下入蒜末炸香，投入茄子丁、冬菇丁、笋尖丁和鲜红椒丁煸炒至八成熟时，加入黄豆酱和香辣酱炒上色，最后放精盐、味精和香油炒匀即成。

调酱心语：①茄子最好带皮改刀，不仅形状好，而且口感也佳。②茄子吃油，底油用量要大一点。③黄豆酱和香辣酱有咸味，应试味后补加盐。

适用范围：除拌食面条外，也可与焯熟的河、海鲜拌食。

实例举证：辣茄酱拌鲈鱼面

原料：鲜面条150克，鲜鲈鱼肉100克，鸡蛋（取蛋清）1个，干淀粉15克，料酒、精盐、小葱花、香辣茄丁酱各适量。

制法：①鲜鲈鱼肉切成0.5厘米厚的长方片，与料酒、精盐、鸡蛋清和干淀粉拌匀上浆。②锅内添水烧开，先下入鲜面条煮熟，捞在碗里，再把鲈鱼片下入汤中氽熟，捞出控去汁水，整齐排在面条上，最后淋上香辣茄丁酱，撒上小葱花即成。

特点：鱼肉滑嫩，面条筋道，酱香味美。

提示：①鲈鱼肉不宜切得太薄，否则氽烫时易碎。②鲈鱼片下锅后应关火，用余热烫熟。

茄丁肉酱

此款拌面酱是以油炸茄丁、猪肉末和青椒粒为原料，加上甜面酱、豆瓣酱等调料炒制而成的，酱红褐亮、咸香微辣。

原料组成：茄子250克，猪肥瘦肉100克，青椒100克，甜面酱50克，豆瓣酱20克，蒜瓣15克，精盐、味精、色拉油各适量。

调配方法：①茄子洗净去皮，切成1厘米见方的丁，用清水洗两遍，控干水分；猪肥瘦肉剁成粗末；青椒洗净去蒂，切小丁；蒜瓣拍松，切末。②坐锅点火，注入色拉油烧至六成热时，下入茄丁炸透，倒出控净油分。再利用锅中余油放入青椒粒和少许精盐炒至断生，盛出待用。③原锅上火，放适量色拉油烧热，投入5克蒜末炸香，下猪肉末炒散变色，加豆瓣酱和甜面酱炒出酱香味，掺适量开水，倒入茄子丁，调入精盐和味精，待煮匀至黏稠，加入青椒粒和剩余蒜末，搅匀即成。

调酱心语：①加水的量仅是稀释酱汁，切忌太多，否则会失去此酱的特色。②炒制时用中火，并不时地推动，以免煳锅底。③甜面酱和豆瓣酱突出酱香辣味，用量满足口味需要。

适用范围：拌制各种面条食用。

实例举证：茄丁肉酱削面

原料：面粉250克，茄丁肉酱适量，清水250克。

制法：①面粉放在盆中，加入清水拌成面穗且无生粉时，再揉和成光滑的面团，盖上湿布饧15分钟。②将饧好的面团放在案板上揉成圆柱体，左手托起，右手执削面刀紧贴面团，与面团成30°角由上往下在面团上面削下边沿薄中间稍厚的面条落入水锅中。待面条煮熟后，捞出盛在碗里，浇上茄丁肉酱，即可拌匀食用。

特点：柔软光滑，易于消化。

提示：①面团要软硬适宜。太硬，会容易断条，也很难削长；太软，削时容易粘刀，削起来也比较困难。②要始终保持锅中的水呈沸腾状，以避免面条下入锅中相互粘连成团。

豆干藕丁酱

这款调味酱是以莲藕和豆腐干为主料，加上甜面酱等料炒制而成的，藕丁清脆、豆干韧劲、咸鲜酱香。

原料组成：净莲藕150克，豆腐干150克，甜面酱150克，青椒、红椒各25克，姜末、洋葱粒、精盐、味精、香油、色拉油各适量。

调配方法：①净莲藕切成小方丁，投入到开水锅中烫熟，捞出冷水过凉，沥尽水分；豆腐干、青椒、红椒分别切成小丁。②炒锅上火，注入色拉油烧热，放入姜末和洋葱粒炸香，加入甜面酱炒出酱香味，倒入莲藕丁、豆腐干丁和青椒丁、红椒丁炒匀炒透，掺适量开水煮至黏稠，加精盐、味精和香油炒匀即成。

调酱心语：①焯水后的藕丁如不立即烹调，应用清水泡住，以免褐变。②甜面酱定酱香，用量要够且不能炒煳。③如用的是鲜汤，一定要提前烧沸后使用。

适用范围：拌制各种面条食用，也可与焯熟的河、海鲜及肉类拌食。

实例举证：酱爆八爪鱼

原料：八爪鱼300克，面粉10克，料酒10克，精盐3克，豆干藕丁酱、色拉油各适量。

制法：①八爪鱼对半切开，将头翻过来，用清水冲洗去内脏和眼睛，纳盆，加入精盐和面粉揉搓去腥，再用清水冲洗干净，控干水分。②炒锅上火，注入色拉油烧热，倒入八爪鱼翻炒至八成熟，烹料酒，加入豆干藕丁酱翻炒均匀即成。

特点：口感脆嫩，咸鲜酱香。

提示：①八爪鱼表面有很多黏液，一定要清洗干净，并把内脏完全掏洗干净。②必须用旺火快速爆炒，否则口感不佳。

碎米鲍菇酱

这种酱是以杏鲍菇为主料，花生米作辅料，加上甜面酱和辣椒炒制而成的，色泽红亮、嫩脆筋道、咸鲜香辣。

原料组成： 杏鲍菇300克，甜面酱100克，黄豆酱50克，花生米75克，干辣椒15克，白糖15克，葱花、蒜末各5克，酱油、精盐、味精、鲜汤、香油、色拉油各适量。

调配方法： ①杏鲍菇洗净，切成1厘米见方的丁；花生米用沸水泡5分钟，剥去外层红衣；干辣椒切短节。②锅内放入色拉油烧至四成热时，下入花生米炸至淡黄熟透，捞出控油，用刀压碎；待油温升高到六成热时，再下入杏鲍菇丁炸至色黄，倒出控油。③锅留适量底油烧热，下入葱花、蒜末和干辣椒节炸至棕红焦脆，加入甜面酱和黄豆酱炒香，放入杏鲍菇丁、鲜汤、酱油、精盐和白糖，炒至黏稠状，加入花生碎、味精和香油炒匀即成。

调酱心语： ①杏鲍菇是主料，切丁大小相等且适宜，油炸时才会均匀上色。②甜面酱和黄豆酱定酱香味，炒制时切忌用旺火。③要求把干辣椒炸至黑里透红，但又不能炸成焦黑色，否则味道发苦。④一定要把汁炒干后再放花生米。

适用范围： 拌制各种面条食用。

实例举证： 酱拌玉米面丁

原料：玉米面100克，面粉30克，小葱花、碎米鲍菇酱适量。

制法：①玉米面入盆，注入100克沸水搅拌成团，再加入面粉和成光滑的面团，饧10分钟，待用。②把面团放在垫有扑面的案板上擀成厚片，切成1厘米见方的丁，下入沸水锅里煮熟，捞出盛碗，浇上碎米鲍菇酱，撒上小葱花即成。

特点：色泽黄亮，面丁筋道。

提示：①玉米面团用沸水调制，煮后的口感才软。②切好的玉米面丁要大小适宜且均匀。

雪菜黄豆酱

这种酱是以黄豆和雪菜为主料，加上黄豆辣酱和甜面酱炒制而成的，黄绿相间。清香可口。

原料组成：雪菜100克，黄豆50克，甜面酱75克，黄豆辣酱50克，鲜红尖椒1个，大葱10克，精盐、味精、香油、色拉油各适量，鲜汤150克。

调配方法：①黄豆洗净，泡发煮熟，沥干水分；雪菜用清水浸泡2小时，挤干水分，切成碎末；鲜红尖椒洗净，切小丁；大葱切碎花。②炒锅上火，放入色拉油烧至六成热，下葱花和红尖椒丁煸香，放入黄豆和雪菜末炒约2分钟，续放甜面酱和黄豆辣酱炒香，添入鲜汤，加精盐和味精调味，续炒至黏稠时，淋香油即成。

调酱心语：①雪菜是主料，刀工前要挤干水分，以去除部分咸味。②黄豆煮熟即可，煮得太烂了没有嚼头。③甜面酱、黄豆辣酱突出浓郁的酱香味。④红尖椒岔色、提味，用量宜少。⑤汤汁一定要收干，酱的味道才好。

适用范围：拌制各种面条食用，也可用于水鲜、肉类食材的调味。

实例举证：滑蒸草鱼块

原料：鲜草鱼1尾，干淀粉15克，料酒10克，香菜叶、精盐、味精各适量，化猪油15克，雪菜黄豆酱1小碟。

制法：①鲜草鱼宰杀治净，剁去头尾另用。把鱼身切成厚1厘米左右的瓦刀块，加入精盐、味精、料酒和干淀粉拌匀，再加化猪油拌匀，腌10分钟。②将鱼块整齐摆在圆盘周边，上笼蒸10分钟至熟取出，中间放上雪菜黄豆酱碟，点缀上香菜即成。

特点：造型美观，口味别致，咸鲜略辣。

提示：①鱼块必须腌制，使其有一个基本味。②腌鱼块时加些化猪油，可起到去腥、增肥的效果。

豆芽花肉酱

这种酱是以黄豆芽和五花肉为主料，加上甜面酱和辣椒酱炒制而成的，质感脆嫩、咸香微辣。

原料组成：黄豆芽150克，五花肉100克，甜面酱150克，辣椒酱25克，蒜苗2棵，大葱、生姜、酱油、精盐、味精、色拉油各适量。

调配方法：①黄豆芽放到开水锅中烫透，捞出过凉水漂净豆皮，控干水分；五花肉切成小丁；蒜苗择洗干净，切碎；大葱、生姜分别切末。②坐锅点火，注色拉油烧至六成热，投入五花肉丁煸炒出油，放入甜面酱、辣椒酱、葱末和姜末炒出香味，掺适量开水煮滚，放入黄豆芽、酱油、精盐和味精炒透入味，加入蒜苗碎炒匀便成。

调酱心语：①烫豆芽时豆皮漂在水面立即撇去，若时间一长，则不容易去除。②炒制时间要够，使黄豆芽吃进味道。

适用范围：拌制各种面条食用。

实例举证：营养三和面

原料：面粉300克，小粉面150克，豆面50克，清水250克，豆芽花肉酱适量。

制法：①将面粉、小粉面和豆面共放在一小盆内，先加水打成穗子，再揉和成光滑的硬面团，盖上湿布饧10分钟。②将饧好的面团放在案板上揉光滑，撒上扑面，先用擀面杖擀开成大片，再用擀面杖卷起，双手托压两端用力来回推拉，直至将面团擀成厚约0.3厘米的大片，折叠成梯子形，用刀切成0.5厘米宽的条，抖散后投入到开水锅中煮熟，捞在碗中，浇上事先做好的豆芽花肉酱，拌匀即可食用。

特点：面滑筋道，豆香味浓。

提示：①小粉面，即用玉米制成，使用前过细箩，以去除粉粒。②切面条前必须撒上扑面，以防粘连。

家常茄子酱

这款拌面酱是以茄子为主料，猪肥瘦肉、番茄和青椒为配料，加上黄豆酱为主要调料炒制而成的，质感软糯、咸鲜酱香。

原料组成：茄子250克，猪肥瘦肉75克，番茄2个，青椒1个，黄豆酱100克，葱花、蒜片、姜末、料酒、酱油、精盐、味精、香油、色拉油各适量，鲜汤300克。

调配方法：①茄子洗净去皮，切成1厘米左右的丁；番茄、青椒分别切成0.5厘米左右的小丁；猪肥瘦肉剁成末，放入碗中，加姜末、料酒和酱油拌匀，腌制15分钟。②净锅上火，注入色拉油烧热，放入葱花和蒜片炸香，倒入猪肉末炒至出油时，加入茄子丁和番茄丁炒透，再加黄豆酱、酱油和精盐炒出酱香味，掺鲜汤，加盖用中小火焖5分钟至汁浓，撒入青椒丁，调入味精和香油，炒匀即成。

调酱心语：①茄子丁和番茄丁同炒，可避免茄子丁发黑难看。②猪肥瘦肉增加肉香，突出家常风味。③青椒起增加口感和提色的作用，最后加入为好。④黄豆酱起突出酱香味的作用，同食材炒透后再加汤水。⑤鲜汤起提香、增鲜和滋润的作用，应控制好用量，避免酱太稀。

适用范围：拌制各种面条食用。

实例举证：家常鸡蛋面

原料：面粉250克，鸡蛋1个，家常茄子酱适量。

制法：①面粉入盆，磕入鸡蛋液拌匀，再加温水和成面团，盖上湿布，稍饧。②把饧好的面团放在撒有扑面的案板上，擀成0.3厘米厚的大薄片，折叠起来，切成宽0.3厘米左右的面条，下入开水锅中煮熟，捞在汤碗内，浇上家常茄子酱即成。

特点：面软筋道，酱味香浓。

提示：①面团和得要有一定硬度，若太软，则不便擀制。②面条叠在一起时，之间要撒匀扑面，避免切条时粘连。

黄豆辣肉酱

这款拌面酱是以炒酥的猪肉末搭配煮熟的黄豆，加上甜面酱、干辣椒等调料炒制而成的，酱香、黏滑、咸鲜、微辣。

原料组成：猪肉150克，黄豆50克，甜面酱30克，干辣椒15克，大葱10克，白糖10克，精盐、味精、色拉油各适量。

调配方法：①猪肉剁成绿豆大小的丁；黄豆事先用清水泡发，放在盐水中煮熟；干辣椒去蒂，切成短节；大葱切碎花。②坐锅点火，注入色拉油烧热，下入葱花和辣椒节炸香，倒入猪肉丁炒至酥香后，放甜面酱炒出酱香味，掺适量开水煮匀至黏稠，加黄豆、白糖、精盐和味精炒匀即成。

调酱心语：①猪肉增加肉香味，选用时要略带一点肥肉。②黄豆先泡发后再煮，其软硬质感根据喜好而定。③甜面酱务须炒去生酱味，否则味道欠佳。

适用范围：拌制各种面条食用，也可用于部分蔬菜的调味。

实例举证：辣肉酱炒瓜笋

原料：丝瓜200克，茭白笋200克，黄豆辣肉酱30克，葱花5克，精盐2克，色拉油20克。

制法：①丝瓜用刀背刮去表面粗皮，洗净，纵剖开去瓤，切成5厘米长的梳背条；茭白笋削去外皮，切成同丝瓜大小的条。②锅置火上，放入色拉油烧至六成热，下入葱花爆香，随后倒入丝瓜条和茭白笋条炒至断生，加入黄豆辣肉酱和精盐炒入味，出锅装盘即成。

特点：脆爽，咸香，微辣。

提示：①要选用全白色的鲜嫩茭白；丝瓜以翠绿直挺的为佳。②必须将原料用热底油炒干水汽，再加酱料炒制。

肥肠炸酱

这种酱是以猪肥肠为主料，经过热油炸脆后，再搭配甜面酱、香葱和芹菜炒制而的，口感酥脆、咸鲜酱香。

原料组成：熟肥肠200克，香葱50克，芹菜50克，甜面酱75克，黄豆酱25克，精盐、味精、鲜汤、色拉油各适量。

调配方法：①熟肥肠切成滚刀小块，用开水焯透，捞出控干水分；香葱、芹菜择洗干净，分别切小节。②坐锅点火，注入色拉油烧至六成热，投入肥肠块炸至色红焦脆，倒出控油；锅留底油复上火位，下入香葱节炸香，放入甜面酱和黄豆酱炒香，掺鲜汤煮匀，放入肥肠块、芹菜节、精盐和味精炒匀入味即成。

调酱心语：①熟肥肠以肉厚者为佳。其内部的油脂一定要焯水去净。②油炸肥肠，口感达到酥脆才有风味。③香葱和芹菜均起到去异、提香和增加口感的作用。④甜面酱和黄豆酱定酱香味，用量要够。

适用范围：拌制各种面条食用，拌食素菜风味也不错。

实例举证：脆肠拌葫芦

原料：西葫芦300克，脆肠炸酱50克，精盐2克，色拉油5克。

制法：①西葫芦洗净，剖为两半，挖去籽瓤，切成厚约0.5厘米的弧形条。②锅内添水上旺火烧沸，放入精盐、色拉油和西葫芦条，待煮至断生时，捞出用纯净水过凉，控去水分，整砌码在窝盘中，淋上脆肠炸酱即成。

特点：清脆爽口，别有风味。

提示：①西葫芦条切条要厚薄、大小一致。②西葫芦条不要焯过头，并且立即过凉，以免皮软不脆。

青花椒炸肉酱

这种酱是以猪肉为主料，甜面酱和青花椒为主要调料炒制而成的，褐红油亮、酱味香浓、麻味适口。

原料组成：猪肉200克，甜面酱100克，青花椒25克，白糖15克，料酒15克，葱花、姜末、精盐、味精、色拉油各适量。

调配方法：①猪肉切成0.5厘米见方的丁；青花椒洗净沥干，去丫枝，用刀剁碎；甜面酱放入碗中，加入温水调成稀糊状。②坐锅点火炙好，注入色拉油烧至七成热，倒入猪肉丁炒至变色，下入葱末、姜末和青花椒煸香，烹入料酒炒匀，放甜面酱炒出酱香味，加精盐和味精炒至黏稠即成。

调酱心语：①猪肉定肉香，最好带一点肥膘猪肉，这样炸出的酱才香。②青花椒起定麻香味的作用。如果没有，就用干花椒代替，但需提前泡软剁碎。③炒肉酱时一定要用小火，否则成品会发苦。

适用范围：拌制各种面条食用，也可拌食各类素菜。

实例举证：干煎菠菜

原料：嫩菠菜150克，鸡蛋2个，干淀粉30克，精盐3克，味精1克，色拉油适量，青花椒炸肉酱1小碟。

制法：①嫩菠菜择洗干净，沸水略烫，捞出过凉，控干水分，切成10厘米长的段；鸡蛋磕在小盆内，加入精盐、味精和干淀粉调匀成蛋糊，待用。②净平底锅上火炙热，注入色拉油布满锅底，把菠菜段与蛋糊拌匀，逐段铺在锅中，煎至两面金黄且熟时，铲出改刀装盘，随青花椒炸肉酱上桌蘸食。

特点：金黄油润，外焦内嫩，咸香味美。

提示：①菠菜一定要挤干水分，否则会稀澥蛋糊，影响挂糊效果。②蛋糊内加盐量以占整个口味的七成为合适。

黄豆芹香肉酱

这种酱是以煮熟的黄豆为主料，配上猪肉粒、甜面酱等料烹制而成的，褐红油亮、味道咸香、酱香浓郁、脆中带黏。

原料组成：猪肥瘦肉100克，黄豆50克，甜面酱150克，芹菜50克，小葱2颗，生姜5克，精盐、味精、鲜汤、香油、色拉油各适量。

调配方法：①黄豆洗净泡发，放在加有少许盐的清水锅中煮熟，捞出沥水；猪肥瘦肉切成绿豆大小的粒；芹菜洗净，切成小节，用开水焯透，捞出过凉，沥水；小葱洗净，切短节；生姜洗净，剁末。②炒锅上火炙好，注入色拉油烧至六成热，下入猪肉粒炒酥至吐油，加甜面酱、姜末和葱节炒出酱香味，添鲜汤煮至黏稠，再加黄豆、芹菜节、精盐、味精和香油，炒匀即成。

调酱心语：①黄豆先泡后煮口感好。注意不要煮得时间太长，以防不脆。②一定要把猪肉粒炒酥和酱的香味炒出来，风味才好。③炒时用中火，并不时推动酱料，以防煳底。

适用范围：拌制各种面条食用，也可配馒头、烙饼食用。

实例举证：圆白菜炒削面

原料：刀削面条200克，圆白菜150克，青椒10克，大蒜2瓣，生抽5克，精盐3克，黄豆芹香肉酱50克，香油5克，色拉油30克。

制法：①圆白菜分片洗净，切成粗丝；青椒去筋，切丝；蒜瓣拍松，切末；刀削面条下入开水锅中煮熟，捞出过一遍热水，沥去水分。②坐锅点火，注入色拉油烧热，下入蒜末炸黄，续下青椒丝和圆白菜丝煸炒至五成熟，加入黄豆芹香肉酱和刀削面条炒匀，调入生抽和精盐，翻炒入味，淋香油，装盘即成。

特点：菜丝脆爽，削面爽滑，味道咸香。

提示：①炒制时如过干，可加少量汤水。②生抽和精盐确定咸味，应在加足黄豆芹香肉酱后补加。

牛肉炸酱

这种酱是以牛肉为主要原料，经过切粒用热油煸酥后，再加甜面酱、姜末、花椒粉等调料炒制而成的，色泽酱红、牛肉酥香、咸香鲜醇。

原料组成：牛肉200克，甜面酱150克，料酒20克，生姜10克，精盐、味精、花椒粉、鲜汤、色拉油各适量。

调配方法：①牛肉切成小丁，用刀剁成绿豆大小的粒；生姜洗净，切末。②坐锅点火，注入色拉油烧热，下入牛肉粒煸干水分至酥香吐油时，放入甜面酱、姜末和花椒粉炒香，烹料酒，掺鲜汤，用小火收至水分将干，调入精盐和味精，炒匀即成。

调酱心语：①牛肉定肉香味，作主料时须选用精瘦牛肉。②一定要炙好锅，再放油炒制。这样原料才不易粘锅。③甜面酱突出酱香味，炒时用中火，以防止扒锅底出现煳味。

适用范围：拌制各种面条食用，也可用于各种素菜的调味。

实例举证：吉列土豆饼

原料：土豆150克，干淀粉50克，面包糠30克，鸡蛋1个，精盐2克，色拉油适量，牛肉炸酱1小碟。

制法：①土豆洗净去皮，煮软沥水，趁热压成极细的泥，与精盐和干淀粉和匀成团；鸡蛋磕在碗内，打澥待用。②将土豆泥做成直径约3厘米的圆饼，挂匀鸡蛋液，周身沾满面包糠，用手按实，下入到烧至四成热的色拉油锅里炸至金黄酥脆，捞出沥油装盘，跟牛肉炸酱上桌佐食。

特点：色泽金黄，香酥软嫩。

提示：①制土豆饼时要带上塑料手套，防止粘手，便于操作。②因面包糠干燥，极易炸煳，故油温不能超过四成热。

金桃羊肉酱

这种酱是以经过滑油的羊肉丁为主料、炸核桃仁为配料，加上甜面酱、白糖等调料烹制而成的，色泽酱红、咸中带甜、滑嫩香脆。

原料组成：羊肉200克，炸核桃仁50克，甜面酱150克，葱白50克，湿淀粉20克，鸡蛋（取蛋清）1个，料酒10克，精盐、味精、色拉油各适量，鲜汤100克。

调配方法：①将羊肉剔净筋膜，切成0.5厘米见方的小丁，纳碗并加料酒、精盐、味精、鸡蛋清和湿淀粉拌匀上浆；炸核桃仁切成小粒；葱白切成小丁。②炒锅上火炙好，注入色拉油烧至五成热时，炸香葱丁，投入羊肉丁炒散至八成熟，下甜面酱炒出酱香味，加入鲜汤、精盐和味精。待煮匀至黏稠，加核桃仁粒即成。

调酱心语：①羊肉定肉香味，作为主料用料应大些。②炸核桃仁增加口感和营养，用量不宜太多。③甜面酱起突出酱香味的作用，炸酱时忌用旺火，以免有焦煳味。④加入鲜汤是为了稀释酱汁，增加鲜味，用量切不可太多。

适用范围：拌制各种面条食用，配馒头、烙饼也很好吃。

实例举证：羊肉酱馒头夹

原料：馒头2个，面粉25克，鸡蛋1个，金桃羊肉酱、色拉油各适量。

制法：①将馒头撕去外皮，切成3厘米宽、0.4厘米厚的夹刀片；鸡蛋磕入碗内，放入面粉、10克色拉油和适量清水调匀成蛋糊。②将馒头夹刀片内抹上适量金桃羊肉酱，按实后挂匀酥糊，下入到烧至六成热的色拉油锅中炸至金黄酥脆，捞出沥油，整齐装盘即成。

特点：酥脆可口，酱香味浓。

提示：①采用锯切法切馒头片，不会掉太多碎渣。②馒头夹油炸两次，口感更酥脆。

咖喱羊肉酱

这种酱是将羊肉粒用热油煸酥后，配上洋葱丁和胡萝卜丁，再加上咖喱酱、咖喱粉等调料一起煸炒而成的，色泽黄亮、咖喱味浓、口感丰富。

原料组成： 羊肉200克，洋葱、胡萝卜各75克，料酒15克，咖喱酱30克，咖喱粉15克，精盐、味精、鲜汤、香油、色拉油各适量。

调配方法： ①羊肉剔净筋膜，切成小粒；洋葱、胡萝卜洗净，分别切成小丁。②坐锅点火，注入色拉油烧至七成热，下入羊肉粒炒散至表面微焦，烹料酒，炒匀盛出；锅重上火位，注色拉油烧热，下洋葱丁和胡萝卜丁炒至透明，放入咖喱粉炒至油黄，掺适量鲜汤煮滚，加入羊肉粒、咖喱酱、精盐、味精和香油炒匀至黏稠即成。

调酱心语： ①羊肉粒炒好后，趁热烹入料酒，以去除腥膻味。②洋葱和胡萝卜起到爽口和增加营养的作用，切丁不宜太大。③咖喱酱和咖喱粉定主味，突出风味，用量要足。

适用范围： 拌食各种面条。

实例举证：咖喱羊肉酱炒面

原料：细鸡蛋面150克，松茸菌25克，洋葱1个，精盐、味精各少许，咖喱羊肉酱45克，色拉油20克。

制法：①松茸菌泡透洗净，洋葱剥皮，分别切成片；细鸡蛋面下入到开水锅里煮熟，捞出沥干水分，待用。②坐锅点火炙好，注入色拉油烧至六成热时，放入松茸菌片和洋葱片炒香，倒入煮好的面条，边翻炒边加精盐、味精和咖喱羊肉酱，炒入味后装盘上桌。

特点：色泽黄润，菌香面筋。

提示：①松茸菌需用热底油炒透，味道才香滑。②面条煮得以略有硬心为好。

兔肉炸酱

这种酱是将兔腿肉切丁、上浆、滑油后，与青椒、红椒、甜面酱等料合炒而成的，色泽紫红、酱香滑嫩。

原料组成：兔腿肉200克，青椒、红椒各50克，甜面酱150克，湿淀粉25克，鸡蛋（取蛋清）1个，葱花10克，姜末5克，精盐、味精、鲜汤、香油、色拉油各适量。

调配方法：①兔腿肉切小丁，与鸡蛋清、湿淀粉和少许精盐抓匀上浆；青椒、红椒洗净，去籽及筋，切成小丁。②净锅上火炙热，注入色拉油烧至四成热时，下入上浆的兔肉丁滑熟，倒出沥油；锅留底油，下入葱花、姜末和甜面酱炒出酱香味，续下青椒丁、红椒丁和兔肉丁略炒，掺适量鲜汤煮滚，加精盐、味精和香油炒匀即成。

调酱心语：①甜面酱起突出酱香味的作用，在炒制时若过稠，可加少量鲜汤稀释。②如果喜欢生葱的香味，就在出锅前加入。

适用范围：拌制各种面条食用。

实例举证：兔肉炸酱面

原料：面粉250克，水发海带、鲜豆腐皮各适量，香菜10克，精盐1克，兔肉炸酱适量。

制法：①面粉纳盆，加少许精盐和适量水和成软面团，饧透后分成50克重的面团，逐一在案板上揉光，按扁成宽约3厘米的长片，两面刷上油，叠在盘中，盖上湿布，待用；水发海带、鲜豆腐皮分别切细丝。②汤锅上旺火，添入清水烧开，取一面片用筷子在中间顺长压一痕，拉扯成厚薄均匀的面条后，接着从中间顺长一分为二，下入水锅中煮熟。③将海带丝和鲜豆腐丝放入碗中垫丝，挑入煮好的面条，舀上制好的兔肉炸酱，撒香菜段即成。

特点：面宽筋道，酱香四溢，一味难忘。

提示：①面团必须揉和上劲饧透，才容易扯成厚薄均匀的烩面条。②也可不放水发海带和鲜豆腐皮。

口蘑鸭肉酱

这款拌面酱是以鸭脯肉和口蘑为主料，加上甜面酱、沙茶酱等调料炒制而成的，色泽酱红、咸中回甜、酱香味浓。

原料组成： 鸭脯肉200克，口蘑150克，甜面酱100克，沙茶酱30克，料酒10克，湿淀粉20克，蒜末、葱花、精盐、味精、鲜汤、香油、色拉油各适量。

调配方法： ①鸭脯肉切成指甲小片，纳碗并加料酒、精盐、湿淀粉和10克色拉油拌匀；口蘑洗净，切成薄片。②坐锅点火，注入色拉油烧热，下入鸭肉片炒散，续下口蘑片、蒜末和葱花炒香，加入甜面酱和沙茶酱炒出酱香味，掺适量鲜汤煮至黏稠，调入精盐、味精和香油炒匀即成。

调酱心语： ①甜面酱和沙茶酱突出酱香味，用量要够。②炒制时用中火，以免炒煳。

适用范围： 拌制各种面条食用。

实例举证： **鸭肉酱炒蝴蝶面**

原料：蝴蝶面100克，鲜青椒、红椒各半个，大蒜2瓣，精盐2克，色拉油15克，口蘑鸭肉酱25克。

制法：①锅内添入清水烧开，放入1克精盐、5克色拉油和蝴蝶面煮开，改中火煮约10分钟，捞出沥水；鲜青椒、红椒洗净，去蒂和籽瓤，切成菱形小块；蒜瓣切片。②坐锅点火炙好，注剩余色拉油烧热，爆香蒜片，下青椒片、红椒片和剩余精盐炒至断生，倒入煮好的蝴蝶面和口蘑鸭肉酱，用铲子搅拌均匀，出锅装盘。

特点：形色俱佳，面质筋道，咸鲜酱香。

提示：①水与面的比例约为1：10，下入面后要用木铲搅拌，以免粘连。②煮面的时间应控制在10分钟左右，保证面的筋道和弹牙的口感。

榨菜烤鸭酱

这种酱是以烤鸭肉为主要原料，榨菜和青尖椒作配料，加上甜面酱等调料烹制而成的，咸甜微辣、鸭肉酥香、酱红油亮。

原料组成：烤鸭肉200克，甜面酱100克，榨菜75克，青尖椒50克，大葱10克，精盐、味精、鲜汤、香油、色拉油各适量。

调配方法：①烤鸭肉切成1厘米见方的丁；榨菜、青尖椒分别切成小丁；大葱切碎花。②坐锅点火，注入色拉油烧至六成热，下入葱花和榨菜丁炒香，放甜面酱炒出酱香味，掺适量鲜汤煮至黏稠，加入烤鸭肉丁、青尖椒丁、精盐、味精和香油炒匀入味即成。

调酱心语：①烤鸭肉是主料，应选用新鲜味佳的烤鸭。②榨菜和青尖椒增加口感和色泽，平衡膳食营养。③甜面酱突出酱香味，不仅用量要够，而且把生酱味炒去，才可加鲜汤煮制。

适用范围：拌制各种面条食用。

实例举证：榨菜烤鸭酱面

原料：面粉150克，黄瓜25克，榨菜烤鸭酱适量，清水75克。

制法：①面粉入盆，加入清水和成光滑的面团，盖湿布饧10分钟，擀成大片，撒一层扑面，用擀面杖卷起擀成大薄片，像扇面一样折叠起，切成宽度一致的面条；黄瓜洗净，切丝。②锅内添足量水烧开，放入面条煮熟，捞入纯净水中过凉，沥去水分，放入窝盘中，浇上榨菜烤鸭酱，撒上黄瓜丝即成。

特点：面条光滑筋道，味道酱香浓醇。

提示：①面团和得稍硬一点，才能擀出薄而筋道的面条。不过擀面片的时候要撒些扑面，以防止粘连。②煮面条的时候要开锅后，再用筷子挑散面条，否则会黏结在一起。

茶菇鹑肉酱

这种拌面酱是以鹑脯肉为主料，茶树菇为辅料，沙茶酱和黄豆酱为主要调料烹制而成的，鹑肉香而嫩滑、味咸酱香浓郁。

原料组成：鹑脯肉150克，水发茶树菇100克，沙茶酱50克，黄豆酱50克，葱末、姜末、精盐、胡椒粉、味精、鲜汤、香油、色拉油各适量。

调配方法：①鹁脯肉洗净，剁成米粒状；水发茶树菇去根蒂，洗净，切成小丁。②坐锅点火，注入色拉油烧至六成热，倒入鹁脯肉粒炒干水分，再下茶树菇丁、沙茶酱、黄豆酱、葱末、姜末、精盐和胡椒粉炒入味，掺适量鲜汤煮至黏稠，最后加味精和香油炒匀即成。

调酱心语：①鹁脯肉是主料，用量稍大。也可将鹁脯肉换成猪肉、牛肉等制作。②茶树菇突出菌香，平衡营养，必须泡发透才可使用。③沙茶酱和黄豆酱是主要调料，突出酱香味。④炒时用中火，切忌旺火。

适用范围：拌制各种面条食用。

实例举证： 豆苗螺丝面

原料：螺丝面100克，豌豆苗50克，熟花生碎10克，精盐、白糖、米醋、香油各少许，茶菇鹁肉酱适量。

制法：①豌豆苗洗净，沥干水分，与精盐、白糖、米醋和香油拌匀，待用。②锅中添水烧开，下入螺丝面和少许精盐，煮约12分钟左右至熟，捞出滤水，装在窝盘中，浇上茶菇鹁肉酱，撒上熟花生碎，周边放上豌豆苗即成。

特点：面筋油亮，咸鲜酱香。

提示：①可根据个人口感选用不同的面条。②煮面与做酱同时完成，食用口感才棒。

鳝肉辣酱

这种酱是用鳝鱼肉搭配猪肥瘦肉、芹菜制成的，家常风味浓郁，色泽红润、味道咸辣、鳝肉软嫩。

原料组成：鳝鱼肉150克，猪肥瘦肉50克，芹菜50克，甜面酱100克，辣椒酱50克，料酒10克，葱花、姜末、极鲜味汁、精盐、味精、鲜汤、香油、色拉油各适量。

调配方法：①鳝鱼肉洗净，用坡刀切成小片；猪肥膘肉切成小丁；芹菜择洗干净，切粒。②坐锅点火，注入色拉油烧至六成热，炸香葱花和姜末，下鳝鱼肉片炒至变色，续下猪肥瘦肉丁、甜面酱和辣椒酱炒出红油，烹料酒，掺适量鲜汤煮至黏稠，加入极鲜味汁、精盐、味精和香油炒匀入味，撒入芹菜粒即成。

调酱心语：①鳝鱼肉作主料，一定要选用鲜活的鳝鱼肉。②猪肥瘦肉去异、增肥，并突出家常风味。③辣椒酱定辣味，用量需根据自己的口味而定。

适用范围：拌食各种面条。

实例举证：鳝肉辣酱面

原料：面粉250克，番茄沙司50克，鸡蛋1个，鳝肉辣酱适量。

制法：①面粉纳盆，先加番茄沙司和鸡蛋液拌匀，再加适量水和成硬面团，稍饧，按常法制成0.3厘米宽的面条，即成番茄鸡蛋面条。②汤锅置旺火上，注入清水烧开，下入制好的番茄鸡蛋面条煮熟，捞起盛入碗内，浇上鳝肉辣酱，拌匀即可食用。

特点：面色微红，香辣利口。

提示：番茄沙司有味道，不可多加。

什锦蔬菜酱

这种酱是用多种蔬菜加上甜面酱、辣椒酱等调料煮制而成的，酱香诱人、滑黏味鲜、口感丰富。

原料组成：土豆100克，豆腐100克，黄豆芽50克，蒜苗2棵，甜面酱75克，辣椒酱15克，葱花、蒜末各5克，花椒数粒，八角1颗，精盐、味精、鲜汤、色拉油各适量。

调配方法：①土豆洗净去皮，切成玉米粒大小的丁；豆腐切成0.5厘米见方的小丁；黄豆芽、蒜苗洗净，分别切碎。②炒锅上火炙好，注入色拉油烧热，炸香花椒和八角捞出，放入豆腐丁煎成淡黄色，再放土豆丁和黄豆芽碎炒至吃足油分，加甜面酱、辣椒酱、葱花和蒜末炒出酱香味，掺鲜汤并调入精盐，待煮至土豆软绵时，勾水淀粉使汁黏稠，加味精和蒜苗，搅匀即成。

调酱心语：①辣椒酱提辣、增色，用量根据个人口味加入。②土豆不易熟，切丁应比豆腐丁小一些。③花椒和八角起增香的作用，应用低油温慢慢浸炸出香味。

适用范围：拌食各种面条。

实例举证：鸡蛋虾肉面

原料：面粉250克，大虾肉50克，鸡

蛋1个，什锦蔬菜酱适量。

制法：①大虾肉拍松，放在料理机内打成极细的泥，与面粉一起入盆，掺和均匀后，加鸡蛋液和适量水和成硬面团，稍饧待用。②把面团按常法制0.5厘米宽的面条，抖散后下入烧沸的水锅中煮熟，捞起盛入碗里，浇上什锦蔬菜酱即成。

特点：面质韧滑，鲜香特别。

提示：大虾肉要打成极细的泥。

番茄鸡蛋酱

番茄备受消费者青睐，它不仅色泽红艳，而且富含番茄红素。用它搭配鸡蛋一起烹调，被营养学家认为是搭配最合理、最有营养的食谱。用这两种原料制成的拌面酱，黄红相间、咸鲜微酸。

原料组成： 番茄250克，番茄酱50克，鸡蛋3个，葱花、姜末、蒜末、精盐、味精、白糖、生抽、色拉油各适量。

调配方法： ①番茄洗净用沸水略烫，撕去表皮，切成小碎丁；鸡蛋磕入碗内，加少许精盐，用筷子打散搅匀。②炒锅放色拉油烧热，倒入鸡蛋液，翻炒成小碎块，盛出待用；锅留底油，爆香葱花、姜末和蒜末，放入番茄丁略煸，加精盐煸炒10分钟左右，再加番茄酱炒透，沸后煮3分钟，纳入炒好的鸡蛋，加精盐、味精、白糖和生抽调味，稍煮即成。

调酱心语： ①番茄是主料，最好选用色泽红艳的品种。因为越红的番茄所含番茄红素越多。②番茄丁加精盐煸炒的时间要够，以把酸味挥发掉。③加入适量的番茄酱是为了使颜色好看，也可不加。④白糖起中和番茄酸味的作用，但是不要过量。

适用范围： 拌制各种面条食用。

实例举证： 山西剪刀面

原料：面粉250克，精盐1克，番茄鸡蛋酱适量，清水125克。

制法：①将面粉放在盆中，加精盐掺匀，放清水和成软硬适中的面团，盖上湿布饧约10分钟，搓成长一点的圆锥形，即成面坯。②锅置旺火上，添入清水烧开，左手拿面团，使尖部朝手指，右手持剪刀紧贴面团表面剪出两头尖的条，落入水锅中煮熟，捞出盛碗，浇上番茄鸡蛋酱即成。

特点：面条筋道，喷香诱人。

提示：剪面条的时候转着剪，这样才能保证剪出的面呈两头尖状。但剪制时刀尖应超过面团，否则剪出的面会有粘连现象。

咕嘟葱酱

这款酱具有地道的山西农家风味，是以大葱为主要调料，配上酱油、精盐等调料烹制而成的，色泽褐亮、葱味香浓、味道咸鲜。

原料组成： 大葱白250克，酱油50克，精盐、味精、水淀粉、色拉油各适量。

调配方法： ①大葱白剥去表面干皮，切成碎末。②炒锅上火，放入色拉油烧热，投入大葱末煸炒出香，加酱油炒透，掺适量开水，调入精盐和味精煮入味，勾水淀粉，淋香油，搅匀即成咕嘟葱酱。

调酱心语： ①大葱定主味，用量大。以选用鸡腿葱的葱白部分为佳。绿的部分不可使用，否则成品有苦味。②酱油提鲜、助咸，突出酱香味，除选用色正味鲜的品种外，还必须在未添水前加入。③精盐确定咸味，味精提鲜味，均要适量。④水淀粉起增稠的作用，与添水量成正比，使做好的酱黏稠而不稀薄。⑤色拉油起炒制和滋润的作用，投放量以裹匀葱末表面为佳。

适用范围： 拌制各种面条食用。

实例举证： 咕嘟葱酱面

原料：面粉250克，豆面25克，陈醋、咕嘟葱酱各适量。

制法：①面粉和豆面纳盆掺匀，加适量水和成略硬的面团，盖上湿布饧透，按常法制成手工切面条，抖散待用。②汤锅置旺火上，添入清水烧开，下入面条煮熟，捞在碗内，浇上咕嘟葱酱，淋上陈醋，即可拌匀食用。

特点：面质筋道，咸鲜微酸。

提示：①面条下入锅中后一定要烧沸后再搅动，否则煮好的面条会有豆腥味。②食用时加些陈醋，风味绝佳。

面筋鲍菇酱

这种酱是以油面筋、杏鲍菇和五花肉为原料，以甜面酱为主要调料烹制而成的，酱香咸鲜、口感软嫩。

原料组成： 油面筋150克，杏鲍菇100克，五花肉50克，甜面酱100克，香菜10克，葱花、姜末、酱油、精盐、味精、水淀粉、鲜汤、色拉油各适量。

调配方法： ①油面筋用刀切成小方块；杏鲍菇洗净，切成1厘米见方的丁；五花肉切粒；香菜择洗干净，切段。②坐锅点火，注入色拉油烧至六成热，投入五花肉粒煸炒吐油，放杏鲍菇丁炒透，再放甜面酱、葱花和姜末炒出香味，添入适量鲜汤，纳油面筋，调入酱油、精盐和味精，待煮入味，勾水淀粉，撒香菜段，搅匀即成。

调酱心语： ①杏鲍菇丁用五花肉吐出的油煸透，口感才佳。②面筋易入味，加热时间不能太长。③五花肉主要起增香的作用，不宜多量使用。④甜面酱主要突出酱香味，注意不要炒煳。⑤酱油补色、助咸，精盐确定咸味，味精提鲜，三者用量不宜多用。⑥水淀粉起增稠的作用。

适用范围： 拌制各种面条食用。

实例举证： 面筋菇酱面条

原料：黑麦粉、面粉各100克，香菜碎5克，面筋鲍菇酱适量。

制法：①黑麦粉和面粉入盆拌匀，加温水和匀成软硬适中的面团，饧10分钟后，擀制成0.25厘米厚、15厘米长的长方形片，再横切成0.25厘米宽的条。②锅内放入清水烧开，下入黑麦面条煮熟，捞在碗中，浇上面筋鲍菇酱，撒上香菜碎即成。

特点：面滑筋道，鲜醇酱香。

提示：擀面片的时候撒些扑面，防止粘连。

土豆肉酱

此拌面酱是以猪肉和土豆为原料，搭配用热油炸香的甜面酱和其他调料烹制而成的，色泽褐红、酱味浓醇、肉末香嫩、土豆绵糯。

原料组成： 猪肉150克，土豆150克，蒜薹50克，甜面酱75克，八角

1颗，花椒数粒，葱花、姜末、蒜片、酱油、精盐、味精、水淀粉、色拉油各适量。

调配方法：①猪肉剁成绿豆大小的粒；土豆洗净刮皮，切成玉米粒大小的丁，用水洗两遍，控干水分；蒜薹洗净，切成小节。②炒锅上火炙好，倒入色拉油烧热，放花椒和八角炸煳，捞出，下猪肉粒炒至变色，加精盐和酱油炒上色，倒出。③原锅重置火位，倒入色拉油烧热，炸香葱花、姜末和蒜片，下入甜面酱炒出酱香味，倒入土豆丁和炒好的猪肉粒再炒一会儿，加入开水、酱油、精盐和味精，煮至土豆软糯时，撒入蒜薹节，勾水淀粉，搅匀即成。

调酱心语：①把锅烧热再放油，炒酱时不会粘锅。②甜面酱是主要调料，突出酱香味，用量要够。③在炒甜面酱时要不断搅动，以免炒煳，影响酱香风味。

适用范围：拌制各种面条食用。

实例举证：土豆肉酱面

原料：面粉250克，鲜牛奶250克，土豆肉酱适量。

制法：①面粉纳盆，注入鲜牛奶和成硬面团，盖上湿布，饧好，按常法擀成大薄片，叠成梯形，切成0.5厘米宽的条，抖散盘好，摆在盘中，待用。②锅内放宽水上旺火烧沸，下入抖散的鲜奶面煮熟，捞在碗内，浇上制好的土豆肉酱即成。

特点：面白韧滑，奶香馥郁，味鲜诱人。

提示：没有鲜牛奶，可在面粉内加入适量的奶粉。

咖喱肉酱

这种酱是以带皮猪肉为主料，经过煮制改刀同咖喱酱炒过后，再加汤水和其他调料煮制而成的，肉嫩醇香、微辣咸香、咖喱味浓。

原料组成：带皮后臀肉200克，洋葱50克，蒜苗25克，咖喱酱30克，咖喱油15克，精盐、味精、酱油、料酒、水淀粉、色拉油各适量。

调配方法：①带皮后臀肉刮洗干净，放入开水锅中煮至断生，捞出凉凉，切成小丁；洋葱剥去外皮，切成碎粒；蒜苗择洗干净，切成马耳形。②炒锅上火，注入色拉油烧热，放入洋葱粒和猪肉丁煸炒至透明，续放料酒和咖喱酱炒香上色，加适量开水、酱油、精盐和味精煮入味，勾水淀粉，加蒜苗段和咖喱油，搅匀即成。

调酱心语：①猪肉定肉香味，煮至断生即可。②咖喱酱和咖喱油突出咖喱风味。

适用范围：拌制各种面条食用。

实例举证： **咖喱肉酱炒面**

原料：鲜圆面条150克，圆白菜50克，咖喱肉酱、酱油、精盐、味精、色拉油各适量。

制法：①圆白菜分片洗净，切丝；鲜圆面条下入开水锅中煮熟，捞出过一遍冷水，沥去水分。②坐锅点火，放入色拉油烧至六成热，放入圆白菜丝炒软，加入圆面条和咖喱肉酱炒匀，调入酱油、精盐和味精，再次炒匀即成。

特点：色艳，滑爽，微辣。

提示：炒制时不宜用太旺的火，否则极易炒焦。

豆瓣牛肉酱

这道拌面酱是以牛腩为主料，番茄为配料，加上豆瓣酱和番茄酱炒制而成的，酱汁红亮、牛肉软烂、咸鲜香辣。

原料组成：牛腩200克，番茄2个，豆瓣酱50克，番茄酱50克，生姜、大葱各10克，酱油、精盐、味精、五香粉、水淀粉、色拉油各适量。

调配方法：①牛腩洗净，切成1厘米见方的小块；番茄洗净，切小丁；豆瓣酱剁细；生姜洗净，切末；大葱切碎花。②炒锅上火，放入色拉油烧热，下入牛肉丁炒至吐油时，加入番茄块炒出水分，再加豆瓣酱、姜末、葱花和番茄酱炒香出色，掺适量开水煮滚，调入酱油、精盐和五香粉，用小火慢煮至牛肉软烂时，勾水淀粉，放味精，搅匀即成。

调酱心语：①用足量的底油把牛肉煸炒出油，以去其血水和异味。②炖制牛肉时务必用小火，且时间要够。③豆瓣酱提辣、增色、助咸，用量满足需要。④番茄酱主要起增色的作用，用量不要太多。⑤水淀粉起增稠、合味的作用，注意勾入后不要有小粉疙瘩出现。

适用范围：拌制各种面条食用。

实例举证：辣酱玉米面

原料：玉米面250克，榆皮面5克，香菜段10克，豆瓣牛肉酱适量。

制法：①玉米面和榆皮面纳盆中掺匀，加适量热水和成硬面团，稍饧，擀成0.3厘米厚的大片，切成0.5厘米宽的条，待用。②锅置旺火上，添入清水烧滚，下玉米面条煮熟，捞在碗内，放上豆瓣牛肉酱，撒香菜段即成。

特点：面滑，香辣，营养。

提示：①和玉米面团时，必须搭配榆皮面，并且用热水，否则，既不易和成团，又煮制时断裂，口感也不光滑。②玉米面条切不可长时间煮制，以免碎烂。

羊肉萝卜酱

这款拌面酱是以煮熟的羊肉为主料，酱萝卜干为配料，加上麻辣酱等调料烹制而成的，色泽酱红、麻辣咸香、口感嫩脆。

原料组成：熟白羊肉150克，酱萝卜干75克，蒜苗20克，麻辣酱25克，蒜末、葱花、酱油、精盐、味精、水淀粉、煮羊肉原汤、色拉油各适量。

调配方法：①熟白羊肉切成1厘米见方的小丁；酱萝卜干切成小丁；蒜苗择洗干净，切碎。②锅置火上，注入色拉油烧至六成热时，下入蒜末和葱花炸香，加入煮羊肉原汤、麻辣酱、羊肉丁、酱萝卜干丁、酱油、精盐和味精煮入味，勾水淀粉，撒蒜苗碎，搅匀即成。

调酱心语：①煮羊肉的汤汁不要丢弃，过滤后作臊子用。②麻辣酱定麻辣味，用量满足口味需要。

适用范围：拌制各种面条食用。

实例举证：羊肉酱拌鱼蓉面

原料：面粉250克，鲜鱼肉50克，生姜汁5克，料酒5克，羊肉萝卜酱适量。

制法：①鲜鱼肉与生姜汁和料酒拌匀，腌15分钟，放在搅拌机内打成极细的泥，待用。②鱼肉和面粉纳盆，掺匀后加适量水和成硬面团，按常法制成1厘米宽的面条，下入沸水锅中煮熟，捞在碗内，浇上羊肉萝卜酱即成。

特点：面条韧滑，咸鲜香辣。

提示：鱼肉的小刺务须剔净，以免影响质量。

海鲜辣鸡酱

这种酱是将鸡脯肉末搭配红葱头、蚝油、虾米、粗辣椒粉和海鲜酱等料烹制而成的，红润油亮、咸鲜香辣。

原料组成：鸡脯肉150克，红葱头50克，蚝油25克，虾米20克，海鲜酱20克，蒜瓣15克，粗辣椒粉10克，葱花、精盐、味精、水淀粉、色拉油各适量。

调配方法：①鸡脯肉洗净，切细丝后再切成末；虾米用温水泡软，剁碎；红葱头去皮，与蒜瓣分别切末。②坐锅点火炙好，放入色拉油烧至六成热，投入红葱头末、蒜末和虾米末以小火炒至色金黄，加入鸡肉末和粗辣椒粉续炒约2分钟，放入适量开水、蚝油、海鲜酱、精盐和味精煮入味，勾水淀粉，撒葱花，搅匀即成。

调酱心语：①底油不要烧得太热，以免把细小原料炒煳，影响口味。②粗辣椒粉提色、定辣味，根据口味爱好加入。③虾米、蚝油、海鲜酱提鲜、助咸，共同突出海鲜风味。④精盐定咸味，应在加足含有盐分的调味料后再补加。

适用范围：拌制各种面条食用，也可拌制各种素类食材。

实例举证：辣鸡酱拌茭白

原料：茭白300克，精盐2克，海鲜辣鸡酱适量。

制法：①茭白剥去老壳，洗净后切成5厘米长、小指粗的条。②锅上旺火添清水烧开，投入茭白条略烫，捞出后沥干水分，放在小盆内，加精盐拌匀，腌3分钟，再次控去水分，加海鲜辣鸡酱拌匀，冷却后装盘即成。

特点：清脆，鲜辣。

提示：茭白含有较多的草酸，一定要用沸水汆烫。

黄辣鸡肉酱

这种酱是以切成条的鸡腿肉为主料，青椒、红椒作配料，加上黄辣椒酱等调料烹制而成的，色泽黄亮、质感滑嫩、咸香带辣。

原料组成：鸡腿肉150克，青椒、红椒各1个，洋葱25克，黄辣椒酱30克，干淀粉10克，鸡蛋（取蛋清）1个，精盐、味精、水淀粉、香油、色拉油各适量。

调配方法：①鸡腿肉除净筋膜，带皮切成3厘米长、筷子粗的小条，入碗并加精盐、味精、鸡蛋清和干淀粉抓匀上浆，再加15克色拉油拌匀；青椒、红椒和洋葱分别洗净，切成小丁。②锅上火烧热，注入色拉油烧至四成热时，倒入上浆的鸡肉条炒散变色，加洋葱丁和青椒丁、红椒丁炒至透亮，再加黄辣椒酱炒香，放适量开水、精盐和味精煮约3分钟，勾水淀粉，淋香油，搅匀即成。

调酱心语：①鸡肉条在上浆时用手抓捏一会儿。这样做不仅在炒制时不会粘锅底，而且会让肉质更软嫩。②黄辣椒酱增色、定辣味，用量满足口味需要。

适用范围：拌制各种面条食用。

实例举证：辣鸡酱拌面

原料：面粉200克，玉米面50克，豌豆苗、小绿叶菜各50克，黄辣鸡肉酱适量。

制法：①玉米面和面粉入盆，加入适量温水和成面团，按常法制成宽约0.5厘米的面条；豌豆苗、小绿叶菜洗净，控水。②锅上旺火添水烧沸，下入面条煮熟，放入豌豆苗和小绿叶菜略煮，捞出盛入碗内，淋上黄辣鸡肉酱即可。

特点：色泽淡黄，香辣扑鼻。

提示：面粉与玉米粉的比例以2∶8为好。若玉米粉太多，面条会断裂失形。

麻婆鱼肉酱

这款拌面酱是以鱼肉为主料，猪肉和蒜苗作辅料，加上豆瓣酱、花椒面等调料烹制而成的，色泽红亮、麻辣香鲜、鱼肉滑嫩。

原料组成：净鱼肉150克，猪肥瘦肉75克，蒜苗50克，鸡蛋（取蛋清）1个，豆瓣酱50克，干淀粉10克，葱花、蒜末、花椒面、精盐、味精、水淀粉、香油、色拉油各适量。

调配方法：①净鱼肉切成0.5厘米见方的小丁，纳盆并加精盐、鸡蛋清和干淀粉拌匀上浆；猪肥瘦肉剁成末；蒜苗择洗干净，切成短节；豆瓣酱剁细。②坐锅点火，注入色拉油烧至四成热时，分散下入鱼丁滑至断生，倒出沥油。③锅留底油烧热，下猪肉末炒酥，放入豆瓣酱、葱花和蒜末炒香出色，再放蒜苗略炒，掺适量开水，调入精盐、味精和花椒面煮出味，纳鱼丁稍煮，勾水淀粉，淋香油，搅匀即成。

调酱心语：①鱼片改刀不宜太薄，否则容易断碎。②猪肥瘦肉增香，要用热底油炒酥。③豆瓣酱和花椒面定麻辣味，用量满足需要。

适用范围：拌制各种面条食用。

实例举证：蒸拌冷面

原料：小宽面条150克，绿豆芽50克，麻婆鱼肉酱适量。

制法：①将小宽面条放到垫有笼布的屉子上，加盖用大火沸水蒸熟取出，凉凉后再入大火沸水内煮软，捞出沥干，凉凉待用。②绿豆芽去头和尾，放入开水中一焯，捞入冷开水内浸凉，沥干水分，盛入碗里，挑入面条，舀上麻婆鱼肉酱，食用时拌匀即成。

特点：面条滑凉筋道，味道麻辣适口。

提示：①面条蒸制前拌上香油，可免黏结成团。②面条煮软即可。

番茄虾米酱

这种酱是以番茄为主料，洋葱和虾米为配料，加上豆瓣酱等调料炒制而成的，色泽红亮、咸香酸辣、虾米味浓。

原料组成：番茄200克，洋葱100克，虾米50克，豆瓣酱15克，蒜瓣10克，精盐、味精、白糖、胡椒粉、色拉油各适量。

调配方法：①番茄洗净，用开水稍烫去皮，切成小丁，放入果汁机内打成泥状；洋葱洗净，切碎；蒜瓣入钵，捣成细泥；虾米洗净，挤干水分。②坐锅点火，注入色拉油烧热，放洋葱碎和蒜泥炒至金黄色时，续放虾米炒酥，加入豆瓣酱炒出红油，然后倒入番茄泥煮10分钟，加精盐、白糖、胡椒粉和味精调味，稍煮即成。

调酱心语：①番茄要选用自然熟透的。若切开内部还发青，则不可使用。②豆瓣酱增辣、提色，不宜多用。③番茄含水分大，不需加鲜汤和用水淀粉勾芡。

适用范围： 拌制各种面条食用。

实例举证： **缤纷蝴蝶面**

原料：蝴蝶面150克，金针菇、胡萝卜、水发木耳、黄瓜、黄豆芽各20克，番茄虾米酱适量。

制法：①金针菇去根洗净，切段；胡萝卜、水发木耳、黄瓜洗净，分别切成丝；黄豆芽择去根须，洗净。②锅内放入清水烧开，下入蝴蝶面煮熟后，再放入金针菇、胡萝卜、水发木耳和黄豆芽略煮，捞出盛在窝盘内，浇上番茄虾米酱，撒上黄瓜丝即成。

特点：色彩缤纷，酸辣利口。

提示：可选用不同的蔬菜搭配蝴蝶面食用。

酒香菇肉酱

这种酱是以香菇和猪肉末为主料，搭配啤酒、干黄酱等料炒制而成的，色泽棕红、香气浓厚。

原料组成： 鲜香菇200克，猪肉末150克，干黄酱150克，五香花生米50克，啤酒150克，蒜末、葱花各5克，精盐5克，味精3克，色拉油100克。

调配方法： ①干黄酱入碗，加入啤酒慢慢调成稀的酱汁；鲜香菇洗净去蒂，焯水切末；五香花生米压成粗粒。②锅中放入色拉油烧热，下入蒜末和葱花炸香，投入猪肉末炒至酥香，加入香菇末炒透，再放入调好的黄酱炒出酱香味，加精盐和味精调味，出锅时撒入花生粒即可。

调酱心语： ①啤酒是突出此酱的风味特色，其用量以稀释黄酱即可。②黄酱一定要炒出酱香味。③出锅时加入炒熟的花生粒，既丰富了口感，又增添了这酱的浓郁鲜香。

适用范围： 拌制各种面条食用。

实例举证： **酒香酱拌黑米面**

原料：面粉150克，黑米面100克，酒香菇肉酱适量。

制法：①将黑米面和面粉入盆拌匀，加入温水和成软硬适中的面团，稍饧后按常法擀制成面条。②与此同时，锅上火添水烧沸，下入黑米面条煮至熟透，捞入碗内，浇上制好的酒香菇肉酱即成。

特点：味浓醇厚，风味独特。

提示：此面团不宜用冷水和制。

香菇辣酱

这种酱是以香菇为主要原料，加上黄豆辣酱、豆瓣酱等调料炒制而成的，色红油亮、口感润滑、味道香辣。

原料组成： 鲜香菇250克，黄豆辣酱30克，豆瓣酱20克，洋葱50克，生姜、蒜瓣各10克，酱油、蚝油、五香粉、白糖、色拉油各适量，鲜汤200克。

调配方法： ①鲜香菇洗净去蒂，放入开水锅中焯透，捞出过凉，挤干水分，切成1厘米见方的小丁；洋葱、生姜、蒜瓣分别切末；豆瓣酱剁细。②锅内放入色拉油烧热，投入洋葱末、姜末和蒜末炒香，倒入香菇丁慢火翻炒至吃足油分，加豆瓣酱炒出红油，再加黄豆辣酱炒透，加鲜汤和酱油以小火煮至变浓，调入蚝油、五香粉和白糖，续炒至酱吐油便成。

调酱心语： ①鲜香菇是主料，必须用热底油炒透，口感才好。②黄豆辣酱和豆瓣酱体现浓郁的酱香味和辣味。③蚝油和酱油均起增色、助咸和提鲜的作用。④五香粉增加香味，白糖合味，两者均不宜多放。

适用范围： 拌制各种面条食用。

实例举证： 辣酱拌豆面条

原料：面粉125克，黑豆面25克，香菜5克，香菇辣酱适量。

制法：①面粉和黑豆面入盆拌匀，加入温水和成软硬适中的面团，略饧后按常法擀成大薄片，折叠起切成韭叶宽的面条；香菜择洗干净，切小段。②与此同时，锅上火添水烧沸，下入切好的豆面条煮至熟透，捞出放入碗内，浇上制好的香菇辣酱，撒上香菜段即成。

特点：豆面味香，特有风味。

提示：豆面条一定要煮熟食用，否则会有豆腥味。

菇笋肉酱

这种酱是以猪肉、香菇和冬笋尖为主料，加上甜面酱、豆瓣酱等调料炒制而成的，口感脆嫩、咸鲜香辣。

原料组成： 猪五花肉150克，水发香菇75克，冬笋尖75克，甜面酱75克，豆瓣酱15克，干淀粉15克，料酒10克，葱姜蒜末15克，精盐、生抽各适量，色拉油50克。

调配方法： ①猪五花肉切成碎末；水发香菇、冬笋尖分别切粒，焯水；干淀粉用20克凉水搅匀成水淀粉，备用。②锅内放入色拉油烧至六成热，投入葱姜蒜末炒香，倒入五花肉末炒散至吐油，烹料酒，加入香菇末和冬笋末炒匀，再加入甜面酱和豆瓣酱炒出酱香味，添开水与酱持平，以大火煮至黏稠，调入精盐和生抽，淋入水淀粉，稍煮即成。

调酱心语： ①猪肉选用三成肥的，口感最佳。②香菇一定要选择干香菇，不然出不来炸酱的好口感。③甜面酱突出浓郁的酱香味，用量要够。④豆瓣酱起提味的作用，喜欢辣味，可加大用量。⑤生抽起提鲜、助咸的作用，如果颜色浅，可改为老抽。⑥水淀粉起增稠的作用，根据酱的稀稠度来投放。

适用范围： 拌制各种面条食用。

实例举证： 菇笋肉酱拌面

原料：黑麦粉、面粉各100克，小葱花5克，菇笋肉酱适量。

制法：①黑麦粉和面粉入盆拌匀，加温水和匀成软硬适中的面团，饧10分钟后，擀制成0.25厘米厚、15厘米长的长方形片，再横切成0.25厘米宽的条，待用。②锅上旺火添清水烧开，下入面条煮熟，捞在碗中，浇上菇笋肉酱，撒上小葱花，即可食用。

特点：面滑筋道，酱香微辣。

提示：黑麦粉的量不要超过面粉的量。

豆豉鲍菇酱

这种酱是以杏鲍菇为主要原料，加上豆豉、黄酱、甜面酱等调料炒制而成的，色泽褐亮、豉香味浓、咸鲜微辣。

原料组成： 杏鲍菇200克，黄酱、甜面酱各50克，豆豉30克，虾米25克，熟芝麻、熟花生各10克，辣椒粉5克，虾油5克，大蒜3瓣，色拉油50克。

调配方法：①杏鲍菇洗净，用手撕成筷子粗的条，切成小丁；豆豉剁碎；蒜瓣拍松，切末；熟芝麻、熟花生擀成碎末。②坐锅点火炙热，倒入豆豉碎煸干，盛出备用；原锅重上火位，注色拉油烧至六成热，投入蒜末炸香，纳杏鲍菇丁煸干水汽，加入豆豉和虾米炒透，再加入黄酱和甜面酱炒去生酱味，最后加入辣椒粉和虾油炒透，撒入熟芝麻碎和熟花生碎，搅匀即成。

调酱心语：①杏鲍菇先用热油煸透后再加酱炒，口感更有嚼头。②豆豉定主味，切碎炒制，既便于食用，又能让豉香味能更好地发挥出来。同时先用热干锅炒过，既提香又可起到去除豆腥味和部分咸味的作用。③黄酱、甜面酱突出酱香味，两者用量以1：1为佳。④虾米、虾油起提鲜的作用，辣椒粉起辣味的作用。⑤熟芝麻、熟花生起提香和增加口感的作用，不宜多用。

适用范围：拌制各种面条食用。

实例举证：豆豉菇酱拌面

原料：空心面150克，精盐1克，色拉油5克，豆豉鲍菇酱适量。

制法：①锅上旺火，添入适量清水烧开，放入精盐和色拉油，下入空心面煮熟。②把空心面捞在纯净水里过凉，控去水分，与豆豉鲍菇酱拌匀，装盘即成。

特点：口感筋道，滑爽味美。

提示：①煮空心面时放点油，可避免熟后黏结在一起。②空心面一定要控尽水分，再与酱拌制。

虾米豆豉酱

这种酱是以豆豉为主要调味料，加上虾米、红柿子椒、蒜瓣等料炒制而成的，豆豉味浓、咸香鲜醇。

原料组成：豆豉100克，红柿子椒50克，虾米25克，蒜瓣30克，白糖10克，花椒5克，色拉油50克。

调配方法：①豆豉、虾米用温水泡软，切碎；红柿子椒洗净，切成碎粒；蒜瓣拍松，切末。②坐锅点火，注入色拉油烧至五成热，放入花椒炸煳捞出，下虾米碎和蒜末炒香，加入豆豉酱炒匀，最后加红柿子椒粒和白糖炒匀即成。

调酱心语：①豆豉用量多，主要突出浓郁的豉香味。②虾米起助咸、提鲜味的作用。③红柿子椒主要起提色和增加口感的作用。④花椒增香、去腥，白糖提鲜、合味，两者均不宜多用。⑤色拉油起炒制和滋润的作用。

适用范围：除拌炒各种面条以外，也可炒馒头或拌制各种荤素食材。

实例举证： **虾豉酱炒面**

原料：鲜圆面条150克，西葫芦50克，虾米豆豉酱25克，小葱5克，色拉油15克。

制法：①鲜圆面条下入沸水锅中煮熟，捞出过一遍热水，沥去水分；西葫芦切丝；小葱择洗干净，切碎花。②坐锅点火，放入色拉油烧至五成热，炸香小葱花，投入西葫芦丝炒至半熟，加精盐稍炒，放入面条、虾米豆豉酱炒匀入味，装盘即成。

特点：软滑，咸鲜，豉香。

提示：①煮好的面条过一遍热水，可使口感更清爽。②注意炒制时不宜用太旺的火。

下饭酱

——吃出滋味米饭

花生虾米酱

这种酱是以花生和虾米为主要原料，搭配熟芝麻、豆干、番茄汁、米醋等原料制作而成的，色泽粉红、酸甜香浓。

原料组成： 熟花生30克，虾米30克，熟白芝麻20克，豆腐干2块，番茄汁80克，米醋80克，白糖30克，小葱10克，大蒜4瓣，生抽5克，香油15克，色拉油30克。

调配方法： ①熟花生、熟白芝麻一起放入料理机里打成碎末；虾米用温水泡软洗净，切碎；豆腐干切成小丁；小葱择洗干净，切碎花；蒜瓣拍松切末。②锅内放色拉油烧至五成热，投入蒜末和虾米炒黄出香，加入豆腐干丁和花生芝麻碎炒匀，再加入番茄汁、米醋、白糖和生抽煮匀，最后加香油和小葱花炒匀即成。

调酱心语： ①熟花生和熟白芝麻增加香味，提升口感。②虾米、生抽起助咸、增加鲜味的作用。③番茄汁提色，并且搭配米醋突出酸味。④白糖增加甜味，与酸味组合成适口的酸甜味。⑤小葱、蒜瓣、香油均起增香的作用。

适用范围： 除可下米饭外，拌食面条也非常美味。

实例举证： 菠菜饭团

原料：大米饭1碗，菠菜100克，花生虾米酱30克，精盐、味精、香油各少许。

制法：①菠菜洗净后放入沸水中，加入少许精盐烫熟，然后捞出放入凉水中，再挤干水分切成末，放入一个大碗内，调入味精和香油拌匀，再加入大米饭和花生虾米酱一起拌匀，分成六份。②手上戴上一次性手套或套上保鲜袋，将每份菜饭捏成椭圆形饭团，摆在盘中即成。

特点：吃法特别，形状美观，油香不腻。

提示：①大米饭应稍软一点，便于制作成形。②也可将饭团用培根裹起来煎制食用。

炒榛子仁酱

此酱是宫廷四大名酱之一，是以猪瘦肉搭配马蹄、香菇、熟榛子仁、黄酱、甜面酱等料炒制而成的，酱香回甜、口感丰富。

原料组成：猪瘦肉250克，马蹄100克，水发香菇50克，熟榛子仁50克，黄酱100克，甜面酱50克，白糖15克，料酒15克，生姜10克，大葱10克，色拉油50克。

调配方法：①猪瘦肉先切成0.4厘米厚的片，再切成条，最后切成0.4厘米见方的小丁；马蹄、水发香菇分别切小粒；熟榛子仁用刀面拍裂；大葱切碎花；生姜去皮切末，纳碗并加20克水泡约10分钟成姜汁，待用。②坐锅点火，注入色拉油烧至六成热时，投入猪肉丁煸炒至变色，下葱花和料酒炒香，加入黄酱和甜面酱炒出酱香味，倒入姜汁续炒干水汽，再加入香菇丁和熟榛子仁炒匀，放白糖调味，最后加入马蹄丁炒匀即成。

调酱心语：①猪瘦肉起增香的作用，切厚片以后，用刀片拍数下再切丁，这样可使肉的口感更嫩。②此酱切不可放酱油和盐。③加白糖起增亮和增甜味的作用，不能太多，其用量以成品微透甜味即好。若吃出太甜的味道，则调味失败。④色拉油起炒制和滋润的作用，传统炒酱用油量稍大。

适用范围：除可下米饭外，也可佐食馒头、烙饼。

实例举证：金银米饭

原料：大米、小米各250克，炒榛子仁酱适量。

制法：①大米和小米分别淘洗干净，沥去水分，倒在电饭煲内，加适量水焖熟成米饭。②把米饭盛在碗里，反扣在盘中，浇上炒榛子仁酱。

特点：黄白相间，饭松黏软，咸鲜酱香。

提示：①小米内有糠皮，一定要漂洗干净。②根据喜欢米饭的软硬掌握好加水量。

养生豆腐酱

此酱是以豆腐、西葫芦和鲜香菇为主要原料，加上大酱汤煮制而成的，酱香浓郁、味道咸香、营养味美。

原料组成：豆腐100克，鲜香菇3朵，西葫芦50克，青尖椒3个，大酱50克，香油10克，骨头高汤250克。

调配方法：①豆腐焯水，压成细泥；鲜香菇洗净去蒂，切成小方丁；西葫芦也切成小方丁；青尖椒洗净去蒂，切成碎粒。②锅坐火上，倒入骨头高汤烧沸，放入大酱煮至溶解，再加入香菇丁、西葫芦丁和青尖椒粒，煮至入味，加入豆腐泥煮至浓稠，淋香油，搅匀即成。

调酱心语：①大酱定主味，用量要够。因其有咸味，应与骨头高汤量相适应，不需加盐调味。②豆腐起增稠的作用，刀工前一定要焯水，以去除一些豆腥味。③鲜香菇、青尖椒、西葫芦这三种蔬菜起增加口感的作用。④香油起增香的作用，少放即可。

适用范围：除可下米饭外，也可拌面条、佐食馒头。

实例举证：培根栗子焖饭

原料：大米200克，培根1片，栗子肉50克，洋葱25克，色拉油5克，养生豆腐酱适量。

制法：①培根切成小片；栗子肉切成小丁；洋葱切末；大米洗净，沥去水分。②坐锅点火，放入色拉油烧至六成热，下入洋葱炒黄，续下培根片炒至吐油，添入适量清水煮开，倒入电饭煲内，下入大米按常法焖熟成饭，盛在碗里，加上养生豆腐酱即成。

特点：味道香甜，油亮诱人。

提示：①培根出油，所以底油宜少放，以免焖熟的米饭油腻。②用中火慢慢把洋葱炒至透明状，才会散发出香气。

复合韩式辣酱

此酱是以鲜番茄蓉、番茄沙司、韩式辣酱等料炒制而成的，色泽红亮、酸甜微辣。

原料组成： 番茄200克，番茄沙司100克，韩式辣酱30克，精盐5克，小葱5克，色拉油30克。

调配方法： ①番茄洗净，用沸水略烫，捞出去皮，用刀剁成细蓉；小葱择洗干净，切碎花。②坐锅点火炙热，注入色拉油烧至五成热，下入小葱花炸香，倒入鲜番茄蓉炒出红油，加入番茄沙司略炒，再加入韩式辣酱炒匀炒透，调入精盐即成。

调酱心语： ①番茄主要起提鲜、增色的作用，一定要选用色泽红艳的品种。②番茄沙司主要起突出酸甜味的作用，其用量以鲜番茄蓉的一半为好。③韩式辣酱起突出风味的作用，根据喜欢的辣度加入。④精盐确定咸味，应试味后最后补加。⑤色拉油起炒制和滋润的作用，用量不宜太多。

适用范围： 拌米饭食用。

实例举证： 韩式蛋包饭

原料：米饭150克，胡萝卜、芦笋各15克，鸡蛋1个，水淀粉5克，精盐少许，复合韩式辣酱适量，色拉油5克。

制法：①胡萝卜洗净去皮，芦笋洗净去老根切成小粒；鸡蛋磕入碗内，加入水淀粉和精盐拌匀，待用。②坐锅点火，注入色拉油烧至五成热，放入胡萝卜粒和芦笋粒略炒，倒入米饭炒散，加入复合韩式辣酱炒匀，盛出待用。③把锅洗净上火位炙好，涂匀一薄油层，倒入鸡蛋液摊成薄饼，待底面凝结表面蛋液未凝固时，关火。接着把炒好的米饭放在蛋皮的1/2处，然后包起来成长条状，用铲子稍压实，再开中火把两面煎成金黄色，取出改刀装盘，再淋上少量复合韩式辣酱作点缀，即可上桌食用。

特点：清新淡雅，酸甜微辣。

提示：①要想米饭干香弹牙，最好用隔夜冷米饭。②应在蛋饼表面未凝固时放上米饭，这样经加热后，两者会粘得更紧实。

韩式牛肉酱

此酱是以牛肉馅为主要原料，搭配青椒、香菇、美人椒、大酱、韩式辣酱等料炒制而成的，酱香浓醇、咸辣鲜爽。

原料组成：牛肉馅150克，青椒、香菇各50克，美人椒15克，大酱50克，韩式辣酱25克，蒜瓣15克，香油5克，色拉油75克，牛高汤250克。

调配方法：①青椒、香菇、美人椒分别洗净，切成小丁；蒜瓣拍松，切末。②锅中放色拉油烧至六成热，爆香蒜末，下入牛肉馅炒熟至变色，加入大酱、韩式辣酱炒出酱香味，倒入牛高汤煮至浓稠，加入青椒丁、香菇丁和美人椒丁稍煮，淋香油，再次搅匀即成。

调酱心语：①牛肉馅定肉香味，要选择略带一点肥油的牛肉馅，这样做出的酱更香。②青椒、香菇起平衡营养、增加口感的作用，美人椒起增色的作用，不宜多放。③大酱主要起突出酱香味的作用，其用量以能满足牛肉馅为佳。④韩式辣酱起增辣、助咸的作用。⑤牛高汤起综合酱料、增香、提鲜的作用。⑥色拉油起炒制和滋润的作用。

适用范围：除可下米饭食用外，也可拌面条、佐食馒头、拌蔬菜。

实例举证：石锅拌饭

原料：米饭1碗，菠菜、黄豆芽、胡萝卜、水发香菇各25克，鸡蛋1个，色拉油15克，韩式牛肉酱适量。

制法：①菠菜洗净切段，同去根的黄豆芽分别焯水，沥去水分；胡萝卜、水发香菇切丝，分别用5克色拉油炒熟；鸡蛋用剩余色拉油煎成五成熟的荷包蛋，待用。②把米饭盛入石锅里摊平，在周边间隔放上胡萝卜丝、黄豆芽、菠菜和香菇丝，中间放上煎好的鸡蛋，再淋上韩式牛肉酱，最后上火加热至发烫，即可上桌拌匀食用。

特点：滚烫鲜香，营养可口。

提示：①四种蔬菜做不同的熟处理，可使口感和味道更好。②加热时控制好火力和时间，既要有烫的效果，又不能出现煳味。

苹果下饭酱

此酱是以苹果为主要原料，加上花生酱、韩式辣酱、生抽、小葱等料调配而成的，韩式风味独特，色泽粉红、咸鲜微辣、果味香浓。

原料组成： 苹果1个，花生酱15克，韩式辣酱15克，生抽15克，大蒜2瓣，小葱3棵，熟芝麻5克。

调配方法： ①苹果洗净去皮，切成粗丝后，再切成碎末；蒜瓣拍松，切末；小葱择洗干净，切末。②将花生酱和韩式辣酱放在碗内，加入生抽调匀，再加苹果末、小葱末、蒜末和熟芝麻，充分拌匀即成。

调酱心语： ①苹果主要突出果香味，其味道有酸、甜之分，根据口味爱好选用。②花生酱提香味，韩式辣酱提辣味，应在浓郁的果香味中体现出来。③生抽提鲜、助咸，蒜瓣和小葱增香、杀菌，熟芝麻增香、提升口感。

适用范围： 制作菜包米饭。

实例举证：生菜包饭

原料：紫米大米饭1碗，生菜数片，苹果下饭酱适量。

制法：①生菜片用纯净水洗净，控干水分。②取一片生菜，放上一勺紫米大米饭和一勺苹果下饭酱，包起食用。

特点：菜脆饭糯，十分爽口。

提示：①生菜切不可用生水洗涤。②每一片生菜包的饭和酱的量，以入口为宜。

葱香包饭酱

此酱是以花生酱和辣椒酱为主要调料，搭配生抽、洋葱、香葱等配制而成的，酱鲜微辣、葱香四溢。

原料组成： 花生酱15克，辣椒酱15克，生抽15克，小葱10克，洋葱10克，熟芝麻5克，大蒜1瓣，香油5克。

调配方法： ①小葱择洗干净，切碎末；洋葱切粒；蒜瓣切末。②花生酱和辣椒酱放入碗内，先加入生抽拌匀，再加葱末、洋葱粒、蒜末、熟芝麻和香油充分调匀即成。

调酱心语： ①花生酱定主味，突出表现花生香味。②辣椒酱增香辣味，不喜欢辣味，可减少其用量。③生抽起提鲜、助咸的作用，以能稀释酱料即可。④小葱和洋葱突出浓郁的葱香味，蒜瓣主要起增香、杀菌的作用。⑤熟芝麻提香、增加口感，香油起增香、滋润的作用。

适用范围： 制作菜包米饭。

实例举证： **菜心包饭**

原料：大米饭1碗，白菜心数片，葱香包饭酱适量。

制法：①白菜心片用纯净水洗净，控干水分。②取一片白菜心，放上一勺米饭和一勺葱香饭酱，包起食用。

特点：菜脆饭软，爽口清香。

提示：①选用白菜心包裹，口感更清脆。②白菜心切不可用生水洗涤，并且撕片不能太小，以能包住一口饭为宜。

海鲜鸡肉酱

此酱是以鸡肉和海米为主要原料，加上豆瓣酱、红油豆豉、甜面酱和番茄酱四种酱料炒制而成的，酱香突出、海鲜味浓。

原料组成： 鸡肉100克；海米50克，豆瓣酱40克，红油豆豉20克，甜面酱10克，番茄酱10克，冰糖10克，洋葱1个，大蒜2头，陈皮1片，香叶2片，桂皮1小块，花椒数粒，八角1颗，色拉油50克。

调配方法： ①鸡肉剁成细蓉；海米泡软切碎；豆瓣酱、红油豆豉分别剁成细蓉；洋葱切成末；大蒜分瓣剥皮，拍松切末；陈皮泡软，切粒。②锅内放色拉油烧至六成热，投入洋葱末和蒜末炸黄捞出，再放香叶、桂皮、花椒和八角炸香捞出，下海米碎炒干水汽，续下鸡肉蓉炒至变色，加入豆瓣酱和红油豆豉炒出红油，再加甜面酱和番茄酱炒匀，最后加冰糖、洋葱末、蒜末、陈皮粒和泡陈皮的水，搅匀后以小火煮半小时即成。

调酱心语： ①鸡肉增加肉香味，一定要选用新鲜的品种。②海米一定要炒干，才能去掉海腥味。③豆瓣酱增色、助咸、提辣味，红油豆豉助咸、突出豉香味。④甜面酱突出酱香味，番茄酱提色、增加营养。两者都需用热底油炒透，酱味才浓香。⑤洋葱、大蒜起压腥、增香的作用，油炸前最好用清水漂洗一遍，这样可避免炸煳。⑥香叶、桂皮、花椒和八角主要起增香的作用，投放量宜少。⑦冰糖主要起合味、提鲜的作用，陈皮起清热、去火的作用，两者用量也不宜太多。

适用范围：除可下米饭食用外，也可拌面条、佐食馒头。

实例举证：土豆香菇糙米饭

原料：糙米150克，大米50克，土豆50克，干香菇25克，芹菜10克，海鲜鸡肉酱适量。

制法：①糙米泡水30分钟，洗净捞起沥干；土豆洗净去皮，切成滚刀小块；干香菇泡发，洗净，切成小块；芹菜洗净，切末。②大米洗净，同糙米放入电饭煲内，加入土豆块和香菇块，添入适量清水和泡香菇的水，加盖按常法焖熟成饭，盛在碗内，放上海鲜鸡肉酱，撒上芹菜末，即可拌匀食用。

特点：质感软糯，味道鲜香。

提示：①泡香菇的水味道鲜美，留着焖米饭用。②加点芹菜末，可以提味、增香，化油、解腻。

土豆茄子酱

这种酱是以土豆和茄子为主要原料，加上调味的骨头汤炖软制成的，质感细滑、咸香味美。

原料组成：土豆250克，茄子250克，青尖椒、红尖椒各50克，精盐、胡椒粉各适量，色拉油30克，骨头汤500克。

调配方法：①土豆洗净去皮，切成滚刀块；茄子洗净，用手掰成小块；青尖椒、红尖椒洗净去蒂，切成小粒。②锅内放色拉油烧热，放入茄子块煸软，加入土豆块和骨头汤，调入精盐和胡椒粉，以小火炖软，用铲子压成泥，加入青尖椒粒、红尖椒粒，炒匀即成。

调酱心语：①茄子是主料，用手掰成小块，既便于入味，口感又好。②骨头汤起提鲜和增香的作用，用量以没过原料为度。③青尖椒粒、红尖椒粒起增加口感和色泽的作用，不宜太多。如果喜欢辣味，可加大用量。④不要把原料压得太细，留点颗粒，口感有嚼头。⑤精盐定咸味，胡椒粉增香、去异，两者用量均要适度。⑥色拉油起炒制和滋润的作用，能裹匀原料即可。

适用范围：除可下米饭食用外，

也可取菜叶包上一勺米饭和一勺酱食用。

实例举证：黄豆发芽米饭

原料：发芽米150克，黄豆25克，土豆茄子酱适量。

制法：①黄豆拣洗干净，用清水泡3小时；发芽米泡水30分钟。②将黄豆和发芽米放入电饭煲内，加入清水拌匀，加盖焖熟成饭，盛在碗内，放上土豆茄子酱即成。

特点：味道清香，柔软可口。

提示：①黄豆需泡软，再与发芽米同焖成饭。②发芽米买回家后不会再发芽，但其营养价值比一般的大米高，膳食纤维也比大米多。

牛肉豆瓣酱

此种酱是以牛肉末为主要原料，加上豆瓣酱、豆豉、花椒粉、五香粉等调料炒制而成的，红亮油润、香辣豉香。

原料组成：牛肉末100克，炸花生米25克，熟芝麻10克，豆瓣酱25克，豆豉15克，料酒10克，酱油5克，姜末、蒜末各5克，辣椒粉5克，花椒粉3克，五香粉2克，白糖2克，色拉油30克。

调配方法：①牛肉末加料酒、酱油、白糖、姜末和蒜末拌匀；炸花生米擀成碎末；豆瓣酱、豆豉分别剁细。②坐锅点火，注入色拉油烧至六成热，投入牛肉末炒至酥香，加豆瓣酱炒出红油，续加入豆豉、花椒粉和五香粉炒出香味，最后加辣椒粉、花生碎和熟芝麻充分炒匀即成。

调酱心语：①牛肉起定肉香味的作用，必须选用新鲜品质的肉。②豆瓣酱增香、提辣味，一定要炒出红油。③辣椒粉起助辣、增色的作用。④豆豉体现浓郁的豉香味，炒制前剁碎才能充分发挥出来。⑤花椒粉、五香粉起增香的作用。⑥炸花生米和熟芝麻起提香和增加口感的作用，不宜多用。

适合范围：除拌饭、炒饭外，也可佐食馒头、烙饼。

实例举证：牛肉酱拌红薯饭

原料：大米200克，黄心红薯100克，牛肉豆瓣酱适量。

制法：①黄心红薯洗净去皮，切成滚

刀小块；大米淘洗干净，沥去水分。②把红薯块和大米放入电饭煲内，加适量清水，盖上盖子，按常法焖熟成红薯饭，盛在碗里，加上牛肉豆瓣酱，拌匀即可食用。

特点：黄白相间，清香甜美。

提示：①表皮有黑斑的红薯不宜选用。②控制好加水量，避免焖出的饭太硬或过软。

美味牛排酱

这种酱是将牛排煎过后，放到调好的番茄汤汁中炖烂入味，再取肉丝与原汁熬成的，色泽红亮、肉嫩咸香。

原料组成： 牛排250克，胡萝卜、西芹各100克，洋葱50克，蒜瓣25克，番茄酱60克，迷迭香2枝，香叶1片，精盐、白糖、胡椒粉各适量，牛高汤500克，色拉油50克。

调配方法： ①牛排剁成2厘米长的小段，用清水浸泡20分钟，沥干水分，与精盐和胡椒粉拌匀，腌15分钟；西芹切小节；胡萝卜、洋葱分别切成小丁；蒜瓣拍松，切末；迷迭香、香叶分别洗净，沥水。②平底锅坐火上，放入色拉油布匀锅底，排入牛排段煎至两面上色铲出；锅内再放色拉油烧热，爆香蒜末和洋葱丁，倒入番茄酱炒出红油，掺牛高汤，加入西芹、胡萝卜、香叶、迷迭香和煎好的牛排，加精盐、白糖和胡椒粉调好味后，倒在快锅内压半小时，捞出牛排肉剔去骨头撕成丝，重放在原汤里煮至浓稠即成。

调酱心语： ①牛排定肉香，浸泡和腌制过程均起到去异、除腥的作用。②胡萝卜、西芹和洋葱突出蔬菜的清香味，使牛排肉的鲜味更浓。③番茄酱起提色、增稠、定主味的作用。因其有酸味，用量也不宜太多。④白糖起综合番茄酱酸味的作用，用量以尝不出甜味为佳。⑤迷迭香、香叶起增香的作用，精盐定咸味，胡椒粉除异、增香。⑥牛高汤起提鲜、提香的作用。

适合范围： 除拌饭、炒饭外，也可佐食烙饼。

实例举证： **牛排酱蘸鸡饭**

原料：净鸡半只，香米500克，洋葱末100克，姜片10克，精盐适量，美味牛排酱1小碟，香油5克，色拉油25克。

制法：①锅置火上，添入清水烧开，手提鸡腿下入水锅中，约两三秒钟提起，稍停，再入水锅中，如此三四次，再将鸡放入水锅中用小火煮熟，捞出抹上一层香油，剁成条状，装在盘中备用。②在煮鸡的同时，炒锅上火，注入色拉油烧热，下入洋葱末和姜片煸香，倒入淘洗净的香米翻炒出香味，倒在电饭煲内，加入煮鸡汤汁，调入精盐，加盖焖半小时至米饭熟透，盛在碗中，同鸡肉一起上桌，佐美味牛排酱食用。

特点：鸡肉软嫩，味道奇香。

提示：①煮鸡时不要将鸡一次放在水中，应将整只鸡反复浸烫后再上锅煮制，这样口感脆。②须用适量底油把香料和香米炒香，再进行焖制。

黄豆牛肉酱

这种酱是以牛肉和黄豆为主要原料，加上黄豆酱、甜面酱、豆瓣酱等调料炒制而成的，酱香微辣、香味浓醇。

原料组成：牛肉100克，黄豆50克，黄豆酱60克，甜面酱25克，豆瓣酱15克，料酒10克，花椒粉2克，十三香料1小包，大葱15克，生姜、大蒜各10克，熟花生仁25克，熟芝麻10克，色拉油100克。

调配方法：①牛肉用清水泡2小时，清洗干净，切成比较大的粒状；黄豆提前用清水泡发，煮熟；豆瓣酱剁细，与甜面酱和黄豆酱放在一碗内混匀；大葱、生姜、大蒜分别切末。②坐锅点火，注入色拉油烧至三成热，下入十三香料小火慢慢炸到香气四溢，捞出不要。倒入牛肉粒小火慢炸至水汽干，放入姜末、蒜末和葱末炒香，倒入混合酱炒到油的颜色变深变红，加黄豆、料酒和花椒粉，以最小火慢慢熬20分钟，出锅前撒入熟芝麻和熟花生仁，搅匀即成。

调酱心语：①牛肉用清水浸泡，不仅便于血水的浸出，而且也有增嫩的作用。②黄豆起增加口感和平衡营养的作用，不宜煮得太软。③黄豆酱、甜面酱、豆瓣酱共同起助咸、定酱香味的作用。其中的豆瓣酱以成品有微微的辣味即可。喜欢辣味，可加大用量。④十三香料起增香的作用，炸制时油温不可太热，以免炸煳。⑤花椒粉也起增香的作用，用量不要尝出麻味。⑥熟花生仁和熟芝麻起增香和增加口感的作用。⑦色拉油起炒制、增香和滋润的作用。

适合范围： 除拌饭、炒饭外，也可佐食馒头、烙饼。

实例举证：时蔬烤鸡饭

原料：大米饭200克，西葫芦100克，洋葱50克，红甜椒50克，黄豆牛肉酱50克，蒜瓣10克，精盐、色拉油各适量，香菜末少许。

制法：①西葫芦洗净，洋葱剥去外皮，红甜椒去籽、筋，分别切成0.5厘米见方的小丁；蒜瓣拍松，切末。②炒锅上火，注入色拉油烧热，下洋葱丁和蒜末炒黄出香，加入红甜椒、西葫芦和精盐炒匀，再加入黄豆牛肉酱炒匀，盛出备用。③把炒好的时蔬料放在小盆内，倒入大米饭，加香菜末拌匀，堆在盘中，进入180℃的烤箱中烤10分钟，取出拌匀食用。

特点：米饭香软，酱香微辣。

提示：①要掌握好烤制时间，以表面略微黄即可。②时蔬料可根据爱好而灵活选用。

双豆肉丁辣酱

这种酱是以猪肉、炸花生仁、酥黄豆为主要原料，加上豆瓣酱、豆豉等调料炒制而成的，香辣浓郁、回味无穷。

原料组成： 猪肉100克，豆瓣酱100克，豆豉50克，白糖10克，炸花生碎50克，酥黄豆50克，熟芝麻10克，干辣椒5克，花椒数粒，大葱10克，生姜5克，料酒5克，水淀粉10克，精盐、味精各适量，色拉油50克。

调配方法： ①猪肉切成玉米粒大小的丁，纳碗并加精盐、料酒和水淀粉拌匀，腌5分钟；豆瓣酱、豆豉分别剁细；干辣椒切成短节；大葱切碎花；生姜切末。②坐锅点火炙热，注入20克色拉油烧至四成熟，放入花椒炸煳捞出，倒入猪肉丁炒熟盛出；锅内重放剩余色拉油烧至六成热，倒入豆豉炒香，加入干辣椒和豆瓣酱炒出辣味和红油，放入葱花和姜末炒香，再加入猪肉丁、白糖和味精炒匀，再加入炸花生碎、酥黄豆和熟芝麻炒匀即成。

调酱心语：①猪肉起增加肉香味的作用。②豆瓣酱和干辣椒提辣味，用热底油炒透，成品色泽和味道才佳。③豆豉助咸、提香，满足对豉香味的需求。④白糖提鲜、合味，味精提鲜，料酒、大葱和生姜起增香、除异味的作用。⑤炸花生碎、酥黄豆和熟芝麻起提香和增加口感的作用，最后放入可以保持其应有的脆爽。

适合范围：除拌饭、炒饭外，也可佐食馒头、烙饼。

实例举证：三色饭团

原料：大米饭150克，黄瓜、胡萝卜各25克，熟黑芝麻10克，精盐、色拉油各少许，双豆肉丁辣酱适量。

制法：①黄瓜、胡萝卜洗净，分别切成小粒，其中把胡萝卜粒放在加有精盐和色拉油的开水锅中焯熟，捞出沥干水分。②把大米饭放入碗里，加入熟黑芝麻、黄瓜粒和胡萝卜粒拌匀，双手戴上塑料手套，取一小块米饭团成圆球形，摆在盘中，淋上双豆肉丁辣酱即成。

特点：三色相映，形美味佳。

提示：①蒸好的米饭不宜太硬，否则不便成形。②操作时戴上塑料手套，既便于操作，又保证卫生。

红葱肉酱

这种酱是以猪肉馅搭配红洋葱碎、蒜瓣、酱油等料炒制而成的，褐红油亮、咸香味醇。

原料组成：猪肉150克，红洋葱100克，蒜瓣40克，酱油50克，料酒45克，五香粉5克，精盐、味精各适量，色拉油50克。

调配方法：①猪肉去净筋膜，剁成肉馅；红洋葱去皮，切成碎末；蒜瓣拍松，切末。②坐锅点火，注入色拉油烧至六成热，下入红洋葱碎炒黄至酥，盛出备用；原锅重上火位，倒入色拉油烧热，爆香蒜末，放入猪肉馅煸炒至酥香，加入酱油、料酒和五香粉炒匀，添入适量开水，放入炒酥的红洋葱并加精盐和味精调好口味，以小火煮浓即成。

调酱心语：①猪肉馅定肉香，要选用带有三成肥肉的猪肉。②红洋葱增加香味、突出风味，必须先用热油炒酥。③蒜瓣也起增加香味的作用，注意不要炸煳。④精盐定咸味，五香粉增香，味精提鲜，料酒去异、增香，酱油提鲜、助咸。⑤色拉油起炒制和增加滋润的作用。

适用范围：除拌饭、炒饭外，也可用于炒、烧素类食材的调味。

实例举证：肉酱烧豆腐盖饭

原料：米饭1碗，北豆腐200克，红葱肉酱50克，鸡蛋1个，干淀粉10克，小葱10克，酱油10克，精盐2克，开水75克，色拉油25克。

制法：①北豆腐切成3厘米长、2厘米宽、0.5厘米厚的长方片，撒上精盐腌5分钟，逐片蘸匀一层干淀粉，再裹匀一层鸡蛋液；小葱择洗干净，切成小节。②不粘锅坐火上，注入色拉油布匀锅底，排入豆腐片煎至两面金黄，放入红葱肉酱、酱油和适量开水，拌炒至汁浓时，撒入小葱节炒匀，出锅盖在盘中米饭上即成。

特点：豆腐软嫩有咬劲，米饭柔滑清香，味道香醇特别。

提示：①此菜一定要选用水分少、质地较硬的北豆腐。如选用水分过多的嫩豆腐，煎翻时容易破碎。②加入少量的酱油来调色，加多了色泽发黑。

麻辣肉丁酱

这种酱是将猪肉煮熟切丁，再搭配小葱、麻辣酱等料炒制而成的，味香不腻、麻辣适口。

原料组成：猪肉200克，小葱50克，麻辣酱50克，酱油、精盐、味精、色拉油各适量。

调配方法：①猪肉入水中煮至刚熟，捞出晾冷，切成1厘米见方的丁；小葱择洗干净，切小节。②炒锅上火，放入色拉油烧热，下一半小葱节炸香，投入猪肉丁炒至吐油，加麻辣酱、酱油、精盐和味精翻炒均匀，撒入剩余小葱节即成。

调酱心语：①猪肉定肉香，肥瘦各半，吃口才肥美。②麻辣酱定麻辣味，酱油助鲜、增色，味精起提鲜的作用。③小葱起增香的作用，分两次加入，味道才突出。④色拉油起炒制、增香和滋润的作用。

适用范围：除下米饭外，也可

以拌面条、配馒头食用，还可以拌蔬菜。

实例举证：麻辣肉酱炒饭

原料：杂粮饭1碗，鲜香菇2朵，黄瓜50克，胡萝卜25克，精盐2克，葱花、麻辣肉丁酱、色拉油各适量。

制法：①鲜香菇洗净去蒂，同洗净的黄瓜、胡萝卜分别切成小丁。把香菇丁焯水。②坐锅点火炙热，注入色拉油烧至六成热，炸香葱花，下香菇丁和胡萝卜丁炒至透明，加入黄瓜丁和精盐炒入味，倒入杂粮饭并加麻辣肉丁酱炒匀入味，装盘上桌即成。

特点：口感丰富，麻辣适口。

提示：①香菇丁和胡萝卜丁要先用热底油炒透。②不爱吃杂粮饭的可换成白米饭。

韩式泡菜酱

这种酱是将带皮五花肉切丁煸炒后，搭配韩式泡辣白菜和韩式辣酱炒制而成的，色泽红亮、咸鲜微辣、肉丁香嫩。

原料组成：带皮五花肉150克，韩式泡辣白菜100克，韩式辣酱75克，洋葱50克，料酒10克，酱油、精盐、味精、色拉油各适量。

调配方法：①将五花肉皮上的残毛、污物刮洗干净，放在沸水锅里焯一下，捞出切成小丁，纳盆并加料酒和酱油抓匀；韩式泡辣白菜切成碎粒；洋葱剥去外皮，切成小丁。②坐锅点火，注入色拉油烧热，下洋葱丁煸黄出香，拨到一边，续下五花肉丁煸炒至变色吐油，加韩式辣酱和酱油炒上色，放入韩式泡辣白菜碎、精盐和味精，炒匀即成。

调酱心语：①要选用色白皮薄、毛孔细小的软五花肉。改刀前做焯水处理，既除去些油腻感，又容易切成均匀的小丁。②韩式泡辣白菜突出泡辣风味。因其有咸味，调味时要注意加盐量。③韩式辣酱提辣、增色、突出风味，用量要够。④洋葱起增香的作用，煸炒到微黄透明，效果才佳。

适用范围：除配米饭食用以外，也可以拌面条、米粉、米线，配烙饼食用。

实例举证：什蔬米饭

原料：米饭1碗，胡萝卜、青笋、菠菜、黄豆芽各25克，泡菜肉酱适量。

制法：①胡萝卜、青笋分别切成5厘米长的细丝，菠菜切成5厘米长的段，同黄豆芽分别放入沸水锅中焯至断生，捞出用纯净水过凉，沥干水分。②将米饭盛在碗里稍按，反扣在盘中，周边岔色围上黄豆芽、胡萝卜丝、青笋丝和菠菜段，最后淋上韩式泡菜酱即成。

特点：色彩缤纷，咸香味醇。

提示：①也可将米饭盛在其他不同形状的模具里成形。②搭配的蔬菜根据季节和口感爱好选用。

咖喱蘑菇酱

这种酱是以牛肉馅搭配洋葱丝、口蘑片、咖喱酱等料炒制而成的，油润黄亮、咸香微辣。

原料组成：牛肉馅100克，洋葱、口蘑各50克，面粉15克，咖喱酱50克，精盐5克，白糖5克，胡椒粉3克，色拉油50克。

调配方法：①洋葱剥皮，切丝；鲜口蘑用淡盐水洗净，切成薄片；面粉入干燥热锅内炒香，盛出入碗，加适量水调成稀糊，待用。②坐锅点火，注入色拉油烧至六成热，下入牛肉馅煸炒至变色，加入洋葱丝和口蘑片炒软，调入咖喱酱、精盐、白糖和胡椒粉炒匀，淋入面粉糊炒匀炒透即成。

调酱心语：①牛肉馅起定肉香的作用。②咖喱酱定主味，用量以突出浓郁的辛辣味为好。③洋葱增香味，口蘑起增加口感的作用。④精盐定咸味、提鲜，白糖提鲜、合味，胡椒粉去异、增香。⑤面粉糊起合味、勾芡的作用，千万不可炒煳，以炒出面粉固有香味即可。⑥色拉油起炒制和滋润的作用。

适合范围：除下米饭外，也可拌面条、佐食馒头，还可用于菜肴的调味。

实例举证：肉酱焗土豆米饭

原料：米饭1碗，土豆200克，咖喱蘑菇酱75克，番茄丁30克，奶酪片2片，香菜碎5克，精盐1克。

制法：①土豆洗净去皮，切成厚约0.5厘米的片，放在加有精盐的开水锅中煮至断生，捞出过凉水，沥去水分。②把4/5土豆片码在深边窝盘内，铺上米饭，随后盖上一层咖喱蘑菇酱，再码上剩余土豆片，撒上撕碎的奶酪片、番茄丁和香菜碎，送入微波炉里高火打3分钟即成。

特点：黄润油亮，土豆绵软，米饭香滑，咖喱香浓。

提示：①土豆片不宜切得太薄，否则口感不佳。②没有奶酪片或不喜欢奶酪片的味道，可以不放。

葱油香菇酱

这种酱是以鲜香菇和甜面酱为主料，搭配小香葱和海米炒制而成的，葱香浓、味咸鲜、菇筋道、酱香滑。

原料组成：鲜香菇250克，甜面酱100克，小香葱75克，海米25克，料酒10克，精盐、酱油、味精各适量，色拉油40克。

调配方法：①鲜香菇洗净去蒂，切成0.5厘米见方的小丁，投入到沸水锅中汆透，捞出过凉，控尽水分；小香葱洗净，切成粒；海米拣净杂质，用加有料酒的热水泡软，沥水剁末。②炒锅上火，放入色拉油烧至六成热，下入葱粒炸香，倒入香菇丁和海米末炒干水汽，加入甜面酱炒出酱香味，再加精盐、酱油和味精炒匀入味即成。

调酱心语：①香菇用热油煸透，口感更滑、更筋道。②甜面酱定酱香味，一定要炒透。③小香葱突出葱香风味，用量要足。④海米起提鲜、助咸的作用。⑤色拉油起炒制和滋润的作用，不宜太少。

适用范围：除下米饭外，也可拌食面条或用于一些菜肴的调味。

实例举证：金菇米饭牛肉卷

原料：米饭1碗，白煮牛肉100克，鲜金针菇100克，葱油香菇酱适量。

制法：①鲜金针菇去泥根洗净，切成两段，用沸水烫熟，捞出用冷水过凉，挤干水分，分成10小把；白煮牛肉切成8厘米长的大薄片。②取一片牛肉理平，把米饭做成手指粗的条，放在牛肉片的一端，再放上一小把金针菇和适量葱油香菇酱，然后卷起成卷，整齐地排在盘中，再淋上少量葱油香菇酱即成。

特点：形美质嫩，味鲜酱香。

提示：①牛肉片要薄且均匀，更不能有穿孔现象，否则不易卷裹。②金针菇一定要用沸水烫熟，并挤干水分，口感才美。

海鲜菇肉酱

这种酱是以海鲜菇和猪肉末为原料，加上黄酱、酱油等调料炒制而成的，菇香筋道、肉味酱香。

原料组成：海鲜菇150克，猪肉100克，黄酱75克，酱油50克，虾皮25克，料酒10克，大葱、生姜各10克，青尖椒、红尖椒各5克，色拉油50克。

调配方法：①海鲜菇洗净，焯水后挤干水分，切成碎粒；猪肉剁成碎末；黄酱入碗，加酱油用筷子澥匀；虾皮用温水漂洗两遍，控干水分；大葱、生姜分别切末；青尖椒、红尖椒洗净去蒂，切圈。②坐锅点火，注色拉油烧至五成热，下猪肉末炒散至吐油，加入虾皮、葱末和姜末炒香，烹料酒，放入海鲜菇碎炒匀，倒入黄酱炒匀，掺适量开水煮至浓稠，加入青尖椒圈、红尖椒圈即成。

调酱心语：①黄酱定酱香，炒制前用酱油澥开，可使炒出的酱香味更浓。②海鲜菇有草酸味，必须焯烫并挤干水分再炒。③黄酱、酱油和虾皮均有咸味，不用加精盐来调咸味。④青尖椒、红尖椒起增色、调节口味的作用，少加即可。

适用范围：除下米饭外，也可拌食面条或用于海鲜、素类食材的调味。

实例举证：锡包鳕鱼米饭

原料：白米饭200克，银鳕鱼肉100克，海鲜菇肉酱、料酒、胡椒粉、葱姜汁、色拉油各适量，干淀粉10克，锡箔纸1大张。

制法：①银鳕鱼肉切成0.5厘米见方的小丁，纳盆并加入料酒、胡椒粉、葱姜汁和干淀粉拌匀，腌约10分钟，加入海鲜菇肉酱和白米饭拌匀，待用。②锡箔纸裁成10小张10

厘米见方的块，每张锡箔纸包上适量调好味的白米饭成长方形，投入到烧至五六成热的色拉油锅中炸至熟透，捞出沥油，装盘上桌。

提示：①银鳕鱼肉丁腌味时加少许干淀粉，可使口感滑嫩。但用量切忌太多。②包裹须严实，以免油炸时进油，影响风味特点。

鸡肉辣酱

这种酱是以鸡腿肉为主要食材，搭配豆瓣酱、海鲜酱等调料配制而成的，色泽棕红、鲜醇香辣。

原料组成：鸡腿肉200克，豆瓣酱100克，海鲜酱50克，泡辣椒50克，葱白、洋葱各30克，蒜香粉10克，精盐、味精、鸡汤、香油、色拉油各适量。

调配方法：①鸡腿肉去皮，切成粗丝后，再切成粒；豆瓣酱剁细；泡辣椒去蒂，剁成细蓉；葱白、洋葱分别切末。②炒锅上火，注入色拉油烧至六成热，炸香葱白末和洋葱末，下鸡肉粒炒至酥香，加豆瓣酱和泡辣椒蓉炒出红油，掺鸡汤并放海鲜酱和蒜香粉，滚开后调入精盐，待煮至诸料融合在一起时，撒入味精，起锅盛容器内，淋香油封面，加盖存用。

调酱心语：①应选用正宗的郫县豆瓣酱，要求色泽鲜红，香味醇浓，咸味适中。②炒原料时要有足够的底油，并用手勺不时地推动酱料，以免酱汁粘锅，影响色泽和风味。③掺入鸡汤量切忌太多，否则会酱料稀澥，口味欠佳。

适用范围：除下米饭外，也可拌食面条或用于一些炒菜、烧菜、蒸菜的调味。

实例举证：西葫芦炒饭

原料：米饭1碗，西葫芦100克，大蒜1瓣，鸡肉辣酱50克，精盐、香油、色拉油各适量。

制法：①西葫芦洗净，切成小方丁；蒜瓣捣成蓉。②炒锅上火，放入色拉油烧至六成热，下入蒜蓉炸香，倒入西葫芦丁并加精盐炒至断生，加入鸡肉辣酱略炒，倒入米饭炒透入味，淋香油，翻匀起锅装盘即成。

特点：鲜嫩，咸香，微辣。

提示：①西葫芦丁先炒入味，再加米饭一同炒制。②根据自己的口味加入鸡肉辣酱。

CHAPTER

5

蘸酱

——蘸出奇香妙味

京味麻酱

这种酱是一款老北京传统火锅蘸酱，它是以花生酱和芝麻酱为主要调料，辅加豆腐乳、韭花酱、五香蔬菜水等料调制而成的，入口黏滑、咸香鲜醇。

原料组成：花生酱70克，芝麻酱30克，豆腐乳15克，韭花酱10克，小干辣椒3个，五香料（花椒、桂皮、香叶、小茴香、八角）3克，尖椒块、芹菜节、洋葱块、大葱段、香菜段各5克，香油10克。

调配方法：①汤锅坐火上，倒入200克清水烧沸，放入小干辣椒、五香料、尖椒块、芹菜节、洋葱块、大葱段和香菜段，以中火煮10分钟，离火去渣，取汁凉冷备用。②将花生酱、芝麻酱、豆腐乳和韭花酱舀入碗内，分次加入五香蔬菜水顺向搅打成稀糊状，淋香油便成。

调酱心语：①花生酱和芝麻酱突出酱香，其比例以7：3为合适。②五香蔬菜水起稀释酱的作用。熬制时加入花椒、八角等五香料，可去腥去腻；加入具有特殊香味的蔬菜，可提升清香味。③往酱里打五香蔬菜水时，必须顺一个方向搅拌，这样调好的酱才有黏性。④豆腐乳和韭花酱提鲜、增咸，不需加盐调味。

适用范围：作涮羊肉火锅、肥牛火锅的蘸酱。

实例举证：北京涮羊肉

原料：涮羊肉片500克，白菜叶150克，豆腐150克，香菜25克，海米20克，刀切螃蟹1只，姜末10克，八角1颗，精盐10克，味精5克，豆腐乳、韭菜花、糖蒜、油炸干辣椒各1小碟，京味麻酱1小碗（每人1小碗）。

制法：①白菜叶撕成大块，豆腐切长方片，同涮羊肉片分别放盘中；香菜洗净，切小段，与精盐、味精和海米分别放在一个个小碟内。均围摆在火锅四周，待用。②将开水倒在火锅内，加入八角、海米、姜末和螃蟹煮出味道，下羊肉片和配菜涮烫，蘸京味麻酱碟，佐豆腐乳、韭菜花、糖蒜、油炸干辣椒食之即可。

特点：羊肉细嫩软弹，配菜清淡利口，味道香鲜可口。

提示：①因为市场上的涮羊肉片质量参差不齐，所以最好自行购买鲜羊肉放在冰箱冷冻切片。②精盐和味精不宜放得过早。

番茄酸辣酱

这种酱是以酸辣酱为主要调料，搭配辣酱油、番茄酱等调料配制而成的，滋味鲜美，酸辣咸香。

原料组成：酸辣酱60克，辣酱油30克，番茄酱、洋葱粒各20克，白糖5克，胡椒粉3克，精盐2克，味精1克，红油5克，色拉油50克。

调配方法：①坐锅点火，注入色拉油烧至六成热时，下入洋葱粒炒黄出味，倒入番茄酱炒出红油。②加入酸辣酱炒透，再加入白糖、精盐、辣酱油、胡椒粉和味精炒匀，最后加入红油炒匀，盛碟内便成。

调酱心语：①酸辣酱定主味，突出酸辣。②番茄酱起助酸的作用，用量要适中，过酸则不能体现酸、咸、微辣的特殊风味。③白糖起合味的作用，用量以尝不出甜味为度。④精盐、辣酱油起助咸香的作用，味精起增鲜的作用，用量均不宜过多。

适用范围：用于肉类火锅或白灼食材的蘸碟。

实例举证：白切乳鸽

原料：肥嫩净乳鸽1只，生姜3片，料酒15克，番茄酸辣酱1小碟，香油5克。

制法：①汤锅上火，注入多量的清水，大火烧沸，加入姜片和料酒，放入净乳鸽浸约2分钟，捞起，使腹内的水倒出，改用微火，再将乳鸽放入沸水锅中浸5分钟左右，熄火或离火，利用余热将乳鸽浸熟。
②把乳鸽捞入凉开水中泡1小时左右，至凉透后取出，略控干表面的汁水，刷上香油，改刀成条块，摆成原鸽形，略做点缀，随番茄酸辣酱碟上桌蘸食。

特点：皮爽肉滑，汁足细嫩，味道鲜美。

提示：①煮乳鸽的火不能太旺，否则肉质不滑嫩。②煮好的乳鸽用凉水泡过后再食用，皮爽肉滑。

特制花椒酱

这种酱是在用鲜青花椒和小葱调制的椒麻汁的基础上又加入了沙茶酱和叉烧酱调配而成的，椒香味麻、鲜美可口。

原料组成： 小葱50克，鲜青花椒25克，沙茶酱、叉烧酱各10克，高汤50克。

调配方法： ①鲜青花椒拣去黑籽和丫枝；小葱择洗干净，切小节。②把鲜青花椒和小葱节一起放入料理机内打成末，纳盆加沙茶酱、叉烧酱和高汤调匀即成。

调酱心语： ①鲜青花椒体现鲜麻的味道，黑籽和丫枝要去净，以确保细腻的口感。②小葱起定葱香味的作用。不宜选用大葱制作。③沙茶酱和叉烧酱起定酱香味的作用。④高汤起提鲜和稀释酱的作用。

适用范围： 作烤、白煮或炖涮锅的蘸酱。

实例举证：生烤鸡翅

原料：鸡翅中10个，花椒水25克，料酒15克，葱节10克，姜片5克，胡椒粉3克，特制花椒酱1小碟。

制法：①将鸡翅中上的残毛治净，在里侧划上刀口，纳盆加葱节、姜片、料酒、胡椒粉和花椒水拌匀，腌10分钟。②把鸡翅中摆在铺有锡纸的烤盘上，送入预热至200℃的烤箱内烤约20分钟，取出来摆在盘中，随特制花椒酱上桌蘸食。

特点：金黄油亮，外焦内嫩，鲜香满口。

提示：①鸡翅划上刀口，以便在腌制的时候更加入味或烤的时候容易制熟。②烤盘一定要铺上一张锡纸，要不然鸡翅的表皮很容易粘在烤盘上。

白萝卜辣酱

这种酱是以白萝卜和鲜红辣椒为主要原料，辅加葱、姜、香油等调料配制而成的，白里透红、咸鲜微辣。

原料组成： 白萝卜500克，鲜红辣椒125克，葱白、生姜各15克，精盐10克，味精5克，香油15克，色拉油100克。

调配方法：①白萝卜削皮洗净，同葱白、生姜分别切成小丁，共放入电动搅拌器内打成细蓉；鲜红辣椒洗净去蒂，切末。②坐锅点火，放入色拉油烧热，投入鲜红辣椒末炒酥，加入白萝卜蓉、精盐、味精和适量清水，待炒至无水汽且有黏性时，盛在容器中，加香油封面，盖上盖子，放入冰箱冷藏存用。

调酱心语：①一定要选用汁足、水脆的白萝卜；反之，则不宜做酱用。②成品呈半流体状，故加水量要适度，且需熬至无水汽时才可出锅。

适用范围：最适宜于作腊味火锅或烧烤、炸肉类的蘸碟。

实例举证：白糖酥肉

原料：五花肉400克，白糖50克，花生酱10克，生抽5克，黄瓜、圣女果、色拉油各适量，白萝卜辣酱1小碟。

制法：①将五花肉切成1厘米厚的大长条片，纳盆并加生抽、白糖和花生酱充分拌匀，静置腌4小时；黄瓜斜刀切片；圣女果洗净，对切。②锅内放色拉油烧至四成热时，下入五花肉片小火浸炸至熟，捞出凉冷，斜刀切片，整齐码在盘中，点缀上黄瓜片和圣女果，随白萝卜辣酱上桌蘸食。

特点：肉酥咸甜，肥香不腻。

提示：①要把白糖充分融入到肉里面去。②必须用小火低油温炸熟，否则会有焦煳味。③此肉热吃是软的，冷后食用更酥。

花生辣椰酱

这款火锅蘸酱是以椰浆、椰丝和花生酱为主要调料，搭配辣椒粉、奶油等料调配而成的，椰味浓郁、香辣适口。

原料组成：椰浆50克，椰丝40克，花生酱25克，红辣椒1个，蒜末、洋葱末、姜末各10克，辣椒粉5克，水淀粉15克，精盐、鸡精各适量，无盐奶油30克。

调配方法：①红辣椒切末；椰丝放在干燥的锅内，用小火炒至微黄，盛出凉凉。②原锅重新上火，放入无盐奶油加热，下入蒜末、红辣椒末、洋葱末及姜末爆香，加入椰丝、花生酱、辣椒粉、精盐和鸡精拌匀，以小火煮约1分钟后，加入椰浆再煮约1分钟，勾水淀粉，搅匀煮沸便成。

调酱心语：①椰浆和椰丝突出酱的椰香风味。②花生酱起提香、增咸的作用。③辣椒粉和红辣椒起提辣味的作用。④水淀粉起合味、增稠的作用，不宜多用。

适用范围：作鸡肉、鸭肉火锅的蘸碟。

实例举证： **香菇土鸡火锅**

原料：净土鸡500克，鲜香菇、海鲜菇各200克，菠菜、油麦菜各150克，香菜25克，红枣6颗，枸杞子15克，料酒15克，生姜5片，精盐、味精、白糖各适量，花生辣椰酱1小碟。

制法：①将净土鸡剁成小块，焯水洗净；鲜香菇、海鲜菇洗净，分别切块焯水；红枣泡10分钟洗净；油麦菜、菠菜均洗净，用手掐成段，装在盘中；香菜择洗干净，切成小段，盛在碟中。②将土鸡块放入高压锅内，倒入适量清水，放入红枣、香菇块、海鲜菇块、生姜片和料酒。大火煮沸，转小火压25分钟至软烂，倒入火锅内，接着加入枸杞子，调入精盐、味精和白糖，待煮沸后，即可佐花生辣椰酱碟边吃鸡肉边涮食配菜。

特点：鸡肉香嫩，菇滑筋道，味道咸鲜。

提示：①土鸡的血污必须去净，以确保汤色清亮、味道鲜醇。②香菇和海鲜菇与土鸡一起炖煮，让其独特的芳香融入汤底，味道会特别鲜香。

香醇牛肉酱

这种酱是以牛肉末加黄酱、十三香粉、葱、姜、蒜等调料加工而成的，味道香醇、口感美妙。

原料组成：牛肉50克，黄酱40克，大葱、生姜、蒜瓣各5克，精盐3克，十三香粉1克，色拉油30克，开水100克。

调配方法：①牛肉先切成粗丝，再切成碎末；大葱、生姜、蒜瓣分别切末；黄酱入盆，加入开水调稀，待用。②坐锅点火，注入色拉油烧至四成热，下入葱末、姜末和蒜末炸黄出香，再下牛肉末煸炒至变色吐油，倒入调稀的黄酱翻炒至出酱香味，调入精盐和十三香粉，转小火煮至水汽干时，盛碟内即成。

调酱心语：①牛肉定肉香味，要选略带一点肥油的牛肉。②炒牛肉粒时要用大火翻炒，加入黄酱后改成小火。③十三香粉起增香的作用，不宜多加。④必须用开水调黄酱，并且烹炒时要熬干水汽，才可出锅。

适用范围：用作素类炖涮锅或炸、蒸制素菜的蘸碟。

实例举证：旱蒸茄条

原料：茄子400克，香菜5克，香醇牛肉酱1小碟。

制法：①茄子洗净削皮，切成1厘米见方的条，放在淡盐水中泡5分钟，换清水漂洗两遍，沥干水分；香菜洗净，切末。②把茄条装在盘中，上笼用旺火蒸约10分钟至刚熟，取出滗去水分，撒上香菜末，随香醇牛肉酱上桌蘸食。

特点：软烂，酱香。

提示：①茄子条经过盐水泡洗，以去除部分褐色素，使蒸出来的色泽鲜亮。②茄子条不要蒸得过于软烂。

麻辣海鲜酱

这款酱是把新鲜的小河虾打成细泥，与黄豆酱、绿麻椒、鲜贝露等料炒制而成的，色泽油润红亮、鲜香麻辣味浓。

原料组成：鲜小河虾100克，黄豆酱20克，干辣椒、姜汁、白酒各10克，鲜贝露5克，绿麻椒3克，色拉油40克。

调配方法：①鲜小河虾洗净，同白酒放在料理机内打成细泥；黄豆酱剁细；绿麻椒剁碎；干辣椒切末。②炒锅上火炙好，放入色拉油烧热，下入绿麻椒和干辣椒末炸酥，倒入虾泥、姜汁和黄豆酱，用手勺不停地推炒至水分干，再加入鲜贝露炒匀炒透，盛碟便成。

调酱心语：①打虾泥时加入少量的白酒，可去掉虾的苦腥味。虾泥打得越细越好。②绿麻椒一定要剁碎，在炒制时可以将麻味更多地释放出来。③加入鲜贝露使酱的海鲜味更浓，如没有可不用。④绿麻椒和干辣椒定麻辣味，切不可炸煳，否则影响色泽和风味。

适用范围：用作海鲜、蔬菜、豆制品的火锅蘸碟。

实例举证：鲜椒鱼火锅

原料：白鲢鱼1条，熟毛肚片、香菇片、千张片、虾饺、金针菇、冬瓜片、鸭肠段各1盘，鲜二荆条辣椒100克，红小米椒25克，鲜花椒10克，鸡蛋1个，红苕粉25克，葱段、姜片、胡椒粉、精盐、味精、料酒、骨头汤、化猪油、色拉油各适量。

制法：①把治净的白鲢鱼切下鱼头，剔去鱼骨，把鱼肉用坡刀切成厚片，同鱼头、鱼骨入盆，加入葱段、姜片、精盐和料酒码味约15分钟，拣去葱段和姜片，加入鸡蛋和红苕粉拌匀；鲜二荆条辣椒、红小米椒分别洗净，去蒂切圈。②坐锅点火，注色拉油烧至六成热，分散下入鱼片炸至定型，捞出控油待用；原锅重上火位，放入化猪油和色拉油烧热，先放姜片炒香，再放鲜二荆条辣椒圈、红小米椒圈和鲜花椒炒匀炒香，掺骨头汤煮开，纳鱼头和鱼骨，加入胡椒粉、精盐和味精，倒入火锅盆内，置于酒精炉上煮出麻辣味道，放入鱼片煮软。食用完鱼肉后，便可开始佐麻辣海鲜酱涮烫熟毛肚片、香菇片、千张片、虾饺、金针菇、冬瓜片、鸭肠段等荤素食材。

特点：鲜麻鲜辣，鱼肉细嫩。

提示：①鲜花椒不要炒久，否则会有苦味。②鱼片不能炸得过久，炸至定型即可。时间过长，口感就不细腻了。

蒜香麻辣酱

这种酱是以酱油膏、辣椒粉、花椒粉等调料配制而成的，色泽黑亮、味道麻辣。

原料组成：大蒜60克，辣椒粉25克，酱油膏15克，花椒粉6克，白糖5克，精盐4克，辣椒油10克，香油10克。

调配方法：①大蒜分瓣剥皮，拍松入钵，放入精盐，用木槌捣成细蓉，加30克冷水调匀备用。②将蒜蓉、辣椒粉和精盐放入容器内调匀，倒入烧热的辣椒油和香油，搅匀后加入酱油膏、花椒粉和白糖，充分搅匀即成。

调酱心语：①辣椒粉和辣椒油突出辣味，与花椒粉的麻味呈现麻辣味。②蒜瓣起增香、除异的作用。只有捣成细蓉，蒜香味才浓。③酱油膏定咸、增色，白糖起合味的作用。④香油增香，同辣椒油共同起滋润、增香的作用。

适用范围：用作荤素火锅或白灼菜肴的蘸碟。

实例举证： **白灼羊肉**

原料：羊肉200克，生菜50克，鸡蛋（取蛋清）1个，淀粉15克，胡椒粉、料酒、生抽王各适量，蒜香麻辣酱1小碟。

制法：①羊肉剔净筋膜，切成薄片，放在盆内，加入料酒、生抽王、胡椒粉、鸡蛋清和淀粉拌匀上浆；生菜分片洗净，撕成小片，铺盘中垫底。②锅内添适量清水上旺火烧开，分散下入羊肉片后关火。待其灼熟捞出，沥去汤汁，堆在生菜上，随蒜香麻辣酱上桌蘸食。

特点：滑嫩，咸鲜，麻辣。

提示：①羊肉片上浆时加些胡椒粉和料酒，以去除部分腥膻味。②羊肉片不宜大火滚水灼制，否则口感不嫩。

珊瑚茄酱

这种酱是把泡胡萝卜切成小粒，搭配番茄酱、鱼露、白糖、米醋等调料配制而成的，颜色红亮、泡菜香浓、味道酸甜。

原料组成：泡胡萝卜60克，番茄酱25克，小葱、鱼露各20克，白糖15克，米醋10克，精盐5克，味精4克，香油5克，色拉油75克。

调配方法：①泡胡萝卜先切片再切成丝，最后切成小粒状；小葱择洗干净，切粒。②坐锅点火，注入色拉油烧至五成热时，下泡胡萝卜粒和小葱粒炒出香味，倒入番茄酱炒出红油，加鱼露、白糖、精盐、米醋和味精炒匀，淋香油即成。

调酱心语：①泡胡萝卜定主味，应选用色红味正、刚泡入味的胡萝卜作原料。②番茄酱、米醋助酸，起增香的作用。③精盐、鱼露起助咸的作用。④白糖起合味、增甜的作用。⑤葱粒、芝麻油起增香的作用。⑥味精起提鲜的作用。

适用范围：用作肉类火锅的蘸碟。

实例举证：白肉火锅

原料：熟带皮白肉300克，水发冬菇、冻豆腐各200克，白菜250克，小油菜150克，水发粉丝150克，海米25克，姜末5克，精盐、味精、胡椒粉、鲜汤各适量，珊瑚茄酱1小碟。

制法：①熟带皮白肉切成大薄片；水发冬菇去根洗净，用坡刀切片，同洗净的小油菜分别焯水；冻豆腐切成骨牌块；水发粉丝掐成段；白菜用手撕成小片。②将白菜放入火锅底部，再放入水发粉丝、海米和姜末，接着将熟带皮白肉片、水发冬菇、冻豆腐和小油菜岔色摆在上面，最后倒入用精盐、味精和胡椒粉调好的鲜汤，加盖煮开3分钟，即可蘸珊瑚茄酱碟食用。

特点：清淡不腻，爽口开胃。

提示：①海米有咸味，注意汤中放盐量。②带皮白肉煮至断生就行了。若煮得过熟，涮烫时口感没有嚼头。

猪肉辣酱

这种酱是以猪肉为主要食材，搭配豆瓣酱、海鲜酱、泡辣椒蓉等调料配制而成的，色泽棕红、鲜醇香辣。

原料组成：猪肉40克，豆瓣酱40克，海鲜酱10克，泡辣椒10克，小葱5克，蒜香粉、精盐、味精各少许，鸡汤50克，香油5克，色拉油20克。

调配方法：①猪肉切丝后再切成末；豆瓣酱剁细；泡辣椒去籽，剁成细蓉；小葱择洗干净，切粒。②炒锅上火，注入色拉油烧至五成热，炸香小葱粒，下猪肉末炒至酥香，加豆瓣酱和泡辣椒蓉炒出红油，掺鸡汤，放海鲜酱和蒜香粉，滚开煮匀后，调入精盐和味精，待煮至诸料融合在一起时，加香油搅匀即成。

调酱心语：①选用的豆瓣酱要求色泽鲜红，香味醇浓，咸味适中。②炒原料时要有足够的底油，并用手勺不时地推动酱料，以免酱汁粘锅，影响色泽和风味。③掺入鸡汤量切忌太多，否则酱料稀澥，口味欠佳。

适用范围：用作素菜火锅或炸、蒸素菜的蘸碟。

实例举证：剥皮椒蘸酱

原料：青柿子椒3个，红柿子椒1个，猪肉辣酱1小碟，色拉油适量。

制法：①坐锅点火，注入色拉油烧至六七成热时，投入洗净并沥干水分的青、红柿子椒，见表皮略起白泡，迅速捞出，沥油。②将炸好的柿子椒撕去表皮，每个切为四半，用小刀除净籽核，整齐地摆在盘中，中间放上猪肉辣酱碟即成。

特点：红绿相间，清脆爽口。

提示：①炸柿子椒的油温要高，让其快速炸至起泡，以保证口感清脆。②油炸时间不宜过长，不然柿子椒内气压增大，会出现爆裂情况，溅油伤人。为安全考虑，可用刀在柿椒的上部切一小口。

豆豉香辣酱

这种酱是以豆豉和鲜辣椒酱为主要调料，辅加姜、蒜、红油等料配制而成的，全红油亮、咸鲜香辣、豆豉味浓。

原料组成：豆豉25克，鲜辣椒酱25克，生姜5克，蒜瓣5克，味精、红油、色拉油各适量。

调配方法：①豆豉剁细；生姜洗净去皮，同蒜瓣分别切末。②坐锅点火，注入色拉油烧至五成热，放入姜末和蒜末炸出香味，加入豆豉炒酥，续加鲜辣椒酱炒干水汽，最后放入味精和红油炒匀，盛碟内便成。

调酱心语：①豆豉起突出豉香风味的作用，用热油炒酥，才能很好地体现。②红油助辣椒酱提辣味，可不用。

适用范围：用作肉类、海鲜火锅的蘸碟。

实例举证：羊汤鱼片火锅

原料：黑鱼肉250克，鲜羊骨200克，秀珍菇、滑子菇、豆腐、茼蒿各150克，香菜50克，鸡蛋（取蛋清）1个，干淀粉10克，料酒10克，姜片5克，精盐、味精、胡椒粉、香油各适量，豆豉香辣酱1小碟。

制法：①将黑鱼肉切成厚约0.2厘米的大片，用清水洗去黏液，挤干水分，放在小盆内，加入料酒、精盐、鸡蛋清、干淀粉和香油拌匀，装盘；秀珍菇、滑子菇均洗净，控水；豆腐切长方形薄片；茼蒿洗净，切段；香菜洗净切小段，分别装盘中，同鱼片一起上桌围在火锅四周，备用。②鲜羊骨焯水后放在汤锅中，添足量清水，加料酒和姜片，以旺火滚至汤白时，捞出姜片，调入精盐、味精和胡椒粉，盛在火锅内，点燃烧沸，撒入香菜段，即可佐豆豉香辣酱碟涮食鱼片和其他原料。

特点：汤汁乳白，鱼肉滑嫩，味道鲜美。

提示：①鱼肉切片要厚薄一致，且洗净黏液后再上浆。②鸡蛋清必须充分打开后，再与鱼片和匀上浆。这样，受热时鱼片不会脱浆和碎烂，口感也滑嫩。

甜辣花生酱

这种酱是把炒脆的花生米和干辣椒打成糊后，再加白糖、精盐等调料配制而成的，色泽粉红、入口香滑、味道甜辣。

原料组成：花生米150克，白糖25克，干红辣椒15克，精盐5克，色拉油50克。

调配方法：①坐锅点火，倒入色拉油，下入花生米和干红辣椒，以小火炒熟至焦脆，盛出凉凉，放入料理机内，加适量纯净水打成浆，倒出待用。②炒锅重新上火，倒入花生浆，加入白糖和精盐调好甜辣味，搅匀，以小火煮至无水汽且黏稠时，趁热装瓶存用。

调酱心语：①花生米和干红辣椒冷油直接下锅，小火炒制，不仅香酥可口，颜色也好看。切不要炒煳。②炒好的花生米和干红辣椒要凉透，打浆后香味和辣味才会充分释放。③精盐定咸味，干红辣椒提辣味，白糖增甜味，所以三者的用量要控制好。

适用范围：用作各种肉类、海鲜火锅及各种炸制、白煮菜肴的蘸碟。

实例举证：香酥鸡条

原料：鸡腿肉150克，圆生菜25克，鸡蛋液50克，面包糠25克，料酒5克，蚝油5克，精盐2克，味精1克，甜辣花生酱1小碟，色拉油适量。

制法：①将鸡腿肉切成小指粗的条，洗净控干水分，纳盆并加鸡蛋液、精盐、蚝油、味精和料酒等拌匀，腌约15分钟，再加入面包糠抓匀；圆生菜用淡盐水洗净，切成细丝。②锅内注入色拉油，上中火烧至五成热时，下入鸡条炸至结壳定型且刚熟时捞出。待油温升高，再次下入复炸至表皮呈金黄色时，捞出控油装盘，周边围生菜丝，随甜辣花生酱上桌蘸食。

特点：色泽金黄，外酥内嫩，香醇可口。

提示：①鸡肉条一定要切得粗细均匀。②炸时控制好油温，以防外煳内生。

蚝油花生酱

这种酱是以蚝油和花生酱为主要调料，辅加美极鲜味汁、白糖等料配制而成的，味咸鲜香、入口黏滑。

原料组成：蚝油30克，五香卤花生25克，美极鲜味汁30克，白糖10克，味精2克，香油10克。

调配方法：①五香卤花生去皮，放在料理机内打成酱，待用。②将花生酱放入小碗内，加入美极鲜味汁和蚝油调匀，再加白糖和味精搅拌至溶化，最后加入香油调匀便成。

调酱心语：①蚝油和花生酱起定主味的作用，并且定咸鲜味和香味。②美极鲜味汁起助咸、提鲜味的作用。③白糖起合味、提鲜的作用。④香油起增香味的作用，用量不要多。

适用范围：用作各式火锅或白灼食材的蘸碟。

实例举证：涮里脊串

原料：猪里脊肉150克，鸡蛋（取蛋清）2个，干淀粉15克，姜汁、精盐、料酒、鲜汤各适量，蚝油花生酱1小碟。

制法：①猪里脊肉切成2厘米边长的薄片，用姜汁、精盐、料酒、鸡蛋清和干淀粉拌匀，腌制入味，然后用铁扦穿成串。②小不锈钢锅坐在点燃的酒精炉上，倒入鲜汤烧沸，放入里脊串烫熟，取出蘸上蚝油花生酱，即可食用。

特点：质感滑嫩，咸鲜味美。

提示：①里脊肉切片不能太厚，且厚薄均匀。②里脊肉片经过上浆后再涮食，口感更滑嫩。

虾膏蒜辣酱

这种酱是以虾膏和蒜蓉辣酱为主要调料，加上咸鱼干、虾米等料炒制而成的，色红油亮、蒜味浓郁、味道鲜醇、咸香带辣。

原料组成：虾膏20克，蒜蓉辣酱20克，蒜瓣5克，干葱头5克，朝天干椒、咸鱼干、虾米各2克，精盐、味精、香油、色拉油各适量。

调配方法：①蒜瓣入钵，加少许精盐捣成细蓉；干葱头、朝天干椒分别切末；咸鱼干、虾米分别用热水泡软，挤去水分，剁末。②炒锅上火，放入色拉油烧热，下朝天干椒末、干葱头末、咸鱼干和虾米炸酥，再下蒜蓉炸出蒜香味，倒入蒜蓉辣酱略炒，加适量开水和虾膏，以中火熬至诸料融合在一起至有黏性，调入精盐、味精和香油，稍煮便成。

调酱心语：①虾膏定主味，突出咸香海鲜味，用量要够。②蒜蓉辣酱起定辣味、体现蒜香味的作用。③用足量的热底油把蒜蓉料炸酥，成品蒜香味才浓。④掺水量要控制好，以成品呈半流体状为好。⑤熬制时要不时地用手勺推动，并熬干水汽，才可出锅。⑥精盐辅助定咸味，应在试味后酌加。

适用范围：用作羊肉、牛肉及各种海鲜火锅的蘸碟。

实例举证：海鲜炖涮锅

原料：蛏子250克，鲜虾150克，螃蟹3只，豆腐150克，西蓝花100克，玉米100克，胡萝卜50克，猪骨500克，香菜10克，精盐、味精、姜片各适量，虾膏蒜辣酱1小碟。

制法：①蛏子洗净泥沙；鲜虾去须足，剪开背部，挑去沙线，洗净控水；螃蟹洗净，对切；豆腐切成骨牌块；西蓝花掰成小朵，洗净；玉米切段；胡萝卜洗净，切滚刀块；香菜择洗干净，切小段。②猪骨洗净焯水，放在炖涮锅内，加入冷水，置于微波炉上，大火烧开，撇净浮沫，待炖至汤色乳白时捞出骨头，先放入胡萝卜和玉米段煮至半熟，再依次下入料酒、螃蟹、蛏子、鲜虾、西蓝花和豆腐块，再次煮沸至八成熟时，加精盐和味精调味，撒入香菜段，随虾膏蒜辣酱上桌佐食。

特点：营养丰富，味道鲜醇。

提示：①海鲜料一定要洗净，特别是蛏子内的沙粒要彻底去净。②猪骨汤用大火熬制，才会浓白。有时间可提前熬好。

涮羊肉蘸酱

这种酱是以芝麻酱为主要调料，搭配腌韭花、红豆腐乳、生姜、香油等料调配而成的，咸香鲜醇、滋润黏滑。

原料组成：芝麻酱50克，腌韭花10克，红豆腐乳1块，生姜5克，精盐、味精各适量，香油10克，辣椒油5克，热水100克。

调配方法：①生姜去皮洗净，同腌韭花分别切成碎末。②红豆腐乳放在碗内，用筷子搅成泥状，倒入芝麻酱，分次加入热水搅拌成稀糊状，再加入姜末、腌韭花末、精盐、味精和香油充分搅匀，盛入小碗内，滴入辣椒油即成。

调酱心语：①芝麻酱定主味，用量大，突出浓郁的芝麻芳香味。②调麻酱时应始终顺一个方向，否则，既不易搅拌上劲，又不会产生黏性。③腌韭花、红豆腐乳、生姜是必需的配料，起提鲜、增咸的作用。④精盐确定咸味，应试味后再加入。⑤热水起稀释芝麻酱的作用。一般比例约为1∶2。若调好芝麻酱后放置一会儿再用，可适当多加些水。⑥辣椒油起点缀的作用，表面有红辣椒油花即可。

适用范围：用作涮羊肉锅、羊杂锅的味碟，也可拌制凉菜、凉面。

实例举证：羊杂碎火锅

原料：熟羊杂（熟羊脸、熟羊肚、熟羊心、熟羊肺、熟羊肝各100克）500克，熟羊血150克，豆腐150克，土豆150克，水发粉丝100克，油菜

200克，香菜末30克，葱花50克，姜末20克，料酒15克，孜然粉5克，花椒粉3克，五香粉1克，酱油、精盐、味精各适量，红辣椒羊油50克，涮羊肉蘸酱1小碟。

制法：①将熟羊杂分别切成薄片，待用；熟羊血、豆腐分别切骨排片；土豆洗净去皮，切成筷子粗的条，用热油炸到八成熟；油菜择洗干净；水发粉丝掐成段。分别装盘中备用。②炒锅中放红辣椒羊油烧至五成热，炸香姜末，投入孜然粉、花椒粉、料酒和五香粉煸炒一下，掺煮羊杂原汤，加酱油、精盐和味精调好色味，加入熟羊杂碎片，开锅后倒入酒精锅中，放上葱花和香菜末，随备好的原料和涮羊肉蘸酱上桌涮食。

特点：汤色红亮，肉质软烂，香辣味醇。

提示：①土豆条不宜炸得过熟，八成熟即可。②不喜欢吃辣味的，就改为不辣的羊油烹制。

韩式辣面酱

这种酱是用甜面酱和韩式辣酱等调料配制而成的，色泽枣红、辣香略甜、酱味浓郁。

原料组成：甜面酱250克，韩式辣酱100克，干辣椒10克，大葱、生姜各10克，蒜瓣15克，八角2颗，白糖、精盐、味精、酱油、鲜汤、香油、色拉油各适量，香菜2棵。

调配方法：①干辣椒用湿布抹去表面灰分，去蒂后切短节；大葱切段；生姜刮洗干净，切片；蒜瓣去皮，用刀拍裂。②坐锅点火，注入色拉油烧至六成热，下八角炸煳，再下葱段、姜片、干辣椒节和蒜瓣炒出香味，倒入甜面酱炒出酱香味，再加韩式辣酱炒匀，加入鲜汤和香菜后，放白糖、精盐、味精和酱油调好色味，用小火慢慢熬出味至酱有黏性时，出锅过滤去渣，淋香油即成。

调酱心语：①甜面酱起定酱香味的作用，一定要炒去生酱味，且不能有煳味。②韩式辣酱起突出风味、体现辣味的作用。③要用小火慢慢熬制，使各料的香味充分融合在一起。④加入白糖量以成品略有甜味为好。⑤加鲜汤量也要掌握好，一般以成品酱呈黏糊状即好。

适用范围： 用作生食蔬菜、熟肉或炸制菜肴的蘸碟。

实例举证：脆皮糯米鸡

原料：春卷皮10小张，熟糯米饭100克，熟五香鸡肉100克，香菇2朵，葱末15克，精盐、味精、色拉油各适量，香油10克，韩式辣面酱1小碟。

制法：①香菇洗净，切粒焯水，熟五香鸡肉切成小丁。将两者同熟糯米饭放在小盆内，加入精盐、味精、葱末、香油和20克韩式辣面酱拌匀成糯米鸡馅。②春卷皮理平，中间放上适量糯米鸡馅，包成长方形，封口处用湿淀粉粘紧，下入烧至五成热的色拉油锅里炸至金黄色，捞出来沥油装盘，随韩式辣面酱上桌蘸食。

特点：外焦内糯，酱香微辣。

提示：①春卷封口处要粘牢，以免油炸时进油。②炸制时控制好油温，防止炸煳。

豆香麻酱

这种酱是以芝麻酱和豆浆为主要调料，辅加葱、姜、花椒面等料调制而成的，制法新颖、味道特别。

原料组成： 芝麻酱25克，葱白、生姜各10克，花椒面5克，精盐、味精各适量，红油25克，豆浆100克。

调配方法： ①葱白、生姜分别切末；豆浆入锅上火，烧沸备用。②把芝麻酱舀入碗内，加入葱末、姜末和精盐，边顺向搅拌边倒入豆浆，直至搅成黏糊状，再加入精盐、味精、红油和花椒面调匀即成。

调酱心语： ①豆浆一定要煮熟后使用。②调芝麻酱时，应分次加入豆浆并顺向搅拌，这样才能搅匀并有黏性。

适用范围： 用作牛、羊肉炖涮锅的蘸酱。

实例举证：带皮黑羊肉火锅

原料：带皮黑羊肉500克，净羊杂500克，姜片、葱段各20克，花椒5克，大枣3颗，枸杞子2克，香菜末、葱花、豆腐乳、油泼辣椒、豆香麻酱各1小碟。

制法：①先把治净的带皮黑羊肉、净羊杂和羊骨一起放入加有5克姜片、5克葱段和料酒的沸水锅里氽去血水，再捞入装有清水的砂锅里，加入10克姜片、10克葱段和花椒，用大火烧沸并撇去浮沫，然后转小火煮至羊肉和羊杂熟透，便捞出来凉冷切成片，而锅里的汤汁续熬至浓稠雪白时关火，过滤即得羊肉汤。②将羊肉汤倒入不锈钢小汤锅内，放入5克姜片、5克葱段、大枣和枸杞子，随带皮熟羊肉和熟羊杂片一起上桌，并配上香菜末、葱花、豆腐乳、油泼辣椒和豆香麻酱碟，然后开始点火烫食原料。

特点：汤白肉嫩，营养滋补。

提示：①羊肉和羊杂务须焯净血污后再煮制。②如嫌羊肉汤太浓，可加适量清水。

奇妙鱼香酱

这种酱是用西式酱料卡夫奇妙酱和中式酱料郫县豆瓣酱调配而成的，中西合璧，色红油亮、咸酸微辣、略带甜香。

原料组成：卡夫奇妙酱100克，郫县豆瓣酱30克，蒜瓣45克，葱白20克，生姜5克，白糖10克，醋15克，酱油5克，精盐2克，味精2克，水淀粉10克，鲜汤120克，色拉油50克。

调配方法：①郫县豆瓣酱倒在案板上，用刀剁成细蓉；蒜瓣、葱白、生姜分别剁成细末。②锅上火炙好，放入色拉油烧至七成热时，投入郫县豆瓣酱炒出红油，随后下姜末、蒜末和10克葱末炒匀，掺鲜汤，加入卡夫奇妙酱调匀后，再加剩余的调料调好鱼香味，勾水淀粉使汁黏稠，加入剩余葱末炒匀便成。

调酱心语：①豆瓣酱必须剁细，并且用足量的底油炒香出色，成品才红润油亮。②先加足卡夫奇妙酱的用量，以突出其风味后，再补加白糖和醋调好鱼香味。③根据豆瓣酱的咸度掌握好加盐量。

适用范围：用作炸、煎菜肴的蘸碟。如酥炸香菇、蛋煎豆腐等。

实例举证：酥炸香菇

原料：鲜香菇200克，面粉、淀粉各25克，鸡蛋1个，精盐、色拉油各适量，泡打粉少许，奇妙鱼香酱1小碟。

制法：①鲜香菇洗净，入沸水锅中汆透，捞出投凉，挤干水分，切条纳盆，放入精盐、面粉、淀粉、泡打粉、鸡蛋和20克色拉油拌匀，待用。②炒锅上火，注入色拉油烧至六成热时，分散下入挂糊的香菇条炸至结壳定型捞出；待油温升高，再次下入复炸至金黄酥脆，捞出沥油装盘，随奇妙鱼香酱碟上桌蘸食。

特点：酥脆筋道，咸香微辣。

提示：①香菇条要挂糊均匀。②油炸两次，口感更酥脆。

麻香京酱

这款蘸酱是以热油炸香的甜面酱，搭配芝麻酱、白糖等调料配制而成的，咸香回甜、酱味浓醇。

原料组成：甜面酱100克，芝麻酱100克，白糖30克，精盐5克，味精5克，色拉油100克。

调配方法：①芝麻酱入碗，分次注入100克热水调匀成稀糊状，备用。②坐锅点火炙好，注入色拉油烧至六成热，倒入甜面酱炒出酱香味，加入芝麻酱、白糖、精盐和味精，待充分炒匀出味便成。

调酱心语：①甜面酱突出浓郁的酱香味，炒制时注意不要粘锅，否则成品会有苦味。②芝麻酱起增香的作用，先调稀后再用，效果较好。③白糖中和口味，用量以成品微透甜味即好。④精盐定咸味，味精提鲜，均要适量。⑤色拉油起炒制和滋润的作用，用量以占酱的1/2为好。

适用范围：用作炸、烤菜肴及生食蔬菜的蘸碟。

实例举证：馒头肉丸子

原料：馒头1个，猪肉馅100克，干淀粉15克，精盐、味精、葱姜汁、色拉油各适量，麻香京酱1小碟。

制法：①馒头撕去表面硬皮，掰成小块纳盆，加适量水泡软，抓成糊状，再加猪肉馅、干淀粉、精盐、味精、葱姜汁和10克麻香京酱拌匀成馅料。②坐锅点火，注入色拉油烧至五成热，将馅料做成直径1厘米的小丸子，下入油锅里炸熟呈金黄焦脆，捞出沥油装盘，随麻香京酱上桌蘸食。

特点：色泽金红，外焦里嫩，酱香可口。

提示：①馅料抓匀即可。若抓拌上劲，油炸时易出现爆裂现象。②馅中加麻香京酱主要起上色作用，切不可太多。

老虎芥酱

这种酱是用青尖椒、香菜制蓉，与芝麻酱、芥末酱等调料配制而成的，色泽深绿、味道奇香、辣味适口。

原料组成：青尖椒100克，香菜30克，芝麻酱15克，芥末酱10克，生姜10克，精盐、味精各适量，香油适量，开水40克。

调配方法：①青尖椒洗净，去蒂、籽瓤及筋，切节；香菜择洗干净，切碎；生姜去皮洗净，切末。将三者共放在电动搅拌器内打成细蓉，盛出备用。②芝麻酱放在小盆内，分次加入开水顺一个方向搅打成稀糊状，再加入芥末酱和打好的尖椒混合蓉调匀，最后放精盐、味精和香油，再次调匀即成。

调酱心语：①要选用色泽碧绿、新鲜质脆的尖椒和香菜，成品味道才好。②因香菜有特殊的香味，不需加过多的调香料。③芝麻酱一定要先打成稀糊状。但必须凉冷后，才可加入尖椒蓉料。④青尖椒和香菜一定要沥干表面水分，否则成品易坏。

适用范围：用作海鲜类火锅的蘸酱。

实例举证：海鲜火锅

原料：活蛤蜊8个，鲜虾8个，墨鱼仔6个，扇贝肉10个，水发海带150克，菠菜、水发粉丝、金针菇、生菜各100克，精盐10克，生姜5片，白糖5克，鸡汤适量，老虎芥酱1小碟。

制法：①活蛤蜊放入淡盐水中浸泡一夜，使其吐尽泥沙，然后换清水洗净；鲜虾洗净去壳，剔除肠泥；墨鱼仔洗净杂物，对切，在内里划上一字花刀；扇贝肉洗净，控干水分；水发海带洗净泥沙，切成条状；菠菜择洗干净，切段；水发粉丝控干水分，剪成15厘米长的段；金针菇去泥根，洗净，把粘连的用手撕开；生菜洗净，撕成片。以上各料均装盘中，围摆在火锅四周。②火锅内倒入鸡汤，放入蛤蜊和3片生姜，加盖大火煮沸，转小火煮至汤汁乳白，再加入剩余生姜片，然后放入鲜虾、扇贝肉、墨鱼和海带。待鲜虾颜色变红后，加精盐和白糖调味，便可开始佐老虎芥酱涮食。

特点：口感滑弹，清香素雅，鲜味十足。

提示：①海鲜火锅汤底要鲜爽，最重要的是海鲜的前期处理。例如贝壳类海鲜，要预先泡盐水，使其吐尽泥沙；墨鱼仔之类，要去除脊骨和墨囊，以免影响食用时的口感。②煮汤时，分成两段式加入生姜去腥、提鲜，汤底会更加鲜美。

麻香煳辣酱

这种酱是将用小火低油温煸至酥脆暗红的朝天干辣椒和花椒，加上葱、姜、蒜和盐配制而成的，色泽紫红、煳辣味浓。

原料组成： 朝天干辣椒100克，花椒25克，大葱、生姜、蒜瓣各15克，精盐5克，色拉油100克。

调配方法： ①朝天干辣椒用净湿布揩去表面灰分，去蒂切节；花椒拣去黑籽及丫枝；大葱、生姜、蒜瓣分别切末。②坐锅点火，注入色拉油烧至四成热，放入葱末、姜末和蒜末煸香，加入干辣椒和花椒，以小火煸炒至刚变色时，加入精盐调味，续炒至辣椒呈紫黑色且焦脆时，离火凉凉，倒在料理机内打成酱状，盛碟内便成。

调酱心语： ①干辣椒一定要切开，使其籽也能炒焦。②最好选用麻香味浓的大红袍花椒。③炒辣椒一定要用小火，让其慢慢上色至焦脆。④此酱不要打得太细，使其能吃到辣椒的脆感。⑤色拉油起炒制和滋润的作用，用量要适度，不至于成品太干。一般以装入小碟中，经静置后表面有一层红油为合适。

适用范围： 用作各种肉类、海鲜火锅及白灼菜肴的蘸酱。

实例举证：芥蓝螺片

原料：鲜海螺肉150克，芥蓝50克，精盐、食醋、色拉油各少许，麻香煳辣酱1小碟。

制法：①鲜海螺肉用精盐和食醋搓洗去黏液，揩干水分，用坡刀切成抹刀片；芥蓝洗净，斜切小段。②锅上旺火，添入清水烧沸，投入螺片汆至断生，捞出装盘一边；接着往水中放精盐和色拉油，纳芥蓝汆熟，捞出放在螺肉边，随麻香煳辣酱上桌蘸食。

特点：口感脆嫩，麻辣适口。

提示：①要选用鲜嫩的海螺肉。②海螺肉焯水以断生即可。若时间过长，则会失去脆嫩鲜美的口感。

蚝油豆酱

这种酱是以黄豆酱、海鲜酱、蚝油等调料配制而成的，色泽褐亮、酱香味浓。

原料组成： 黄豆酱25克，海鲜酱10克，蚝油15克，鸡汁10克，味精、胡椒粉各少许，鲜汤75克，色拉油30克。

调配方法： ①海鲜酱入碗，加15克鲜汤调匀，待用。②坐锅点火，放入色拉油烧热，下入黄豆酱炒出酱香味，添剩余鲜汤，加入海鲜酱、蚝油、鸡汁、味精和胡椒粉炒匀便成。

调酱心语： ①海鲜酱要用咸味的，炒制前用少许鲜汤澥开，否则不便炒匀。②要把锅烧热后再放油，否则黄豆酱会扒锅底。③鲜汤量要控制好，保证酱料稀稠适度，能挂住原料。

适用范围： 用作荤素炖涮锅的蘸碟。

实例举证：冬瓜炖羊肉

原料：冬瓜300克，熟白羊肉200克，香菜10克，生姜5片，精盐、味精、胡椒粉、煮羊肉原汤、香油各适量，蚝油豆酱1小碟。

制法：①熟白羊肉切成0.5厘米见方的条；冬瓜去皮及瓤，切成小指粗的条；香菜洗净，切小段。②取一中号砂锅，倒入煮羊肉原汤和冬瓜条，待煮至八成熟时加入羊肉条和姜片，并调入精盐、胡椒粉和味精，略炖后撒上香菜段，淋香油，原锅随蚝油豆酱上桌佐食。

特点：羊肉酥烂，冬瓜清爽，味道咸鲜。

提示：①煮制羊肉时要加足胡椒、料酒、小茴香等去腥臊味的调料。②要根据口感爱好掌握好炖制时间。

菌油韭花酱

这款酱是用炒香的韭花酱，加上美极鲜味汁、菌油等调料配制而成的，色泽青绿、味道咸香、菌味浓郁。

原料组成：腌韭花75克，美极鲜味汁30克，生姜5克，白糖5克，味精2克，花椒粉1克，香油10克，菌油20克。

调配方法：①将腌韭花上的硬梗去除；生姜刮洗干净，切末。②把腌韭花和姜末放在料理机内打成糊状，盛在碗内，加入美极鲜味汁、白糖、味精和花椒粉调匀，最后加入菌油搅匀便成。

调酱心语：①腌韭花起突出清香的作用。也可用市面上成品韭花酱。②美极鲜味汁、精盐助咸、提鲜。③菌油起增香、突出风味的作用，用量要够。④花椒粉起去异味、增香的作用，用量以尝不出麻味为度。

适用范围：用作炖涮锅的蘸碟。

实例举证：涮菌肚串

原料：熟白猪肚150克，白蘑菇150克，小油菜100克，精盐、味精、酱油、胡椒粉、骨头汤各适量，菌油韭花酱1小碟。

制法：①熟白猪肚切成筷子粗的条；白蘑菇用淡盐水洗净，切成厚片；小油菜分片洗净。然后将三种原料间隔穿在竹扦上成菌肚串，依法逐一把料穿完。②小不锈钢锅置于酒精火上，倒入骨头汤烧开，加入精盐、味精、酱油和胡椒粉，然后放入菌肚串煮透，取出来蘸上菌油韭花酱食用。

特点：清香，脆嫩，味美。

提示：①根据爱好选用可选用其他菌料，如杏鲍菇、茶树菇等。②菌肚串随烫随蘸酱食用，效果最佳。

蒜蓉辣酱

这款酱是蒜蓉搭配芝麻酱、生抽、辣椒油等调料配制而成的，色泽深红、蒜味浓醇、咸鲜香辣。

原料组成： 大蒜50克，芝麻酱30克，生抽25克，辣椒油15克，鸡精3克，精盐适量。

调配方法： ①大蒜分瓣去皮，拍松入钵，加入精盐捣成细蓉。②芝麻酱入碗，分次加入热水顺向搅拌成糊状，加入辣椒油和生抽搅匀，再加入鸡精和蒜蓉调匀即成。

调酱心语： ①大蒜定主味，加精盐捣出的蒜蓉更香更黏。②芝麻酱突出浓郁的酱香味，搅拌时顺一个方向才黏而不澥。③辣椒油定辣味，必须与芝麻酱充分调匀。④此酱不宜久存，否则风味欠佳。

适用范围： 用作火锅或白灼菜肴的蘸碟。

实例举证： 白灼八爪鱼

原料：八爪鱼400克，红椒5克，料酒10克，精盐5克，化猪油5克，蒜蓉辣酱1小碟。

制法：①八爪鱼放在小盆中，加入淀粉，用手顺一个方向搅拌几分钟，换清水冲洗干净，控干水分；红椒切细丝。②锅内添适量清水，放入精盐、料酒和化猪油，待烧沸后下入八爪鱼焯3分钟左右至刚熟，捞出控净水分，整齐地装在盘中，点缀上红椒丝，随蒜蓉辣酱上桌蘸食。

特点：口感脆嫩，鲜香微辣。

提示：①八爪鱼加淀粉搅拌，以便于去除表面黏液。②控制好焯制时间，以免八爪鱼口感不脆。

芝麻腐乳酱

这种酱是用豆腐乳、芝麻酱、白糖、香油等调料配制而成的，色泽粉红、味香咸鲜。

原料组成： 芝麻酱30克，豆腐乳2块，白糖5克，香油10克，热水60克。

调配方法：①取一小碗，放入豆腐乳，用羹匙压成细泥。②芝麻酱入另一碗内，分次加入热水打成糊状，加入豆腐乳泥、白糖和香油调匀便成。

调酱心语：①豆腐乳增咸、定主味，必须先压成细泥再调制。②芝麻酱起增香的作用，一定要顺向搅拌。③香油起增香、滋润的作用，不可多用。④白糖起合味的作用，用量以尝不出甜味为度。

适用范围：用作炖涮锅的蘸碟。

实例举证： **羊脊骨火锅**

原料：羊脊骨1000克，羊肉片250克，白菜、净莴笋各150克，鲜黄花菜、粉丝、豆芽各100克，料酒15克，姜片15克，葱段10克，炖羊肉香料1小包，芝麻腐乳酱1小碟。

制法：①羊脊骨洗净，从骨节处砍成小节，用冷水浸泡半天以除尽血污，焯水后纳入锅内，添入适量清水，放入姜片、葱段、料酒和炖羊肉香料包，以小火炖至骨酥烂醇香，拣出葱段、姜片和香料包。②白菜洗净，用手撕成小片；净莴笋切成菱形片；鲜黄花菜洗净，用沸水烫透后过凉水；粉丝用冷水泡软；豆芽去杂质，洗净。以上各料均装盘中，同羊肉片和芝麻腐乳酱围摆在火锅四周。③把炖好的羊脊骨和汤汁倒在火锅盆内，上桌置于火上，煮沸后即可边吃羊脊骨边涮其他原料蘸芝麻腐乳酱食用。

特点：羊骨酥烂，汤美宜人。

提示：①羊脊骨炖制前，一定要用冷水浸泡，并且焯水时冷水入锅，以便去净血污和异味。②没有鲜黄花菜，就用干黄花菜泡发后使用。

五香肉酱

这种酱是以猪肉为主要原料，放在以十三香料、酱油等调料兑好的汤汁炖烂后，用料理机搅打而成的，成品呈半流体状，色泽酱红、味道香浓。

原料组成：猪瘦肉200克，猪肥膘肉50克，酱油25克，葱段、姜片各10克，十三香料（5克）1小包，白糖10克，精盐、花椒各适量，色拉油100克。

调配方法： ①猪瘦肉、猪肥膘肉分别切成1厘米见方的丁，放入砂锅内，加入葱段、姜片、十三香料包、酱油、精盐和白糖，添入冷水淹没肉块，以小火炖约1小时左右至肉块软烂，离火凉冷，倒入料理机中，打成酱状，盛出备用。②锅内放入色拉油烧热，下入花椒炸煳捞出，倒入打好的肉酱炒去水分，盛在容器内，凉冷存用。

调酱心语： ①要选用肥瘦兼有的猪肉。肥肉多，食之太油腻；过少，味道不香。②猪肉一定要用小火炖烂，并且留有少量的汤汁。③如想吃到猪肉的颗粒状，搅打时间短一点。④肉酱用花椒油炒过以去除水分，香味更浓，也更易保存。

适用范围： 用作一些素类火锅或白灼蔬菜的蘸碟，也可炒制素菜。

实例举证： **白灼油麦菜**

原料：油麦菜300克，葱白、红椒各5克，精盐3克，白糖3克，色拉油5克，五香肉酱1小碟。

制法：①油麦菜去泥根，分片洗净；葱白、红椒分别切细丝。②锅内添适量清水，放入精盐、白糖和色拉油，待烧沸后下入油麦菜略焯至变色，捞出控净水分，整齐地装在盘中，点缀上葱白丝和红椒丝，随五香肉酱上桌蘸食。

特点：色泽油绿，脆嫩鲜香。

提示：①水中加些油和盐，焯好的油麦菜色泽更绿。②控制好焯制时间，保证清脆的口感。

黑椒麻酱

这种酱是以芝麻酱和黑胡椒为主要调料，辅加花生末、精盐等料调制而成的，成品呈流体状，黑胡椒香辣味浓郁，颜色深厚、香气扑鼻。

原料组成： 芝麻酱100克，蚝油50克，黑胡椒粒20克，盐酥花生米25克，精盐适量。

调配方法： ①黑胡椒粒放入锅中，用小火炒香，盛出捣碎；盐酥花生米用刀压成碎末，待用。②芝麻酱放在小盆内，加水顺一个方向搅成稀糊状，加入蚝油、黑胡椒碎、精盐和花生末调匀即成。

调酱心语：①芝麻酱一定要先用水调成稀糊状，才容易与各料混匀。②黑胡椒主要突出风味，除用量要足外，炒制时也不要用旺火，以免炒煳。③加入花生末增加口感，可根据自己的口味进行增减。

适用范围：用作炖涮锅的蘸碟。

实例举证：涮素什锦串

原料：水发海带、豆腐皮、平菇、香菇、鲜汤各适量，黑椒麻酱1小碟。

制法：①水发海带、豆腐皮、平菇、香菇均切成小块，用竹扦穿起成串，待用。②将素什锦串入鲜汤锅中涮熟后取出，蘸上黑椒麻酱即可食用。

特点：清香爽口，味道鲜美。

提示：①可选择各种素菜原料涮制。②边涮边蘸酱食用，口感和效果最好。

海参蘸酱

这种酱是为凉吃海参专门调配的，即将甜面酱配上五花肉末、蒜末炒制而成，酱味浓厚、咸香回甜。

原料组成：甜面酱100克，五花肉25克，大葱10克，蒜瓣5克，精盐、味精、白糖各少许，色拉油15克。

调配方法：①五花肉切丝后，再切成末；大葱切末；蒜瓣拍松，切末。②坐锅点火，注色拉油烧热，下蒜末爆香，倒入五花肉末炒至吐油，加入葱末和甜面酱炒香，掺适量开水，调入精盐、味精和白糖，煮匀即成。

调酱心语：①五花肉起增香味的作用，不宜多放，以免腻口。②甜面酱定酱香味，除用量足够外，必须用热底油炒去生酱味。③白糖起合味的作用，用量以尝不出甜味为好。④精盐辅助甜面酱确定咸味，味精提鲜，均不宜多放。⑤应加开水稀释酱料。若用冷水，加入后则油酱分离，不能很好地起到融合作用。

适用范围：用作海鲜食材的蘸食。

实例举证：凉吃海参

原料：即食海参2个，生菜2片，红椒圈2个，海参蘸酱1小碟。

制法：①用剪刀将即食海参的腹部

剪开，去除杂物，用纯净水洗净，沥尽水分；生菜也用纯净水洗净，控干水分。②将生菜片裹住海参，然后套上红椒圈，摆在盘中，随海参蘸酱碟上桌食用。

特点：吃法简单，营养味美。

提示：①海参腹内的杂物一定要洗净，否则影响美妙口感。②海参和生菜绝不可用生水洗涤。

蒜香腐乳酱

这款火锅蘸酱是以豆腐乳和大蒜为主要调料，辅加小葱、酱油等料调制而成的，色泽暗红、蒜香味咸。

原料组成： 蒜瓣30克，豆腐乳5块，小葱20克，酱油10克，纯净水50克。

调配方法： ①小葱择洗干净，切成细末；蒜瓣入钵，用木槌捣成细泥；豆腐乳放入碗内，用小勺压成泥状。②先把纯净水加入豆腐乳泥内调匀，再依次加入酱油、蒜蓉和葱末，调匀便成。

调酱心语： ①豆腐乳要先调澥，再加其他原料搅匀。②控制好水的量，既保证成品黏稠不澥，又使咸味正好。③蒜的用量要足，以突出浓郁的蒜香味。

适用范围： 用作炖涮锅的蘸碟。

实例举证： 酸菜猪肚火锅

原料：酸菜150克，熟猪肚150克，猪瘦肉150克，空心菜150克，豌豆苗100克，鸡蛋（取蛋清）1个，料酒10克，姜丝10克，姜汁5克，胡椒粉3克，干淀粉10克，精盐、味精、鲜汤、色拉油各适量，蒜香腐乳酱1小碟。

制法：①熟猪肚斜刀切成片；猪瘦肉切成大薄片，与姜汁、料酒、鸡蛋清和干淀粉拌匀上浆；空心菜择洗干净，茎叶分切成段；豌豆苗洗净，控水，各装盘中备用；酸菜用温水洗两遍，挤干水分，切丝。②坐锅点火，注入色拉油烧至六成热，炸香姜丝，下酸菜丝炒干水汽，添鲜汤煮出味道，加精盐、味精和胡椒粉调好味道，倒在锅内，置于点燃的酒精炉上，随盘中备好的原料和蒜香腐乳酱一起上桌即成。

特点：酸香味醇，开胃利口。

提示：①把酸菜的味道煮出来后开始涮食。②猪瘦肉上浆的目的是增加滑嫩度，但宜薄不宜厚，否则会浑汤。

饺子蘸酱

这种酱是为吃饺子专门调配的，即将蒜蓉和辣椒面用热油激香后，再加上生抽、香醋等调料配制而成，色泽红亮、咸香酸辣。

原料组成：蒜瓣15克，辣椒面10克，白芝麻5克，蒜苗10克，香菜5克，花椒少许，生抽15克，香醋15克，蚝油5克，色拉油15克。

调配方法：①蒜瓣拍裂，入钵捣成细蓉，放在碗里，加入辣椒面和白芝麻拌匀；蒜苗择洗干净，切成细丝，再切成末；香菜洗净，切碎末。②锅内注色拉油烧至五成热，放入花椒炸煳捞出，泼入蒜蓉辣椒面的碗里，搅匀出香，再加入生抽、蚝油和香醋拌匀，最后加入香菜末和蒜苗末调匀即成。

调酱心语：①蒜蓉不要用刀剁成的，因为刀剁的不香。②辣椒面增色、提辣味，多少随个人口味。③白芝麻起提香的作用，加少许即可。④香菜碎和蒜苗碎最好在食用前加入，以确保碧绿的色泽和清香味浓郁。

适用范围：用作各种饺子或包子的蘸碟。

实例举证：蘑菇三鲜饺

原料：面粉250克，鲜平菇250克，带皮五花肉100克，芹菜50克，虾米15克，葱姜末10克，酱油、精盐、味精、香油、色拉油各适量。

制法：①面粉纳盆，加入适量温水和成面团，盖上湿布饧好；鲜平菇洗净，放在沸水锅中汆透，捞出洗净，挤干水分，剁碎；带皮五花肉切成绿豆大小的粒；芹菜切末。②炒锅上火，放入色拉油烧热，投入葱姜末和虾米煸香，下五花肉粒炒至吐油，再下平菇碎炒干水汽，离火凉冷，加入酱油、精盐、味精和香油拌匀，最后加入芹菜末拌匀成馅料。③将面团揉好，搓条下剂，擀成直径约6厘米的皮子，包上馅料捏成月牙形饺子，下沸水锅中煮熟，捞出装盘，随饺子蘸酱上桌佐食。

特点：筋滑，咸香。

提示：①平菇汆水后必须用清水漂洗，以去其涩味。②平菇需用足量的底油炒干水汽再行调味，否则味道不好。

茄子辣酱

这种酱是以茄子为主要食材，经过蒸熟压泥后，搭配青尖椒、豆瓣酱等料炒制而成的，色泽粉红、质感软滑、咸香鲜辣。

原料组成： 茄子250克，青尖椒50克，豆瓣酱50克，香辣酱30克，白糖、精盐、味精、色拉油各适量。

调配方法： ①茄子洗净去皮，切成厚片，上笼蒸熟至软烂，取出捣烂成细泥；豆瓣酱剁细；青尖椒洗净去蒂，切丝后再切成粒。②坐锅点火，注入色拉油烧至六成热，下豆瓣酱和香辣酱煸炒出红油，加入青尖椒粒和茄子泥，待充分炒匀后，加白糖、精盐和味精调味，再次炒匀即成。

调酱心语： ①豆瓣酱和香辣酱用足量的热底油炒出红油，再下其他料一起炒制。②豆瓣酱和香辣酱均含有盐分，所以加入的精盐起辅助定咸味的作用。③味精增鲜，白糖提鲜、合味，故两者用量不宜多。

适用范围： 除用作火锅的蘸酱外，也可蘸馒头、蘸生菜、拌粉条等。

实例举证： 肉丝拌粉条

原料：干粉条100克，猪瘦肉30克，胡萝卜10克，湿淀粉10克，茄子辣酱适量。

制法：①干粉条剪成15厘米长的段，用冷水泡透；猪瘦肉切成细丝，用湿淀粉拌匀上浆；胡萝卜刮皮洗净，也切成细丝。②锅内添清水上火烧沸，先下粉条煮软，再下猪肉丝和胡萝卜丝汆熟，捞出用纯净水过凉，控尽水分，与茄子辣酱拌匀即成。

特点：粉条滑溜，微辣利口。

提示：①粉条先泡透再煮软，口感才佳。②可加入不同的蔬菜丝作配料。

薄荷芹椒酱

这种酱是以芹菜和青尖椒为原料，搭配洋葱、薄荷等料配制而成的，色泽碧绿、味道清香。

原料组成：芹菜茎50克，青尖椒50克，洋葱15克，蒜瓣15克，鲜薄荷10克，精盐、味精、白糖、色拉油各适量。

调配方法：①芹菜茎洗净，切成碎末；青尖椒洗净去蒂，切圈；蒜瓣切片；洋葱、鲜薄荷分别切碎。②将芹菜碎、青尖椒圈、洋葱碎、蒜片和薄荷碎放入料理机内，加适量纯净水打成糊，倒在锅中，加入精盐、味精、白糖和色拉油，以大火烧沸，改小火稍煮至黏稠即成。

调酱心语：①没有鲜薄荷，可用干薄荷代替。②洋葱起增香的作用。③加热时间不宜过长，否则会破坏维生素C，致使营养大打折扣。

适用范围：用作各式肉类火锅的蘸碟。

实例举证：香辣蹄膀火锅

原料：猪蹄膀500克，白菜、土豆各200克，小油菜、金针菇各150克，香辣酱30克，料酒15克，干辣椒节10克，生姜5片，大蒜5瓣，大葱3段，八角2个，桂皮1块，酱油、精盐、白糖、味精、色拉油各适量，薄荷芹椒酱1小碟。

制法：①猪蹄膀刮洗干净，切成2厘米见方的块，焯水备用；白菜去根洗净，撕片；土豆洗净去皮，切片；金针菇去泥根，洗净；小油菜分片，洗净，分别装盘中待用；桂皮用温水洗净。②坐锅点火，注入色拉油烧至六成热，放入香辣酱炒出红油，加入葱段、姜片、蒜瓣、八角、桂皮、干辣椒节和猪蹄膀块煸炒透，倒入料酒和开水，加酱油、精盐、白糖和味精调味，倒在高压锅内压至熟烂，倒在火锅盆内，随其他备好的原料和薄荷芹椒酱一同上桌涮食。

特点：色泽红亮，辣味突出，口感丰富。

提示：①辣酱与猪蹄膀块炒香，使其吸收香辣味，做出的锅底自然香辣味十足。②猪蹄膀带皮含有胶质，压至软糯口感才佳。

泰式酸辣酱

这种酱是以泰式鱼露和沙爹酱为主要调料，搭配虾米、辣椒末等料配制而成的，鲜味浓郁、酸香微辣。

原料组成： 泰式鱼露、沙爹酱各30克，柠檬汁30克，虾米、油炸花生米各10克，辣椒末5克，香油15克。

调配方法： ①虾米用温水洗净，挤干水分，切末；油炸花生米用刀剁成碎末。②坐锅点火，注入香油烧热，下入虾米末炒香，再下辣椒末稍炒，盛在小碗内，加入泰式鱼露、沙爹酱、柠檬汁和油炸花生末，调匀即成。

调酱心语： ①泰式鱼露提鲜、助咸，沙爹酱突出酱香味，两者用量要够。②柠檬汁提酸味，辣椒末定辣味，两者组合略表现出酸辣味。③油炸花生米增香、提升口感，多少随意。

适用范围： 用作各式炖涮锅、炸菜、白灼菜肴的蘸碟。

实例举证： 凤尾莴笋

原料：带嫩叶的莴笋尖4个，精盐2克，泰式酸辣酱1小碟，色拉油5克。

制法：①将莴笋尖的外皮用小刀削去，顺长切成筷子粗的条状，要求每条笋尖上均带嫩叶。②锅上旺火添清水烧开，加入精盐和色拉油，倒入莴笋条略焯，捞出用纯净水过凉，控干水分，整齐地摆在盘中，随泰式酸辣酱上桌蘸食。

特点：形似凤尾，酸辣清脆。

提示：①莴笋条上带嫩叶，才名副其实，形态美观。②不做焯水处理，生食更水脆。

羊排蘸酱

这种酱是以蒜泥、辣椒末、酱油等调料配制而成的，色泽褐亮、味道咸辣、蒜味浓香。

原料组成： 蒜瓣30克，辣椒末30克，黄豆酱油30克，生抽15克，胡椒粉5克，精盐1克，色拉油30克。

调配方法：①蒜瓣入钵，加入精盐，用木槌捣成细蓉。②蒜蓉入碗，加入辣椒末拌匀，注入烧至七成热的色拉油，搅匀出香味后，加入黄豆酱油、生抽和胡椒粉搅匀即成。

调酱心语：①蒜瓣加精盐捣成细蓉，蒜味才浓郁。②黄豆酱油、生抽提鲜、助咸，要选用上乘佳品。③辣椒末起定辣味、除异腥的作用。喜欢吃辣的，可加大用量。④精盐的加入是为了大蒜能更好地捣成细蓉，不可多加。⑤色拉油起增香的作用，要把油温控制好。过高，易把辣椒末炸煳；过低，蒜香味和辣味激发不出来。

适用范围：用作炖、涮羊肉的蘸酱。

实例举证：清炖羊排

原料：羊排500克，香菜根10克，生姜5克，草果1个，精盐适量，羊排蘸酱一小碟。

制法：①羊排顺骨缝划开，用清水洗净后，纳盆加冷水泡20分钟；香菜根洗净；生姜洗净，切片；草果拍裂，去籽。②羊排随冷水放入锅中，以大火烧开，转小火炖5分钟，捞出羊排，撇去浮沫，然后往锅中倒入1碗泡羊排的血水，加盖煮沸，转小火撇净表面浮沫，再放入羊排、香菜根、生姜片和草果，以小火炖40分钟至软烂，加精盐调味，稍炖后盛锅内，随羊排蘸酱上桌即成。

特点：汤清肉嫩，不腥不膻。

提示：①汤中加入泡羊排的血水，可以使汤汁更清澈。②炖羊排时不要加盐过早，否则羊排不易熟烂。

麻辣锅蘸酱

这种酱是以花生酱和XO酱为主要调料，加上辣鲜露、小香葱、薄荷叶等料配制而成的，味道清香、略带辣味、解腻解辣去火。

原料组成：花生酱30克，XO酱10克，辣鲜露10克，小香葱15克，薄荷叶10克，蒜瓣10克，熟芝麻5克，小青柠檬1个。

调配方法：①小香葱、薄荷叶、蒜瓣分别切末；青柠对切，一半取汁，另一半切片。②花生酱纳碗，分次加入30克纯净水调成稠糊状，先加入辣鲜露和XO酱调匀，再加入小香葱末、薄荷叶末、蒜末、青柠汁、青柠片和熟芝麻，充分调匀即成。

调酱心语：①花生酱、XO酱定主味，突出酱香特点。②辣鲜露起增加辣味和提鲜味的作用。③薄荷叶有去除鱼及羊肉腥味、清热祛燥的作用。④青柠汁有解腻、下火、爽口的作用。

适用范围：用作麻辣火锅、动物内脏火锅的蘸酱。

实例举证：麻辣肥肠火锅

原料：熟白肥肠150克，熟带皮猪肉、熟猪肚、炸肉丸子各100克，蒜苗、金针菇、平菇、豌豆苗各150克，糍粑辣椒、豆瓣酱各25克，料酒、醪糟汁各15克，葱段、姜片各10克，花椒、冰糖各10克，精盐5克，味精3克，色拉油、鲜汤各适量，麻辣锅蘸酱1小碟。

制法：①将熟白肥肠切成5厘米长的段，再切成条；熟带皮猪肉、熟猪肚分别切成大薄片；蒜苗择洗干净，斜刀切马耳形；金针菇去泥根，洗净撕开；平菇洗净，撕成条；豌豆苗洗净控水。将各料分别整齐装在盘中，待用。②坐锅点火，倒入色拉油烧至六成热，下姜片和葱段炸香，加入糍粑辣椒和豆瓣酱炒出红油，续下冰糖和花椒炒酥出麻香味，烹入料酒，掺鲜汤烧开，加精盐调好咸味，再加入醪糟汁和味精搅匀成汤底，然后倒入火锅中，随原料和麻辣锅蘸酱一起上桌。涮食时先放入蒜苗煮出香味，再放入肥肠、猪肉片、猪肚片等烫食。

特点：麻辣味浓，滚烫鲜香，清爽不腻。

提示：①猪肥肠内的油脂要去净。②猪肉带皮煮至断生即可，并且切得要薄。

花生酱蘸酱

这种酱是以花生酱为主要调料，加上蚝油、番茄酱、白糖等调料配制而成的，花生酱香、咸鲜微辣。

原料组成：花生酱60克，蚝油25克，番茄酱5克，白糖5克，大蒜3瓣，红尖椒2个，香油3克，色拉油30克。

调配方法：①蒜瓣拍松，切末；红尖椒洗净去蒂，切成碎末；花生酱加适量开水调稀，待用。②锅内注入色拉油烧至六成热，下入蒜末和红尖椒末爆香，倒入花生酱、蚝油、番茄酱炒匀，调入白糖和香油，稍煮即成。

调酱心语：①花生酱定主味，用量稍大。②蚝油起提鲜、助咸的作用。③番茄酱主要起调色、爽口的作用，不宜多放。④白糖起合味、提鲜的作用，香油起增香、润口的作用。⑤红尖椒起增色、体现微辣的作用。

适用范围：用作炖涮锅、炸菜的蘸碟。

实例举证：香脆茄夹

原料：长茄子1个，猪肉末100克，鸡蛋1个，干淀粉25克，葱末10克，姜末5克，料酒5克，精盐、味精、香油、色拉油各适量，白糖少许，花生酱蘸酱1小碟。

制法：①猪肉末入小盆内，加入葱末、姜末、料酒、精盐、白糖、味精和香油拌匀成馅；茄子去皮洗净，切成条形夹刀片。②把猪肉馅填入茄片中间，稍稍按实，裹匀一层用鸡蛋和干淀粉调成的糊，下入烧至六成热的色拉油锅中炸熟呈金黄色时，捞出控油装盘，随花生酱蘸酱上桌佐食。

特点：酥脆爽口，香辣味浓，风味独特。

提示：①茄片切好后不可放时间太长，否则会变软变色。②蛋糊调得不宜太稠，以茄夹表面挂匀薄薄一层即好。

素锅蘸酱

这种酱是以黄豆酱为主要调料，搭配甜面酱、带皮五花肉、鲜香菇等料炒制而成的，褐红油亮、酱味浓郁、香味醇厚。

原料组成：带皮五花肉50克，鲜香菇25克，黄豆酱40克，甜面酱10克，生抽15克，料酒10克，小葱10克，生姜、蒜瓣各5克，色拉油25克。

调配方法：①黄豆酱倒入碗内，加入清水调匀，再加甜面酱调匀；带皮五花肉入沸水锅中焯至变色，捞出凉冷，切成玉米粒大小的丁；鲜香菇洗净去蒂，切成小丁；小葱择洗干净，切节；生姜、蒜瓣分别切末。②坐锅点火，注入色拉油烧热，倒入五花肉丁煸炒至吐油，加入香菇丁、小葱节、姜末和蒜末炒透，烹料酒，加生抽炒匀，倒入调好的酱料炒出酱香味，加适量开水小火咕嘟20分钟即成。

调酱心语：①黄豆酱和甜面酱突出浓郁的酱香味，两者用量之比大约是4：1。②五花肉定肉香，带皮烹制含有胶质，口感较好。③一定要加入开水，以快速起到稀释酱料和融合诸味的作用。④用小火煮制时，要用手勺不停地推炒，避免煳底。

适用范围：用作素类食材的炖涮锅蘸酱。

实例举证：素什锦火锅

原料：豆腐150克，白菜、豌豆苗各150克，土豆、水发粉丝、鲜豆腐皮各100克，水发冬菇、胡萝卜各50克，干淀粉25克，鸡蛋1个，精盐、味精、姜末、胡椒粉、色拉油各适量，骨头汤3000克，素锅蘸酱1小碟。

制法：①豆腐压泥挤去水分，加干淀粉、鸡蛋、精盐、味精和姜末拌匀成糊状，挤成小丸子，投入到烧至五成热的色拉油锅中炸熟呈金黄色，捞出控油。②白菜去老帮洗净，切成4厘米长的段；土豆去皮洗净，切成滚刀块；鲜豆腐皮洗净，切条；水发粉丝洗净，剪成段；水发冬菇和胡萝卜分别洗净后切成小块。豌豆苗洗净，掐成段装入盘内，同素锅蘸酱碟摆在火锅周边，待用。③将骨头汤倒入电火锅中烧沸，放入土豆块、香菇块、白菜和胡萝卜块，加精盐和胡椒粉调味，以中火煮至八成熟，再加入粉丝段和鲜豆腐皮条，上面摆上豆腐丸子，撒入味精，再次烧开，即可佐味碟涮食。

特点：色泽鲜艳，营养丰富，汤味爽口。

提示：①豆腐糊调得不宜太稀，否则不易成形。②不易熟的原料要早下锅煮制。

芥末茄酱

这种酱是以番茄酱为主要调料，加上海鲜酱、芥末酱等调料配制而成的，酸酸甜甜、略带辣味。

原料组成：番茄酱60克，海鲜酱15克，法式芥末酱3克，香醋3克，白糖、精盐、黑胡椒各适量，洋葱25克，蒜瓣15克，橄榄油3克。

调配方法：①蒜瓣入钵，捣成细蓉；洋葱切丝后，再切成碎末。②将番茄酱倒入小碗内，加入海鲜酱和法式芥末酱拌匀，再加入香醋、白糖、黑胡椒、精盐、蒜蓉、洋葱末和橄榄油，充分调匀即成。

调酱心语：①番茄酱突出特色和风味，用量要够。②海鲜酱增鲜、助咸，用量以体现出风味即可。③法式芥末酱提辣味，也可用普通芥末酱代替。④香醋辅助番茄酱突出酸味，用量不宜太多。⑤白糖中和酸味，用量以能吃出甜味即好。

适用范围：用作炸制菜品的蘸碟。如炸鸡腿、吉列牛排、软炸里脊等。

实例举证：软炸里脊

原料：猪里脊肉150克，鸡蛋（取蛋清）2个，干细淀粉15克，面粉15克，精盐、味精、料酒、姜汁、色拉油各适量，芥末茄酱1小蝶。

制法：①将猪里脊肉上的一层筋膜去净，置案板上剁成蓉，放在碗内，加入精盐、味精、料酒和姜汁拌匀调味；鸡蛋清入碗，加入干细淀粉、面粉和适量清水调匀成蛋清糊，待用。②锅内注入色拉油烧至四成热时，将猪里脊蓉和蛋清糊和匀，用羹匙舀入油锅中炸至凝结发硬时，用手勺翻动，待炸至色淡黄且内熟透时，捞出沥油装盘，随芥末茄酱上桌蘸食。

特点：软嫩，味美。

提示：①猪里脊蓉和蛋清糊和匀即可，不可多搅，否则会影响菜品软嫩质感。②油温不宜超过五成热，否则成菜表面会变焦。

香菜腐乳酱

这种酱是以豆腐乳及其原汁，搭配富有特殊香味的香菜等料调制而成的，色红油亮、咸鲜味美。

原料组成： 豆腐乳2块，豆腐乳原汁10克，香菜20克，白糖5克，香油5克，冷开水30克。

调配方法： ①香菜择洗干净，晾干水分，切成碎末。②豆腐乳纳碗，用小勺压成细泥，加入冷开水和豆腐乳原汁调匀，再加入白糖和香油搅拌均匀，放入香菜末即成。

调酱心语： ①豆腐乳和豆腐乳原汁起定主味的作用。②香菜起增加风味的作用，宜选用梗部，风味较香浓。③白糖起合味的作用，香油起增香的作用。④冷开水起稀释酱的作用。

适用范围： 用作炖涮锅的蘸碟。

实例举证： 酸菜白肉锅

原料：带皮猪肉500克，酸白菜200克，水发粉丝200克，海米25克。葱节、姜片、料酒、花椒水、精盐、味精、鲜汤各适量，香菜腐乳酱1小碟。

制法：①将带皮猪肉刮洗干净，放入加有葱节、姜片和料酒沸水锅内煮至八成熟，捞出镇凉，切成薄如纸的大薄片，整齐地码在盘中；水发粉丝切成20厘米长的段，也装在盘中；酸白菜顺着菜帮片成薄片，然后顶刀切成细丝，洗净挤干水分。②鲜汤倒入汤锅内，放入酸菜丝、海米、花椒水、精盐和味精，用旺火烧开，撇净浮沫，盛入火锅内，与备好的白肉片、水发粉丝和香菜腐乳酱一同上桌。待开锅后即可涮食。

特点：酸香利口，肥而不腻。

提示：①所切肉片要求片片带皮，越薄越好。②酸白菜切丝时要横着筋络，并且越细越好。

香辣蛋黄酱

这种酱是在蛋黄酱内加入辣椒糊、油炸腰果等料调配而成的，色泽粉红、咸鲜香辣、甜中透酸。

原料组成： 蛋黄酱160克，辣椒糊40克，油炸腰果20克，花生酱10

克，香菜10克，青辣椒5克，蜂蜜10克，精盐1克，胡椒粉1克。

调配方法：①油炸腰果剁成碎粒；香菜洗净，切成碎末；青辣椒洗净去蒂，切成米粒状。②花生酱放在碗内，先加10克热水调匀成稀糊状，再加蛋黄酱、辣椒糊、蜂蜜、精盐和胡椒粉调匀，最后加入油炸腰果碎、香菜末和青辣椒粒搅匀即可。

调酱心语：①花生酱增香味，应先用热水调匀再用。②辣椒的用量根据个人喜好而定。③油炸腰果提香、增加口感，最后加入保证脆度。

适用范围：用于沙拉、炸菜、点心和面食的调味。

实例举证： 脆皮肉卷

原料：猪肉馅100克，鸡蛋1个，面粉15克，水淀粉15克，美极鲜酱油10克，小葱花10克，精盐3克，味精1克，胡椒粉1克，香辣蛋黄酱30克，香油10克，色拉油适量。

制法：①鸡蛋磕入碗内，加入水淀粉调匀，在锅内摊两张厚薄均匀的蛋皮；猪肉馅用美极鲜酱油、小葱花、精盐、味精、胡椒粉和香油调好味。②蛋皮理平，切成长方形，抹匀一层用面粉调成的面糊，在一长边放上肉馅，然后卷起成拇指粗的卷，斜刀切成马蹄段。③锅内放色拉油烧至五成热时，下入蛋皮卷炸熟呈金黄焦脆，捞出沥油装盘，随香辣蛋黄酱上桌蘸食。

特点：酥脆可口，富有特色。

提示：①肉馅不能太稀，否则不便操作。②蛋卷开口处要粘牢，以防炸时开口。

白萝卜酱

这种酱是以白萝卜泥为主要原料，加上葱花、白糖、白醋等调料配制而成的，开胃解腻、醋香爽口。

原料组成：白萝卜60克，小葱10克，酱油60克，白醋30克，香醋10克，白糖10克。

调配方法：①白萝卜刮洗干净，切成小丁，放入料理机内打成细泥；小葱择洗干净，切成碎花。

②白萝卜泥盛入小碗内，依次加入酱油、白醋、香醋和白糖搅拌至融合，撒入小葱花即成。

调酱心语：①白萝卜泥是主料，有爽口、解腻的作用。②小葱起增香、提色的作用，上桌前加入效果最佳。③白醋和香醋共同突出酸味，白糖体现甜味。两者组合成小酸小甜的味道。④酱油起助咸、提鲜的作用。

适用范围：适合砂锅、火锅及煲仔菜品的蘸酱。

实例举证：腊味火锅

原料：腊猪肉200克，腊肠200克，土豆、鲜香菇、茼蒿、西蓝花各150克，蒜苗50克，料酒15克，生姜15克，生抽15克，蒜瓣、白糖各10克，精盐、味精、鲜汤各适量，白萝卜酱1小碟，色拉油25克。

制法：①腊肠斜刀切成椭圆片；土豆去皮洗净，切成薄片；鲜香菇洗净，去蒂切片；茼蒿去老梗洗净，用手掐成段；西蓝花分成小朵，洗净。将以上各料分装盘中备用。腊猪肉洗净，顶刀切成片状；蒜苗洗净，斜刀切段；生姜洗净，去皮切片；蒜瓣去皮，用刀拍裂。②坐锅点火，注入色拉油烧热，放入腊猪肉片煸炒出油，加入姜片和蒜瓣炒香，再加料酒和生抽炒匀，掺入鲜汤，加精盐、味精和白糖调味，大火煮沸后倒入火锅内，撒入蒜苗段，随备好的原料和白萝卜酱一起上桌涮食。

特点：腊香浓郁，味道咸鲜，风味独特。

提示：①要想充分释放腊猪肉片的香气，炒制时要用小火将其炒透，炒出腊油、边缘香酥微焦才好。②做汤底时，加入气味独特的蒜苗，可增加风味。

红椒蘸酱

此蘸酱是以鲜红椒和鲜红美人椒为主要原料，搭配大蒜、精盐等料配制而成的，颜色红艳、味香微辣。

原料组成：鲜红椒400克，鲜红美人椒100克，大蒜100克，精盐50克，味精10克，色拉油25克，香油25克。

调配方法： ①将鲜红椒和鲜红美人椒洗净，去蒂切丁；大蒜分瓣剥皮，用刀拍碎。②将处理好的原料一起放入料理机内，加入色拉油、香油、精盐和味精一起绞细便成。

调酱心语： ①鲜红椒是主料，突出红艳的色泽和鲜甜清香的味道。②鲜红美人椒起提色、增加辣味的作用。爱吃辣味的，可增大其用量。③大蒜主要起增香和杀菌的作用。④色拉油应提前上火熬好，凉凉后使用。⑤精盐确定咸味，味精增鲜，用量均要控制好。⑥此酱做好后，装瓶存放一周以上食用，味道更香。

适用范围： 用于炸、煎菜肴或炖涮锅的蘸食。

实例举证： **香炸肉排**

原料：猪通脊肉150克，鸡蛋1个，面粉25克，面包糠、精盐、味精、料酒、葱姜水、色拉油各适量，红椒蘸酱1小碟。

制法：①将通脊肉切成0.4厘米厚的片，用刀背轻轻砸一遍，与精盐、味精、料酒、葱姜水拌匀，腌制约10分钟；鸡蛋磕入碗内，加少许精盐、胡椒粉，调匀成蛋液。②将腌好的猪肉片理顺，逐一拍上一层面粉，抖掉余粉，再拖匀鸡蛋液，然后两面均匀地沾上面包糠，稍压沾实，下入到烧至四成热的色拉油锅里炸熟呈金黄色，捞出控油，切条装盘，随红椒蘸酱上桌即成。

特点：金黄酥嫩，咸香微辣。

提示：①里脊肉片不宜切得过薄，否则油炸后口感不好。②面包糠受热易煳，所以炸制时控制好油温。

乳香豆瓣酱

这款调味蘸酱是以豆瓣酱加上辣腐乳、白糖等调料配制而成的，红亮油润、香辣味鲜。

原料组成： 豆瓣酱30克，辣腐乳2块，白糖5克，香油5克，冷开水15克。

调配方法： ①豆瓣酱放在案板上，用刀剁细。②辣腐乳放在碗内，用羹匙压成细泥，加入豆瓣酱、冷开水和白糖搅匀至溶化，淋香油即成。

调酱心语：①豆瓣酱起提辣、助咸、增色的作用，只有剁成极细的泥状，才能达到效果。②辣腐乳起增咸、提味的作用，挑选时要注意其咸度不同。③白糖起中和辣味的作用。④冷开水起稀释酱料、减咸的作用。

适用范围：用作炖涮锅的蘸碟。

实例举证：清汤鸭火锅

原料：净肥鸭500克，水发香菇100克，豆腐、金针菇、小白菜、圆白菜、绿豆芽各50克，料酒15克，姜片10克，葱段5克，精盐、味精各适量，炖鸡香料1小包，乳香豆瓣酱1小碟。

制法：①将净肥鸭切成2厘米见方的块，洗净焯水，与水发香菇放在高压锅内，加入姜片、葱段、料酒和香料包，加盖上火压15分钟至鸭肉软烂，离火。②豆腐切长方片；金针菇去泥根洗净，拆散；小白菜去根洗净，用手掐成段；圆白菜洗净，用手撕成片；绿豆芽洗净控水。将以上各料分别装盘，随乳香豆瓣酱碟上桌，围在火锅四周即成。③把压好的鸭肉块和香菇块捞入火锅盆内，同时把炖鸭汤汁过滤后，加精盐和味精调味，也倒入火锅盆内，点燃煮沸后，即可开涮，蘸乳香豆瓣酱碟食用。

特点：汤清油亮，鸭肉嫩滑，香菇鲜美，营养丰富。

提示：①肥鸭的血污一定要漂洗净，以确保汤汁的清澈。②香料起增香作用，宜少不宜多。

烤椒蘸酱

这款蘸酱是以青椒为主料，经过烧烤后，辅加青花椒、大蒜、香油等料调配而成的，色泽油绿、咸鲜微麻、油香扑鼻。

原料组成：青椒150克，青花椒10克，大蒜10克，精盐、鸡精、胡椒粉、香油各适量。

调配方法：①青椒洗净，控干水分，放在炭火上烤至表面起泡，揭去皮，撕成条，与青花椒和蒜瓣一起放入料理机内打成泥状，备用。②把青椒混合泥盛在小碗内，先加精盐拌匀，再加入胡椒粉、鸡精和香油调匀即成。

调酱心语：①青椒烤至起泡呈琥珀色为好。应把皮去净，以免影响口味。②如喜食辣味，可改用青尖椒。③香油起增香和稀释酱的作用，用量以成品呈稀糊状即好。④调好后不要久置，保证风味。

适用范围：用作白煮食材或炖涮锅的蘸碟。

实例举证：白灼鸭肠

原料：鸭肠300克，料酒、精盐、浓碱水各适量，烤椒蘸酱1小碟。

制法：①鸭肠切成段，用浓碱水腌2小时，再用清水冲漂2小时去净碱分。②鸭肠放入加有料酒、精盐的沸水锅中，略焯至刚断生时，捞出控干水分，装在盘中，随烤椒蘸酱上桌即成。

特点：爽脆，鲜香。

提示：①鸭肠用碱水处理，可使原料嫩化并消除腥臭味，还能使原料增厚变大，泛白透明。②鸭肠不能过长时间受热，否则口感不脆。

CHAPTER 6

烧烤酱

——烤出菜香袭人

黑椒蒜蓉酱

这种酱是以蒜蓉为主要调料，加上黑胡椒粉、迷迭香料等调配而成的，蒜香四溢、黑胡椒味突出。

原料组成： 蒜瓣25克，黑胡椒粉5克，精盐5克，迷迭香料2克，色拉油30克。

调配方法： ①蒜瓣拍松入钵，加精盐捣成细蓉，盛在容器内。②加入黑胡椒粉、迷迭香料和色拉油，充分调匀即成。

调酱心语： ①蒜瓣定主味，起增香、去异的作用，用量大。捣蓉时加些精盐，可生出黏性，蒜味更浓。②精盐定咸味，根据所烤食材的多少而定。③黑胡椒粉、迷迭香料均起到增香、压异的作用。④色拉油起增亮、提香的作用。

适用范围： 烤制菇类食材。如烤蘑菇串、烤杏鲍菇等。

实例举证： 烤蘑菇串

原料：鲜蘑菇40朵，黑椒蒜蓉酱30克。

制法：①将鲜蘑菇用淡盐水洗净，晾干水分，用小刀在表面切上“米”字刀纹。②每4朵蘑菇为一组穿在竹扦上，刷上黑椒蒜蓉酱，摆在烤盘上，放入预热至180℃的烤箱内烤20分钟即可。

特点：滑软，蒜香。

提示：①鲜蘑菇要选择大小一致的，以免烤制后生熟程度不同。②鲜蘑菇表面光滑，烤制前最好用锋利的小刀划上刀口，便于入味。

奶香蚝油酱

这种酱是以蚝油和奶油为主要调料，加上洋葱、白糖等料调配而成的，奶味香浓、咸香鲜辣。

原料组成： 蚝油30克，奶油20克，洋葱15克，彩椒15克，白糖5克，精盐5克。

调配方法： ①洋葱剥去外皮，彩椒洗净去瓤，分别切成碎末。②将蚝油、奶油、白糖和精盐放在一起调匀，加入洋葱末和彩椒末拌匀即成。

调酱心语：①蚝油起提鲜、助咸的作用。②奶油起突出奶香味的作用。③洋葱起增香的作用。④白糖起上色、增加甜味的作用，精盐定咸味。⑤彩椒增色，如爱吃辣味，可将其改为美人椒和二金条辣椒。

适用范围：烤制豆制品、蔬菜等。如烤蚝香素鸡、烤芸豆角等。

实例举证：烤蚝香素鸡

原料：素鸡200克，奶香蚝油酱30克。

制法：①将素鸡切成2厘米见方、0.5厘米厚的片；然后每4片为一组穿在竹扦上。②将素鸡串均匀刷上一层奶香蚝油酱，摆在垫有锡纸的烤盘上，进预热至200℃的烤箱内烤5分钟即可。

特点：奶香味鲜，色彩丰富。

提示：①质量好的素鸡表面较干燥，气味正常，切口光亮，无裂缝，无重碱味。如果色泽浅红，表面发黏发腐，有腐败味的，说明已经变质，不要选用。②烤制时控制好箱温和时间，以免把表面的蔬菜粒烤煳。

奶油蛋黄酱

这种酱是用鸡蛋黄加上鲜奶油和细砂糖调制而成的，色泽奶白、味道香甜。

原料组成：鸡蛋黄2个，细砂糖25克，鲜奶油50克。

调配方法：①鸡蛋黄入碗，加入10克细砂糖打发至变白。②鲜奶油中加15克细砂糖打匀，倒入打发的鸡蛋黄中混合搅匀即成。

调酱心语：①鸡蛋黄增香，突出鸡蛋香味。②细砂糖增加甜味，并且能助鸡蛋黄胀发定型。③鲜奶油起突出奶香味的作用。④此酱一定要打发，否则淋在原料上会从缝隙中落入烤盘。

适用范围：烤制各式水果。如烤奶酱水果、烤蛋黄雪梨等。

实例举证：烤奶酱水果

原料：香蕉2根，苹果1个，新奇士橙1个，奶油蛋黄酱适量。

制法：①香蕉、苹果、新奇士橙分别去皮，切成均匀的厚片。②取一烤盘，摆放上切好的水果片，淋上调好的奶油蛋黄酱，送入预热至220℃的烤箱内烤约15分钟，即可取出装盘。

特点：色泽黄亮，奶香味甜。

提示：①水果不限原料中介绍的，可任意选用。②烤制时注意表面不要烤煳。

香孜烤肉酱

这种酱是以豆瓣酱、辣椒粉、花椒粉、孜然粉等多种调料配制而成的，色泽红亮、味香麻辣。

原料组成：豆瓣酱30克，蒜瓣20克，酱油15克，料酒10克，辣椒粉3克，花椒粉、孜然粉、五香粉各1克，清水15克。

调配方法：①豆瓣酱剁细；蒜瓣拍松，剁成末。②豆瓣酱和蒜末放入碗内，先加入辣椒粉、花椒粉、孜然粉和五香粉搅匀，再依次加入清水、酱油和料酒拌匀即成。

调酱心语：①豆瓣酱和蒜末一定要剁细，这样才能很好地黏附在原料上。②辣椒粉辅助豆瓣酱提辣味。③花椒粉提麻味，用量要够。④孜然粉和五香粉起增香的作用。⑤清水起稀释酱的作用，用量要控制好。

适用范围：烤制各类食材。如烤五花肉、烤鸡翅、烤香辣猪肉等。

实例举证：烤香辣猪肉

原料：猪颈肉250克，香孜烤肉酱30克，洋葱半个，精盐、味精、黑胡椒碎各少许，香油适量，生菜数片。

制法：①猪颈肉切成1厘米厚的片，用刀尖扎上些小洞，放在小盆内，加入香孜烤肉酱、精盐、味精和黑胡椒碎拌匀，腌约1小时；洋葱去皮，切成厚片，分开成圈，待用。②烤盘底部铺上一张锡纸，先放上洋葱圈，再摆上腌好的猪肉片，放在预热至180℃的烤箱内烤6分钟，取出翻面，再入烤箱烤2分钟至熟透，取出刷上一层香油，改刀成条状，装在垫有生菜的盘中即成。

特点：色泽枣红，咸甜微辣。

提示：①猪颈肉即脖子肉，肥瘦兼

有，并略带筋络。故必须用刀尖戳数下，使其在烤制时不会收缩太甚，口感更好一些。②腌制时根据酱料的咸度加点精盐，以免味道不足。

葱蒜烤肉酱

这种酱是以具有特别香味的蒜瓣和大葱，搭配辣椒酱、花椒、白糖等调料配制而成的，味道香甜、麻辣味浓。

原料组成： 辣椒酱30克，蒜瓣15克，大葱10克，白糖10克，花椒5克，熟芝麻5克，酱油膏适量，红油10克。

调配方法： ①蒜瓣洗净，拍松切末；大葱洗净，切末；花椒拣去丫枝及黑籽，用刀铡成末。②坐锅点火，倒入红油烧热，放入花椒末和蒜末煸炒出香味，盛在碗内，加入葱末、辣椒酱、白糖、熟芝麻和酱油膏调匀即成。

调酱心语： ①辣椒酱和红油满足辣味需要。②花椒提麻味，经过煸炒，才能充分放出麻香味。③蒜和大葱增香味，用量要足。

适用范围： 烧烤各种肉类食材。如烤葱香牛柳、烤羊肉条等。

实例举证：烤葱香牛柳

原料：牛柳肉250克，葱蒜烤肉酱30克，红葡萄酒10克，胡椒粉2克。

制法：①牛柳肉用刀拍松，切成0.3厘米厚的大片，放在小盆内，加入红葡萄酒和胡椒粉拌匀，腌10分钟，再加入葱蒜烤肉酱拌匀，腌10分钟。②将腌好的牛肉片平放在铁丝网上，送入预热至200℃的烤箱内烤5分钟，再降低箱温至150℃时烤5分钟即可。

特点：肉质软嫩，味道香辣。

提示：①红葡萄酒有软化肉质纤维、去除肉腥味和上色等功能，非常适合烤牛肉时加入。②牛肉切忌烤至全熟，八成熟口感最美。

沙茶烤肉酱

这种酱是以沙茶酱、酱油膏、黑胡椒粉等调料配制而成的，咸香回甜、色泽褐亮。

原料组成：沙茶酱30克，酱油膏15克，蒜瓣10克，白砂糖10克，米酒20克，黑胡椒粉15克。

调配方法：①蒜瓣洗净，拍松，入钵捣成细蓉。②蒜蓉入碗，加米酒调匀后，放白砂糖搅拌至溶化，再放入沙茶酱、酱油膏和黑胡椒粉调匀即成。

调酱心语：①沙茶酱定主味，突出酱香，用量大。②白砂糖起提鲜、合味的作用，用量不宜多，并且应待其完全溶化后使用。③此酱的咸味全由酱油膏来满足，用量要控制好。

适用范围：烤制各种肉类食材

实例举证：烤土豆花肉串

原料：猪五花肉200克，土豆200克，沙茶烤肉酱、料酒、姜汁、香油各适量。

制法：①土豆洗净去皮，切成1.5厘米的滚刀块，用淡盐水泡15分钟，沥干水分；猪五花肉切成1.5厘米见方的块，与料酒和姜汁拌匀，腌10分钟。②取烤扦间隔穿上牛肉块和土豆块，刷上一层沙茶烤肉酱，摆在烤盘上，送入预热至200℃的烤箱内烤10分钟，取出翻面，再刷上一层沙茶烤肉酱，用150℃箱温烤5分钟，取出刷上香油即成。

特点：牛肉焦嫩，土豆软绵，味道咸鲜。

提示：①要一块牛肉一块土豆间隔穿制。②烤制期间再刷上一层沙茶烤肉酱，可使食材更入味。

花生烤肉酱

这种酱是以沙茶酱、花生粉、白糖、辣椒酱等调料配制而成的，色泽褐红、咸甜微辣。

原料组成：沙茶酱20克，花生粉15克，蒜瓣15克，大葱15克，酱油

15克，白糖10克，辣椒酱5克。

调配方法： ①蒜瓣去皮，大葱洗净，分别切细末。②沙茶酱和辣椒酱盛入容器里，加酱油调稀后，再加花生粉、白糖、蒜末和葱末调匀即成。

调酱心语： ①花生粉增香，用量以突出风味为佳。②白砂糖起突出甜味的作用，应待其完全溶化后使用。③蒜瓣和大葱起增香、去异的作用，用量要足。④辣椒酱起去腥、除异的作用，加入量以成品微有辣味为度。如果喜欢浓浓的辣味，就加大使用量。

适用范围： 烤制牛肉、羊肉等类食材。

实例举证： **烤蔬香羊肉卷**

原料：羊脊背肉150克，洋葱、土豆各75克，花生烤肉酱、精盐、胡椒粉、料酒、色拉油各适量。

制法：①羊脊背肉剔净筋膜，切成大薄片，纳盆并加胡椒粉、料酒和花生烤肉酱拌匀，腌5分钟；洋葱和土豆分别去皮洗净，切丝后与精盐拌匀。②把羊肉片铺平，在一端放上洋葱丝和土豆丝，然后卷起成卷，刷上一层色拉油，摆在烤盘上，送入预热至200℃的烤箱中烤6分钟取出，取出刷上一层花生烤肉酱，续烤5分钟即成。

特点：荤素搭配，味香不腻。

提示：①羊肉片不要太厚，否则不便卷裹。②洋葱丝和土豆丝的长度应与羊肉片的宽度相同。

烤鸭腌酱

这种酱是以五香粉、山柰粉等增香料，辅加蒜瓣、红葱头、白糖等料调配而成的，香味浓郁、咸鲜回甜。

原料组成： 蒜瓣30克，红葱头15克，白糖30克，精盐20克，五香粉5克，山柰粉5克，香菇粉5克，甘草粉3克，胡椒粉2克。

调配方法： ①蒜瓣拍松，红葱头切碎，均放入料理机内，加入精盐和纯净水打成细蓉，盛在容器内。②依次加入白糖、五香粉、山柰粉、香菇粉、甘草粉和胡椒粉调匀即成。

调酱心语：①五香粉、山柰粉、香菇粉、甘草粉共同起增香的作用。②白糖不仅起调味、增甜的作用，对成品上色也有很好效果。③胡椒粉起去异、增香的作用，宜少用。④精盐定咸味，用量以烤制食材多少而定。

适用范围：各种烤肉类菜肴的提前腌制，以烤鸭、烤鸡为佳。

实例举证：生烤鸭腿

原料：鸭腿3只，烤鸭腌酱30克。

制法：①鸭腿洗净擦干，用钢针在表面扎上无数小孔，放在小盆内，加入烤鸭腌酱，用手搓擦均匀，腌制12小时，使其充分入味。②烤盘内铺上一层锡纸，然后将腌制好的鸭腿放在烤网上，送入预热至190℃的烤箱中烤20分钟，取出翻面，再烤10分钟即成。

特点：红润油亮，香嫩不腻。

提示：①腌制时间要够，使其充分入味。②可以根据自己的口味和鸭腿的大小来适当调整烤制时间。

苹果腌肉酱

这种酱是以苹果、蒜瓣、辣椒粉等料调配而成的，色泽褐红、味道咸辣、果味香浓。

原料组成：苹果100克，蒜瓣30克，酱油120克，白糖60克，辣椒粉30克，胡椒粉3克，白醋10克，香油30克。

调配方法：①苹果去皮及籽，切成小丁，同拍松的蒜瓣放入料理机内，加入白醋打成泥，盛在容器内。②依次加入酱油、白糖、辣椒粉、胡椒粉和香油，充分调匀即成。

调酱心语：①苹果泥突出果香味，也可用水梨代替。②蒜瓣除异、增香，突出蒜味，用量要够。③酱油起增色、提鲜、助咸的作用，根据所腌食材多少而加。④辣椒粉起突出辣味的作用，投放量根据个人口味而加。⑤胡椒粉起除异、增香的作用，适可而止。⑥白醋仅起防止苹果泥和蒜泥接触空气变色的作用，不宜多用。

适用范围： 用于烤制肉类或海鲜类食材的调味腌制。

实例举证：烤果味河虾

原料：鲜河虾250克，苹果腌肉酱适量，料酒5克。

制法：①鲜河虾剪去虾枪和虾须，在虾背上横着片一刀，然后挑出虾线，洗净揩干，与料酒和苹果腌肉酱拌匀，腌制20分钟。②取一烤盘垫上锡纸，放上腌味的鲜河虾，送入预热至180℃的烤箱内，用上下火烘烤12分钟即可。

特点：果香四溢，虾肉鲜嫩。

提示：①腌河虾时加点料酒，起到去腥的作用。②河虾用足量的酱料来腌制，烤制后味道才非常鲜香。

麻辣烤肉酱

这种酱是以辣椒粉、花椒粉、酱油膏等调料配制而成的，色泽黑亮、味道麻辣。

原料组成： 酱油膏60克，蒜瓣60克，白糖40克，辣椒粉40克，花椒粉6克，精盐4克，辣椒油10克，香油60克。

调配方法： ①蒜瓣拍松，入钵，加入精盐，用木槌捣成细蓉。②酱油膏入碗，加蒜蓉和白糖调匀，再加辣椒粉和花椒粉调匀，最后加入香油和辣椒油调匀即成。

调酱心语： ①酱油膏定咸、增色，是主要调料，用量稍大。②辣椒粉和辣椒油突出辣味，与花椒粉的麻味呈现麻辣味。③蒜瓣起增香、除异的作用，只有捣成细蓉才能黏附在所烤的原料表面。④白糖起合味的作用，用量以尝不出甜味或刚透出甜味为好。⑤香油增香，同辣椒油共同起滋润、增亮的作用。

适用范围： 烤制各类海鲜、肉类食材。如烤麻辣里脊、烤麻辣鸡腿。

实例举证：烤麻辣里脊

原料：猪里脊肉300克，麻辣烤肉酱适量，熟芝麻少许。

制法：①将猪里脊肉剔净筋膜，顶刀切成0.5厘米厚的金钱片，放在小盆中，加入麻辣烤肉酱充分抓拌均匀，盖上保鲜膜腌制约1小时。②烤盘内铺上一层锡纸，将腌好的肉一片一片码在烤盘上，送入预热至200℃的烤箱内烤约5分钟，取出翻面，再烤5分钟，取出装盘，撒上熟芝麻即成。

特点：麻辣爽口，外焦内嫩。

提示：①里脊肉不宜切得太薄，否则烤制后口感不好。如果没有里脊肉，就用通脊肉或猪坐臀肉代替。②里脊肉很容易烤熟，千万不要烤得时间太久。

沙茶茴香酱

这种酱是以沙茶酱和茴香粉为主要调料，搭配辣椒酱、酱油、白糖等调料配制而成的，味道香辣、略带甜味。

原料组成： 辣椒酱50克，酱油25克，沙茶酱20克，白糖15克，茴香粉5克，咖喱粉5克，胡椒粉3克，香油20克。

调配方法： ①辣椒酱用刀剁成细蓉。②沙茶酱和辣椒酱入碗，加酱油调澥，再加白糖、茴香粉、咖喱粉和胡椒粉调匀，最后加入香油调匀便成。

调酱心语： ①辣椒酱突出辣味，用量可大些。②白糖提甜味，以成品透出甜味即可。③茴香粉、咖喱粉和胡椒粉均起去异、增香的作用，用量不宜太多。

适用范围： 用于烤羊肉、牛肉等食材的腌制调味。

实例举证：烤羊腰串

原料：羊腰6个，大葱2节，生姜3片，料酒、沙茶茴香酱各适量。

制法：①将羊腰表层薄膜撕净，剖成两半，剔净腰臊，切上深而不透的十字花刀，放在盆中，加入清水浸泡数小时，捞出来控尽水分，纳盆并加葱节、姜片、料酒和沙茶茴香酱拌匀，腌约半小时至入味。②把腌好的羊腰用铁扦穿成串，放在预热至200℃的烤箱中网架上烤8分钟取出，再刷上一层沙茶茴香酱续烤2分钟，即可取出食用。

特点：色泽红亮，外焦里嫩，咸鲜香辣，茴香味浓。

提示：①羊腰内的腰臊一定要去

净，否则会影响口味和刀工处理。②羊腰腌制时间要够，以达到去除异味、增加香味的效果。

乳香叉烧酱

这种酱是以酱油、蚝油和海鲜酱为主要调料，辅加红腐乳、白糖等调料配制而成的，酱色深红、咸鲜甜香。

原料组成： 酱油100克，蚝油50克，海鲜酱50克，白酒50克，白糖150克，红腐乳4小块，蒜瓣25克，蜂蜜10克，五香粉5克，精盐、味精各适量，色拉油30克。

调配方法： ①红腐乳放在小碗内，用筷子搅拌成均匀的细泥；蒜瓣剥皮，入钵，加少许精盐，用木槌捣烂成泥。②炒锅上火炙好，放入色拉油烧至五成热时，投入蒜泥煸黄出香，加酱油和白酒爆香，依次加入蚝油、海鲜酱、腐乳泥、白糖、蜂蜜和五香粉，以小火熬浓，调入精盐和味精，搅匀出锅存用。

调酱心语： ①要用小火把蒜泥煸黄出香。若火旺，易把蒜泥炸煳，蒜香味也不能溢出。②酱油和酒应在热底油锅中爆香，以去除生酱油味。③红腐乳增色、助咸、提鲜，以突出乳香味为佳。④白糖和蜂蜜使成品突出甜味。⑤味精提鲜，五香粉增香，均宜少用。⑥所用原料均含有盐分，应试味后酌加盐。

适用范围： 烤制肉类食材，也可用于烧、焖等类菜肴的调味。

实例举证： 叉烧烤肉

原料：猪脖颈肉250克，南瓜、茄子各150克，洋葱50克，乳香叉烧酱、精盐、色拉油各适量。

制法：①猪脖颈肉洗净，切成1厘米厚的片，先用牙签扎满小孔，再改刀切成条状，纳盆并加叉烧酱拌匀，放入冰箱腌制12小时以上；南瓜和茄子洗净，切成块状；洋葱去皮，切成粗丝。②在烤盘上铺一张锡纸，涂一些色拉油，将茄子、南瓜和洋葱丝铺在烤盘上，撒上精盐，将腌制好的猪脖颈肉放在蔬菜上，用预热至200℃的箱温烤半小时左右即成。

特点：猪肉鲜嫩，蔬菜清香，营养味美。

提示：①用牙签在肉片上扎些小孔，更容易入味和制熟。②肉片腌制时间足够，烤出来才会更入味。

蜂蜜蚝油酱

这种酱是以蚝油和蜂蜜为主要调料，搭配生抽、胡椒粉等料调制而成的，色泽褐亮、味道咸甜。

原料组成： 蚝油30克，蜂蜜30克，生抽15克，精盐5克，胡椒粉3克。

调配方法： ①将蚝油和蜂蜜倒入小碗内调匀。②再加入生抽、精盐和胡椒粉调匀即成。

调酱心语： ①蚝油定主味，起定咸鲜味的作用。②蜂蜜起增甜味、上色的作用。③生抽起提鲜、助咸的作用。④胡椒粉起去腥、增香的作用。⑤精盐起合味的作用。

适用范围： 腌制烧烤肉类食材。

实例举证： 柠香烤鸡翅

原料：鸡翅中8个，柠檬半个，洋葱25克，大蒜3瓣，白酒10克，蜂蜜蚝油酱适量，锡纸1大张。

制法：①鸡翅中清洗干净，放在加有5克白酒的清水中浸泡15分钟，捞出揩干水分，在鸡翅内侧打上花刀；柠檬洗净，切片；洋葱去皮，切丝；蒜瓣切片。②把鸡翅中纳盆，加5克白酒、洋葱丝、蒜片和蜂蜜蚝油酱拌匀，放入冰箱腌制12小时以上。③将锡纸裁成合适的大小，放上1个鸡翅中和一片柠檬，然后包起锡纸，放在烤盘上，送入预热至200℃的烤箱内烤25分钟，取出装盘上桌，吃的时候打开锡纸即可。

特点：鸡翅油亮，香嫩咸鲜。

提示：①鸡翅腌制期间取出来揉搓一遍，能更好入味。②鸡翅裹上锡纸烤制，会充满汁水，质感很嫩。没有锡纸的话，可以直接放在烤盘上烤制。

蜂蜜甜酱

这种酱是以蜂蜜、蚝油、甜面酱等调料配制而成的，色泽褐红、咸鲜回甜。

原料组成： 蜂蜜30克，蚝油15克，甜面酱15克，味极鲜味汁15克，白酒15克，精盐5克。

调配方法： ①将甜面酱舀入小碗里，加入味极鲜味汁和白酒调匀成稀糊状。②再加入蜂蜜、蚝油和精盐调匀即成。

调酱心语： ①甜面酱定主味，突出浓郁的酱香。②蜂蜜起上色、增加甜味的作用。③蚝油、味极鲜味汁和精盐起定咸、助鲜的作用。④白酒可以起到去腥、提香的作用，加入要适量。

适用范围： 腌制烧烤肉类食材。

实例举证： 蜜酱烤鸭腿

原料：鸭腿2只，大葱10克，生姜10克，蜂蜜蚝油酱适量。

制法：①将鸭腿放入清水中浸泡15分钟，清洗干净，用牙签在鸭腿表面扎无数个小孔；大葱切段；生姜切片。②把鸭腿放在小盆里，倒入蜂蜜蚝油酱揉搓均匀，放入葱段和姜片，盖上保鲜膜放入冰箱腌制1小时左右。③将腌制好的鸭腿放在铺有锡纸的烤盘上，送入预热至200℃的烤箱内烤35～40分钟即可。

特点：皮脆肉嫩，香甜鲜醇。

提示：①鸭腿腌味前，一定要放入清水中浸泡出血水，否则烤好的鸭腿膻腥重，味道不好。②用牙签在鸭腿表面扎孔，是为了腌制时让酱料更快渗入鸭肉里。

蒜香孜辣酱

这种酱是以蒜泥、豆瓣酱、孜然粉等调料配制而成的，蒜味浓香、咸辣醇鲜。

原料组成： 大蒜1头，豆瓣酱20克，孜然粉10克，蚝油10克，白糖5克，精盐4克。

调配方法： ①大蒜去皮，用刀

拍裂，放在料理机内打成泥；豆瓣酱剁细。②将豆瓣酱和蒜泥放在一起，加入蚝油、白糖、精盐和孜然粉充分调匀即成。

调酱心语：①大蒜定主味，突出蒜香，用量要够。②豆瓣酱起提辣味、增色泽的作用。③孜然粉搭配大蒜定主味，突出孜然的香味。④蚝油提鲜、助咸，白糖合味、增鲜，精盐定咸味。

适用范围：腌制烧烤肉类食材。如烤蒜香排骨、烤蒜香鸡翅等。

实例举证：烤蒜香排骨

原料：猪肋排400克，蒜香孜辣酱50克，色拉油适量，锡纸2张。

制法：①猪肋排顺骨缝划开，剁成3厘米长的段，清洗干净后控干水分，纳盆并加入蒜香孜辣酱拌匀，放入冰箱腌制6小时以上。②在烤盘上铺上锡纸，摆上腌制好的排骨段，再淋上剩下的酱料，表面盖上一张锡纸，送入预热至250℃的烤箱中层烤15分钟，然后拿掉锡纸，在排骨上刷一层色拉油，将烤箱温度调至160℃再烤15分钟即可。

特点：红亮油润，香气四溢，外焦内软。

提示：①包好锡纸烤制，可避免水分蒸发，保存排骨的鲜嫩。②烤制中间刷上一层色拉油，可以让表层烤出焦香酥脆，同时内部达到刚好烤熟的程度，达到外香里嫩的效果。

蘑菇烤肉酱

这种酱是以辣椒酱、白糖、蘑菇粉、甘草粉等调料配制而成的，色泽深红、甜辣微咸。

原料组成：辣椒酱50克，白糖20克，蘑菇粉15克，甘草粉10克，精盐2克，冷开水50克。

调配方法：①辣椒酱放在案板上，用刀剁成细蓉。②冷开水入碗，加白糖和精盐搅拌至溶化，再加蘑菇粉和甘草粉调匀，最后加入辣椒酱搅匀即成。

调酱心语：①辣椒酱满足辣味需要。②蘑菇粉起突出风味的作用。③白糖增甜味，精盐助甜味。④甘草粉起增香的作用。

适用范围： 烤制肉类、蔬菜类。如烤腊肉菜花、烤茄子酿肉等。

实例举证： **烤腊肉菜花**

原料：菜花200克，腊肉100克，蘑菇烤肉酱适量。

制法：①将菜花洗净，分成小朵，放在加有精盐的开水锅中煮至断生，捞出控干水分；腊肉切成大薄片。②取一朵菜花，用腊肉片卷住后，再用牙签固定；依法逐一做完，刷上蘑菇烤肉酱，摆在烤盘上，进预热至180℃的烤箱内烤约5分钟即成。

特点：脆嫩，咸香，微辣。

提示：①焯菜花时往水中加盐，是为了让其进一些味道。焯的时间不要太短，要保证焯熟。②腊肉质硬味咸，应用水煮软后再改刀处理。

蛋黄红糟酱

这种酱是在红糟酱的基础上加入鸡蛋黄和淀粉调配而成的，色泽红亮、咸中回甜。

原料组成： 红糟酱30克，鸡蛋黄2个，淀粉60克，清水15克。

调配方法： ①将淀粉放入容器内，加入清水自然泡透，搅匀；鸡蛋黄入碗，用筷子充分调匀。②把红糟酱和鸡蛋黄加入淀粉糊内，充分调匀便成。

调酱心语： ①红糟酱突出风味特色，用量要够。②鸡蛋黄起增嫩、上色和增加营养的作用，根据主料的多少加入。③淀粉起致嫩的作用，不宜多用，否则食材表面会粘得很厚，最终影响菜品口感。

适用范围： 腌制各种肉类和海鲜等。

实例举证： **烤红糟鸡腿**

原料：肉鸡腿2只，蛋黄红糟酱30克，色拉油15克。

制法：①将肉鸡腿上的残毛去净，顺长划开，剔去骨头，用刀尖在肉面戳断筋络，纳盆并加蛋黄红糟酱充分抓匀腌10小时。②把肉鸡腿放在盘中，上笼蒸熟，取出，放进预热至200℃的烤箱内烤至表面焦脆，取出切条，装盘即成。

特点：红亮油润，外焦内嫩。

提示：①鸡腿与酱料充分揉抓，让其更容易入味。②鸡腿已熟，只需把表面烤到上色略焦即好。

烤猪肉腌酱

这种酱是以酱油膏、白糖、香菇粉、蛋黄粉等调料配制而成的，色泽褐亮、味道咸香。

原料组成： 酱油膏30克，白糖15克，红葱头10克，大葱10克，蒜瓣10克，香菇粉10克，蛋黄粉10克，料酒5克，淀粉5克，香油15克。

调配方法： ①红葱头、大葱、蒜瓣分别去皮洗净，用刀切碎，放在料理机内打成蓉，倒在小盆内。②加入酱油膏、白糖、香菇粉、蛋黄粉、料酒、淀粉和香油，充分调匀即成。

调酱心语： ①酱油膏起提鲜、上色、助咸的作用。②白糖起合味、提鲜的作用。③红葱头、大葱、蒜瓣均起去异、增香的作用。④香菇粉、蛋黄粉起增香的作用。⑤淀粉起增稠的作用，并且使烤好的食材表面有一薄层焦脆感。

适用范围： 烤制各种肉类食材的调味腌制。

实例举证： **生烤猪排**

原料：猪外脊肉300克，番茄1个，泡菜、生菜各25克，柠檬汁1小勺，烤猪肉腌酱适量，色拉油15克。

制法：①将猪外脊肉切成1厘米厚的长方片，用刀面拍松纳盆，加入烤猪肉腌酱和色拉油拌匀，腌12小时；番茄洗净，切角；泡菜和生菜分别切丝。②在烤盘上架一铁丝网，然后将腌好的牛肉平摊在网上，送入预热至150℃左右的电烤箱内烤20分钟，再升高箱温烤5分钟至内熟外表略焦时取出，配以番茄角、泡菜丝和生菜丝装盘即成。

特点：色泽红褐，肉香味浓。

提示：①拍打牛肉片时用力要适度，防止破碎。②腌制时加些色拉油，可使烤出的成品油润味香。

香菇腌肉酱

这种酱是在叉烧酱、豆瓣酱、甜面酱的混合酱里加上了香菇粉、白糖等调料配制而成的，酱味突出、菌香味浓、咸鲜味辣。

原料组成： 叉烧酱30克，豆瓣酱15克，甜面酱12克，白糖30克，香菇粉15克，精盐5克，豆豉5克，鲜红辣椒5克。

调配方法： ①豆瓣酱、豆豉分别剁细；鲜红辣椒洗净去蒂，切末。②坐锅点火，注入色拉油烧至六成热，下入豆豉爆香，续下豆瓣酱炒出红油，出锅盛在小盆内晾冷，依次加入叉烧酱、甜面酱、白糖、香菇粉、精盐和鲜红辣椒末调匀即成。

调酱心语： ①叉烧酱、甜面酱起定酱香的作用。②豆瓣酱起增色、提辣的作用。③香菇粉用量要够，使其在酱香中突显菌香的味道。④豆豉提鲜、助咸，用量以不压抑菌香味为好。⑤要等豆豉和豆瓣酱完全冷却后，再加入其他调料。

适用范围： 烤制各种肉类食材，如凤爪、猪蹄膀、牛肉等的调味腌制。

实例举证： 烤菌香鸡爪

原料：肉鸡爪500克，料酒15克，生姜5片，大葱3段，炖鸡香料1小包，香菇腌肉酱适量。

制法：①把肉鸡爪表面残留杂物去净，焯水后放在冷水锅中，加入料酒、姜片、葱段和炖鸡香料，大火煮沸，转小火煮熟，离火泡至凉透，捞出来控尽水分。②把肉鸡爪与香菇腌肉酱拌匀，腌制6小时，放入垫有锡纸的烤盘上，送入预热至180℃的烤箱内烤至表面略焦，即可取出食用。

特点：外焦里嫩，酥软脱骨。

提示：①鸡爪煮得骨酥肉烂，烤出来的口感才好。②腌制时间要够，让鸡爪充分入味。

蒜香腌肉酱

这种酱是用大蒜加上韩式辣酱、白糖、生抽等调料配合而成的，色泽红亮、蒜香四溢、咸鲜微辣。

原料组成： 韩式辣酱30克，大蒜10瓣，生姜5克，白糖15克，生抽10克，蜂蜜10克，蚝油5克，色拉油15克。

调配方法： ①蒜瓣拍裂，切碎；生姜刮洗干净，切成小丁。将两者放入料理机内，加入色拉油打成泥，盛在容器内。②依次加入韩式辣酱、白糖、生抽、蜂蜜和蚝油，充分调匀即成。

调酱心语： ①大蒜突出浓郁的蒜香味，用量要足。②生姜起辅助增香、压异腥的作用。③韩式辣酱提色、定辣香味。④白糖、蜂蜜起助甜、提鲜的作用。⑤生抽、蚝油起提鲜、助咸的作用。⑥色拉油起滋润、增香的作用。

适用范围： 烧烤禽、畜肉的调味腌制。

实例举证：蒜香烤花肉

原料：猪五花肉250克，蒜香腌肉酱适量，圆白菜心6片，圣女果3个，香醋5克，蜂蜜3克，橄榄油5克，

制法：①猪五花肉洗净，切成0.3厘米厚的长方片，纳盆并加蒜香腌肉酱拌匀，腌制半小时；圆白菜片切细丝，加入香醋、蜂蜜和橄榄油拌匀；圣女果洗净，对切。均待用。②平底不粘锅烧热，排入五花肉片煎至微焦上色且熟透，铲出装在盘中，周边放上调味的圆白菜丝和圣女果即成。

特点：肉香不腻，诱人食欲。

提示：①五花肉片切得不可太薄，否则烤制后口感不好。②煎烤时火不要太旺，并且勤翻动。

沙茶腌肉酱

这种酱是以沙茶酱为主要调料，辅加大蒜、酱油、白糖等调料配制而成的，沙茶酱香、味道咸鲜。

原料组成： 沙茶酱30克，蒜瓣15克，酱油25克，白糖10克，米酒10

克，黑胡椒粉2克。

调配方法： ①蒜瓣用刀拍松，入钵捣成细蓉，加少许冷水调匀，待用。②沙茶酱入小盆内，先加酱油和米酒调匀，再加入蒜蓉、白糖和黑胡椒粉调匀即成。

调酱心语： ①沙茶酱起定主味的作用，用量要大。②大蒜和米酒起压异味、增香味的作用。③白糖起合味、上色的作用。④酱油除起增色的作用外，还有助咸、提鲜的作用。⑤黑胡椒粉主要起增香和除腥味的作用。

适用范围： 烤海鲜或是口味浓郁的食材，也可用作火锅蘸碟或热炒酱料。

实例举证：烤沙茶羊排

原料：羊小排4片，沙茶腌肉酱适量。

制法：①羊小排洗净沥干，用叉子扎上小洞，加入沙茶腌肉酱拌匀，腌4小时，备用。②把腌入味的羊小排铺于网架上，以中小火烤约8分钟，并适时翻面，烤至两面都呈稍微焦黄时，即可取出食用。

特点：羊排软嫩，香浓满口。

提示：①一定要选用鲜嫩的羊小排。②烤制期间适时翻面，使口感和色泽一致。

五香腌肉酱

这种酱是以鸡蛋和淀粉为原料，加上五香粉、米酒、白糖等调料配制而成的，色泽黄亮、五香咸鲜。

原料组成： 鸡蛋2个，淀粉10克，五香粉10克，米酒30克，精盐10克，白糖5克，白胡椒粉5克，酱油5克。

调配方法： ①淀粉、五香粉、精盐、白糖和白胡椒粉放在一起，加入米酒和酱油调成稀糊状。②鸡蛋磕入碗内，用筷子充分打散，倒在淀粉糊内调匀即成。

调酱心语： ①鸡蛋起致嫩和增加营养的作用，以满足食材的量即可。②五香粉起增香的作用，用量以突出五香味即可。③淀粉有保护肉类食材水分不外溢的功效，也能起到致嫩的作用。但不可多用，否则口感不佳。④酱油起提色、助鲜的作用，多用会使成品色泽发黑。

适用范围： 腌制鸡排或肉类，再

进行烤制或油炸。

实例举证：烤五香牛肉串

原料：牛柳肉250克，五香腌肉酱适量，色拉油10克。

制法：①将牛柳肉切成1.5厘米厚的大片，用刀面拍松，切成1厘米见方的丁，放在小盆内，加入五香腌肉酱拌匀，腌透入味。②将腌入味的牛肉丁用竹扦穿起成串，刷上一层色拉油，摆在烤盘上，送入预热至200℃的烤箱内烤8分钟左右即成。

特点：色泽金红，焦软咸香。

提示：①拌好的牛肉丁腌制20分钟以上，味道更好。②时间和温度根据自家烤箱来调整。

腐乳腌酱

这种酱是以红腐乳为主要调料，加上蚝油、蒜瓣、白糖等调料配制而成的，味道咸鲜、腐乳味突出。

原料组成： 红腐乳60克，蚝油15克，蒜瓣10克，米酒10克，白糖5克，鸡精2克，淀粉10克，清水50克。

调配方法： ①蒜瓣去皮，先用刀拍裂，再剁成细末；淀粉与清水调成水淀粉。②红腐乳放入小盆内，用羹匙压成细泥，加入蚝油、蒜末、米酒、白糖、鸡精和水淀粉调匀即成。

调酱心语： ①红腐乳起定主味的作用，用量要足够。②蚝油起提鲜、助咸的作用。③蒜瓣和米酒起增香和压腥的作用。④白糖起合味的作用，鸡精起提鲜的作用。⑤水淀粉起黏合的作用，使烤出的成品表面有一薄层焦焦的脆壳。

适用范围： 腌制鸡排、肉类及海鲜等，再进行烤制或油炸。

实例举证：烤乳香鸡肉串

原料：带皮鸡腿肉200克，腐乳腌酱、香油各适量。

制法：①带皮鸡腿肉皮朝下放在案板上，用刀尖戳数下，切成5厘米长、小指粗的条，纳盆并加入腐乳腌酱拌匀，腌制半小时左右。②把腌好的鸡肉条穿在竹扦上，放入预热至250℃的烤箱内烤6分钟，取出来刷上香油，再入烤箱烤3分钟即成。

特点：鸡肉焦嫩，咸鲜乳香。

提示：①也可以选用鸡脯肉，但烤出的口感不及鸡腿肉。②刷上香油后再烤一会儿，起到提香和增亮的效果。

五香乳酱

这款调味腌酱是在腐乳腌酱的基础上，又加入了五香粉增香料调配而成的，色泽粉红、五香味浓、腐乳味浓。

原料组成：红腐乳60克，五香粉2克，蚝油20克，蒜瓣30克，白糖15克，米酒10克。

调配方法：①蒜瓣拍松，入钵捣成细蓉，再加10克冷水调匀，待用。②红腐乳入小盆内，用羹匙压成细泥，加入五香粉、蚝油、蒜蓉、白糖和米酒，充分调匀即成。

调酱心语：①红腐乳起定主味的作用，用量要足够。②五香粉起增的香作用，用量以突出五香味即可。③蚝油起提鲜、助咸的作用。④蒜瓣、米酒起增香和压腥的作用。⑤白糖主要起合味的作用。

适用范围：烤制鸡排、鸡翅等肉类食材的调味腌制。

实例举证：烤香乳鸡翅

原料：鸡翅4只，五香腐乳酱适量。

制法：①将鸡翅上的残毛去除，洗净沥干，用叉子在鸡翅背面扎几下，放入容器中，加入五香腐乳酱拌匀，腌制半小时以上。②将腌制好的鸡翅放置在烤网上，送入预热至200℃的烤箱中层烤约15分钟，取出翻面，再烤5分钟即可。

特点：五香味浓，咸香味鲜。

提示：①鸡翅腌制的时间越长越好吃。②烤好的鸡翅趁热食用口感最好。

菠萝腌肉酱

这种酱是以菠萝肉为主要原料，搭配酱油、白糖等料配制而成的，色泽黄亮、咸鲜回甜。

原料组成：菠萝肉100克，酱油50克，白糖40克，大葱40克，生姜10克。

调配方法：①菠萝肉切丁，用淡盐水泡10分钟，捞出控去水分；大葱洗净，切粒；生姜洗净去皮，切粒。②把菠萝丁、姜粒、葱粒、酱油和白糖依次放入料理机内，打成酱状便成。

调酱心语：①菠萝肉含有菠萝酶，有致嫩的作用。还可使成菜有浓郁的果香味。②酱油起上色、助咸的作用，不宜太多，否则会使烤出的食材发黑。③白糖起增甜味和上色的作用。④大葱、生姜主要起去异、增香的作用。

适用范围：烤肉的腌制调味，也可用作烧烤菜肴的蘸酱。

实例举证：烤果香肉脯

原料：猪通脊肉250克，菠萝腌肉酱50克，干淀粉15克，精盐2克，胡椒粉1克，色拉油15克。

制法：①将猪通脊肉切成0.5厘米厚的大片，用刀面拍松，改切成4厘米边长的片，纳盆并加精盐、胡椒粉、菠萝腌肉酱、干淀粉和色拉油拌匀，腌约半小时。②取一烤盘，刷上一层色拉油，摆上腌好的猪肉片，放进预热至170℃的烤箱中烤5分钟，取出翻转肉片，再烤3分钟即成。

特点：色泽黄亮，外焦内嫩，咸中回甜。

提示：①加入的干淀粉量以挂在肉片上有一薄层为佳。②如想吃更焦脆一点的口感，后3分钟烤制时升高箱温200℃左右，但注意不要烤煳。

姜味咖喱酱

这种酱是以生姜蓉加上咖喱粉、咖喱酱、牛奶等料调配而成的，色泽黄亮、姜味突出、咖喱香辣。

原料组成：生姜25克，咖喱粉15克，咖喱酱10克，牛奶50克，精盐10克，白糖5克，色拉油30克。

调配方法：①生姜洗净去皮，切末后捣成细蓉。②将咖喱粉和牛奶放在一起调匀，加入姜蓉、咖喱酱、精盐、白糖和色拉油，充分调匀即成。

调酱心语：①生姜突出浓郁的姜香味，捣成细蓉，才易被烤制的食材吸收味道。②咖喱粉和咖喱酱合用，是为了咖喱味更浓郁。

③牛奶、白糖均是起中和咖喱辛辣味的作用，使做出来的菜仍保有辛辣的咖喱香气但是也不会太刺激，而且更加香浓。④精盐起定咸味的作用。⑤色拉油起提香、增亮的作用。

适用范围：烤制根茎类蔬菜和海鲜食材。

实例举证：烤咖喱土豆

原料：土豆500克，姜味咖喱酱50克，香菜末10克。

制法：①土豆洗净削皮，切成滚刀块，用清水洗两遍，沥干水分；香菜择洗干净，切末。②坐锅点火，添入清水烧开，下入土豆块煮3分钟至半熟，捞出控水，放在小盆内，加入姜味咖喱酱拌匀，铺在烤盘内，放进预热至220℃的烤箱内烤约15分钟，取出装盘，撒香菜末即成。

特点：土豆酥绵，咖喱香浓。

提示：①土豆应切成大小一致的滚刀块，不要切成四方块。②控制好烤制时间，不要使土豆块内部有硬心。

酸奶咖喱酱

这种酱是用酸奶加上洋葱、咖喱粉等料配制而成的，咖喱味浓、奶香四溢。

原料组成：酸奶80克，洋葱30克，大蒜10克，白糖10克，咖喱粉10克，精盐5克。

调配方法：①洋葱剥去外皮，切成小块；大蒜剥皮，切片。②把洋葱块、蒜片、酸奶、咖喱粉、白糖和精盐依次放入料理机内，打成酱状便成。

调酱心语：①酸奶定主味，突出浓郁的奶香味。②咖喱粉起增加辛香辣味的作用，在酸奶味中略有表现即可。③白糖起助甜味、提鲜、上色的作用。④洋葱与大蒜起增香、压异的作用。⑤精盐起定咸味的作用。

适用范围：烤制根茎类蔬菜和肉类食材。

实例举证：烤豆角串

原料：嫩豆角300克，精盐2克，酸奶咖喱酱适量。

制法：①嫩豆角洗净去两头，切成

5厘米长的段，放在加有精盐的开水中焯至变色，捞出迅速用冷水投凉，沥干水分。②将豆角段用竹扦穿好，刷上一层酸奶咖喱酱，摆在烤盘上，送入预热至180℃的烤箱内烤5分钟，取出再刷一次酸奶咖喱酱，续烤5分钟即可。

特点：脆嫩爽口，酸甜辛辣。

提示：①以选鲜嫩无豆粒的豆角为好。②豆角用盐水焯过，可增加底味，并且烤制后色泽鲜亮。

蒜香咖喱酱

这种酱是以大蒜和咖喱粉为主要调料，搭配蚝油、红辣椒粉等调料配制而成的，色泽黄红、辣味特别。

原料组成：大蒜50克，咖喱粉75克，蚝油60克，米酒30克，洋葱30克，生姜30克，白糖15克，红辣椒粉5克，纯净水100克。

调配方法：①大蒜分瓣剥皮，切片；洋葱剥去外皮，切成小块；生姜洗净去皮，切小片。②把蒜片、洋葱块和生姜片放入料理机内打成泥，再加入咖喱粉、红辣椒粉、蚝油、白糖、米酒和纯净水，打成酱状即成。

调酱心语：①咖喱粉定主味，突出辛辣和香味。②红辣椒粉起辅助辣味的作用，不要掩盖咖喱的辛辣味。③大蒜、洋葱、生姜和料酒均起增加香味、去除异味的作用。其中大蒜用量要足，在咖喱辛辣味中突出浓郁蒜香味。④蚝油起助咸、提鲜的作用。⑤白糖起合味的作用。

适用范围：用作烧烤、炸制肉类食材的腌酱，可使成品有美丽的金黄色泽。

实例举证： **咖喱炸牛排**

原料：牛排2片（约240克），蒜香咖喱酱30克，干淀粉50克，色拉油适量。

制法：①牛排用肉槌拍松后切断筋膜，纳盆并加入蒜香咖喱酱拌匀，腌15分钟。②把腌入味的牛排均匀地沾上一层干淀粉，待其表面湿润时，下入烧至五成热的色拉油锅中炸至刚熟捞出；待油温升高至七成热，再次下入复炸至金黄色，捞出控油，切条装盘便成。

特点：色泽金黄，酥脆鲜嫩。

提示：①牛排经过槌拍，以起到致嫩的作用。②牛排经过二次复炸，会排出内部吸收的油分，减轻油腻感，吃起来更酥脆。

辣味虾酱

这种酱是用辣椒酱、虾酱等调料配制而成的，鲜味浓醇、香辣咸香。

原料组成： 辣椒酱30克，虾酱15克，蒜瓣15克，米酒10克，白糖5克，精盐2克，香茅粉2克。

调配方法： ①蒜瓣入钵，加精盐捣成细蓉，再加10克冷水调匀，待用。②辣椒酱和虾酱放入碗内，先加香茅粉、米酒和白糖拌匀，再加蒜蓉调匀便成。

调酱心语： ①辣椒酱用量稍大，提辣味、助咸味，以满足此味的需要。②虾酱起助咸、提鲜、辅助酱香的作用。③大蒜去异、增香，捣成蓉后用冷水澥开，不仅蒜味更浓郁，而且放置一段时间也不会变色。④白糖起合味、提鲜和上色的作用。⑤米酒起去异腥、增香味的作用。⑥香茅粉主要起增香的作用，不宜多放。

适用范围： 烤制各种海鲜或肉类食材。

实例举证： 烤辣鱿鱼圈

原料：鲜鱿鱼1条，洋葱50克，辣味虾酱、色拉油各适量。

制法：①将鲜鱿鱼的表面薄膜和中间明骨除去，横着切成1厘米宽的圈状，纳盆并加辣味虾酱拌匀，腌制30分钟；洋葱去皮，切圈。②将烤盘铺一层锡纸，先放洋葱圈垫底，再放上腌制好的鱿鱼圈，刷上色拉油，送入预热至220℃的烤箱中烤6分钟，取出即可食用。

特点：色泽鲜亮，香辣脆嫩。

提示：①由于鲜鱿鱼的含水量极高，烤制时间不宜过长，否则鱿鱼口感容易变老。也可选购超市出售的鱿鱼圈，但大都是冷冻品，经烤后口感不及鲜品。②鲜鱿鱼表面光滑，腌制时间一定要足。

桂花飘香酱

这种酱是在花生酱和芝麻酱内加入桂花酱、蜂蜜等料配制而成的，香中回甜、桂花味浓。

原料组成： 花生酱、芝麻酱各25克，白糖20克，桂花酱10克，蜂蜜10克，精盐、味精各适量，开水100克。

调配方法： ①花生酱、芝麻酱放在小盆内，分次加开水调成稀糊状。②再加入白糖、桂花酱、蜂蜜、精盐和味精调匀即成。

调酱心语： ①花生酱、芝麻酱定主味，突出酱香特点。②桂花酱增香味，突出桂花香味即好。③白糖、蜂蜜起助甜、上色的作用。④精盐起助咸、提鲜的作用，味精起增鲜的作用。

适用范围： 烤制各种肉类食材。

实例举证： 微波烤花肉

原料：五花肉250克，桂花飘香酱100克，色拉油适量。

制法：①五花肉去皮后，用钢针扎上无数个小洞，纳盆并加桂花飘香酱拌匀，放入冰箱中腌约12小时以上。②把腌好的五花肉放入微波炉里，用中火挡加热约15分钟取出，再放到烧至五六成热的色拉油锅中炸至皮色金红时捞出沥油，切成大薄片状，摆在盘中即成。

特点：外焦内嫩，香而不腻，咸鲜回甜。

提示：①五花肉用钢针戳上小洞，便于入味和制熟。②油温不要太低，让其快速把肉块表皮炸焦且上色。

香茅麻酱

这种酱是在调好的芝麻酱内加入香茅末等料配制而成的，色泽灰白、味道咸香、香茅味浓。

原料组成： 芝麻酱20克，鲜香茅15克，老姜10克，大葱10克，料酒10克，精盐5克，胡椒粉5克，味精3克。

调配方法： ①鲜香茅洗净，切细剁蓉；老姜、大葱分别切末。②芝麻酱入碗，分次加40克热水顺一个方向搅拌成糊状，再加料酒、精盐、味精、胡椒粉、姜末、葱末和鲜香茅末调匀即成。

调酱心语：①鲜香茅是主要调料，突出其清香风味，用量要足够。②芝麻酱用量稍大，以表现自然麻香味为佳。调制时，分次加入热水且顺一个方向搅拌，调出的芝麻酱才黏而不澥。③精盐定咸味，根据所用芝麻酱的量加入，以略透咸味即可。④老姜、大葱、料酒、胡椒粉均起增香、除异、去腥的作用。⑤热水起稀释芝麻酱的作用，不宜太多，以免调好的酱太稀。

适用范围：烤制各种河、海鲜食材。

实例举证：烤香茅鳗鱼

原料：鲜活鳗鱼1尾（约重650克），香茅麻酱、香油各适量。

制法：①将鲜活鳗鱼宰杀后漂净血水，然后片开并去骨成一整片鳗鱼，再在肉面剞上十字花刀，纳盆并加香茅麻酱拌匀，腌约5小时。②把鳗鱼皮朝下平整地铺在烤盘上，入烤箱中用上火220℃、下火200℃烤约20分钟，取出刷上香油，切成条状，装盘即成。

特点：色泽大红，焦香细嫩。

提示：①鳗肉剞上花刀，既便于腌制时快速入味，又可避免在烤制时不卷曲。②根据烤箱的不同，掌握好烤制时间。

味噌腌酱

这种酱是用味噌加上白糖、酱油等调料配制而成的，色泽褐亮、酱香回甜。

原料组成：味噌30克，白糖10克，酱油6克，米酒10克，生姜10克，甘草粉1克。

调配方法：①生姜刮洗干净，切成碎末。②将味噌、白糖、酱油、米酒和甘草粉放在碗内，加入姜末拌匀便成。

调酱心语：①味噌定主味，它是以黄豆为主要原料，再加上盐以及不同的种曲发酵而成的调味品，按味道分为比较咸的味噌、比较甜的味噌和比较淡的味噌。调配此酱应选用比较咸的味噌。②酱油除提鲜、助咸外，还有稀释酱的作用。③白糖起提鲜、合味的作用。④米酒、生姜起去腥、增香的作用。⑤甘草粉主要起增香的作用，不宜多加。

适用范围： 烤制各种肉类食材。如烤肥肠串、烤猪小排等。

实例举证：烤肥肠串

原料：熟白肥肠250克，味噌腌酱50克，香菜末10克，香油15克。

制法：①将熟肥肠横着切成2厘米长的小节，放在小盆内，先加味噌腌酱拌匀，腌约半小时至入味，再加入香菜末和香油拌匀。②将竹扦用热水消毒后，揩干水分，每支竹扦上穿上5段肥肠，摆在刷有色拉油的烤盘上，放进预热至250℃的烤箱内烤约5分钟即成。

特点：肥肠鲜嫩，味道醇香。

提示：①肥肠腥异味重，煮制时应加足料酒和葱、姜。②肥肠已熟，在烤制时用高温烤上色即可。

蒜味柱侯酱

这种酱是以柱侯酱和大蒜为主要调料，辅加白糖、米酒等调料配制而成的，色泽浅褐、蒜味浓香。

原料组成： 柱侯酱30克，大蒜20克，白糖10克，精盐5克，米酒5克，姜汁5克，纯净水15克。

调配方法： ①大蒜去皮，剁成碎末。②将柱侯酱放在碗内，先加纯净水调稀，再加蒜末、白糖、米酒、姜汁和精盐调匀即成。

调酱心语： ①柱侯酱含有浓烈的豆酱味，兼有豆瓣酱、甜面酱、烤肉酱的香味，是烹制肉类的好帮手。②大蒜突出浓郁的蒜香味，用量要足。③白糖起合味、上色的作用。④米酒、姜汁起增香、除异的作用。⑤精盐起定咸味的作用。⑥纯净水起稀释酱的作用。

适用范围： 用作烤叉烧、烤牛排、烤排骨的调味腌酱。

实例举证：烤土豆牛肉

原料：牛肉300克，大土豆1个，蒜味柱侯酱50克，梨汁50克，白芝麻5克。

制法：①牛肉切成0.5厘米厚的片，用清水冲洗一下，控干水分，放在小盆中，加入梨汁、蒜味柱侯酱和白芝麻拌匀，腌4小时以上；土豆洗净去皮，切成0.3厘米厚的片，用清水洗净表面淀粉，沥干水分。②取一烤盘铺上一张铝箔纸，先摆上土豆片，再摆放牛肉片，最后淋上剩余蒜味柱侯酱，送入预热至200℃的烤箱中烤约12分钟，即可取出装盘。

特点：牛肉质感细嫩，味香微甜带辣。

提示：①牛肉切片厚度要适宜，过厚，烤制时间长，过薄，口感不好，同时，牛肉切片后，最好再用刀面拍几下，使肉质变柔嫩。②牛肉切片后要把血水去尽。③腌制时加些梨汁，可使牛肉更嫩。

韩式果味辣酱

这种酱是在韩式辣酱里加上了苹果、水梨等料配制而成的，色泽红亮、果香味辣。

原料组成：苹果、水梨各75克，韩式辣酱30克，酱油10克，白糖10克，大葱10克，生姜5克，蒜瓣5克。

调配方法：①苹果、水梨去皮，分别切成小丁；大葱、生姜、蒜瓣分别切末。②将切好的苹果丁、水梨丁、葱末、姜末和蒜末放入料理机内，加入韩式辣酱、酱油和白糖打成酱即成。

调酱心语：①韩式辣酱定主味，突出辣味。如果没有，也可用其他辣椒酱代替。②苹果、水梨能增加清香味和果香味，并且有去腥、压异的作用。③酱油起上色、助咸、提鲜的作用。④白糖起减轻辣味的作用。

适用范围：用于羊肉、猪肉、牛肉烧烤前的腌制调味。

实例举证：烤莴笋牛肉串

原料：牛里脊肉250克，莴笋150克，精盐1克，韩式果味辣酱、色拉油各适量。

制法：①将牛里脊肉横着纹理切成2厘米见方的块，放在小盆内，加入韩式果味辣酱拌匀，放在冰箱冷藏室腌制4小时以上；莴笋去皮，切成滚刀块，加精盐腌3分钟，沥水待用。②用竹扦穿一块牛肉间隔一块莴笋，摆在烤盘上，送入预热好的200℃烤箱中层烤约10分钟，取出刷上剩余韩式果味辣酱，再烤5分钟至牛肉变色可以轻易扎透即可。

特点：香辣可口，牛肉鲜嫩。

提示：①最好选择牛里脊肉或者黄瓜条。这样的肉嫩且好入味和制熟。②烤制时间并不是越久越好，越久牛肉就会越韧，越不好嚼。

柠香苏梅酱

这种酱是在紫苏梅酱内加入柠檬汁、米酒、白糖等调料配制而成的，味道酸甜、柠檬清香。

原料组成： 柠檬1个，紫苏梅酱30克，米酒15克，白糖10克，精盐3克，纯净水60克。

调配方法： ①柠檬洗净，放在平面台板上用手来回搓数下，对切后挤出汁液，待用。②将紫苏梅酱、白糖和精盐放在一起，加入米酒和柠檬汁调匀，最后加入纯净水调匀即成。

调酱心语： ①柠檬汁可以去腥、提味。②紫苏梅酱定主味，用量要够。③白糖综合紫苏梅酱的酸味，以略透甜味即可。④精盐定咸味，以酸甜味中略带咸味为佳。⑤纯净水起稀释酱料的作用，控制好用量。

适用范围： 腌制各种肉类和海鲜。

实例举证： 香柠肉排

原料：猪通脊肉100克，炸肉排粉75克，胡椒盐、柠香苏梅酱、色拉油各适量。

制法：①将猪通脊肉去净筋膜，切成0.3厘米厚的片，用刀背拍松，纳盆并加柠香苏梅酱和胡椒盐拌匀，腌约半小时，再裹匀一层炸肉排粉，按实备用。②坐锅点火，注入色拉油烧至五成热时，下入猪肉排炸熟呈金黄色，捞出控油，切条装盘便成。

特点：色泽金黄，酥嫩酸甜。

提示：①猪肉片拍松腌制，便于入味和制熟。②要待炸肉排粉表面湿润后，再下油锅里炸制。

黄豆腌酱

这种酱是在黄豆酱内加上了蒜末、酱油、白糖等调料配制而成的，味道咸香、豆酱味浓。

原料组成： 黄豆酱30克，酱油25克，蒜瓣15克，生姜5克，白糖10克，米酒5克。

调配方法： ①蒜瓣去皮，拍松切末；生姜刮皮洗净，切末。②将黄豆酱放入料理机内，先加酱油和米酒打匀，再加蒜末、姜末和白糖打匀即成。

调酱心语： ①黄豆酱定主味，突出浓郁的黄豆酱特色。②酱油起稀释黄豆酱、助咸、上色的作用。③蒜瓣、生姜、米酒均起去异、增香的作用。④白糖起合味、提鲜的作用。

适用范围： 腌制海鲜和肉类食材。如酱烤墨鱼仔、酱烤鱿鱼等。

实例举证： **酱烤墨鱼仔**

原料：净墨鱼仔10个，黄豆腌酱75克，香油10克。

制法：①将洗净的墨鱼仔纳盆，加入黄豆腌酱拌匀，腌制2小时以上。②将腌制好的墨鱼仔放在烤架上，烤架下面要垫一个铺有锡纸的烤盘，送入预热至200℃的烤箱中烤10分钟，取出再刷一层黄豆腌酱，续烤5分钟，在表面刷上香油即可。

特点：色泽酱红，口感香醇。

提示：①墨鱼仔表面光滑难入味，腌制时间不要低于2小时。腌制时间越长，味道会更好。②墨鱼仔烤的时间不应过长，否则口感会变得较硬。

茴香腌肉酱

这种烧烤调味酱是在茴香粉内加入蒜蓉、酱油、辣椒粉等调料配制而成的，蒜香味辣、茴香味突出。

原料组成： 茴香粉10克，大蒜50克，酱油50克，米酒30克，姜汁20克，白糖20克，辣椒粉10克，精盐5克。

调配方法： ①大蒜分瓣去皮，入钵放精盐，捣成细蓉，加米酒调匀，待用。②将茴香粉、辣椒粉和白糖放在一起，加入酱油、姜汁和蒜蓉调匀便成。

调酱心语：①茴香粉定主味，突出清香。②大蒜、米酒、姜汁主要起除异、增香的作用。③辣椒粉起提色、增辣、压异味的作用。④酱油起上色、提鲜、助咸的作用，不宜多放，否则烤出成品的颜色不美观。

适用范围：用于烧烤肉类的腌制调味，以羊肉为最佳。

实例举证：茴香烤羊排

原料：羊肉200克，茴香腌肉酱75克。

制法：①将羊肉切成厚约1厘米的大片，用刀尖戳上无数小洞，纳盆并加茴香腌肉酱拌匀，腌制30分钟。②把羊肉片平铺于网架上，以中火烤熟至两面呈褐红时，取下切条装盘即成。

特点：色泽褐红，焦嫩香辣。

提示：①羊肉片戳上小洞的目的是便于入味和制熟，受热时也不会卷曲。②控制好烤制时间，以免失水太多，成品焦而不嫩。

泰式辣酱

这种酱是以红辣椒粉、白糖、鱼露等调料配制而成的，色红味辣、咸鲜回甜。

原料组成：红辣椒粉30克，红辣椒2个，白糖30克，鱼露15克，精盐5克，水淀粉15克，清水200克。

调配方法：①红辣椒洗净，去蒂及籽，切成碎末。②锅坐火上，倒入清水烧沸，放入红辣椒粉、红辣椒末、白糖、鱼露和精盐煮滚后，用水淀粉勾芡，搅匀煮熟便成。

调酱心语：①红辣椒粉、红辣椒起定辣味、上色的作用。②鱼露助咸、提升鲜味。③精盐起确定咸味的作用。④白糖起增加甜味和上色的作用，投放量不要太多。⑤水淀粉除起增稠、融合诸味的作用外，还能使食材烤制后表面有一层焦焦的脆壳。

适用范围：烤制各种肉类食材。

实例举证：泰酱烤肉饼

原料：猪肉馅200克，鸡蛋1个，湿

淀粉25克，葱姜水15克，生抽10克，料酒5克，泰式辣酱、精盐、味精、香油各适量。

制法：①猪肉馅放在盆中，加入鸡蛋、湿淀粉、葱姜水、生抽、料酒、精盐、味精和香油充分搅拌上劲，做成8张大小均匀、厚约0.5厘米的圆饼。② 将烤盘上铺上一张油纸，摆上猪肉饼，在表面刷一层泰式辣酱，送入预热至200℃的烤箱中烤约6分钟，取出来翻面，再刷上一层泰式辣酱，再烤6分钟至熟透，即可取出装盘。

特点：外焦内嫩，咸香微甜。

提示：①肉馅调得不宜太硬，否则口感不佳。②整个烤制过程中控制好烤制时间。

烤羊肉酱

这种酱是以辣椒酱、酱油、孜然粉等调料配制而成的，专门烤制羊肉，色泽红润、香辣咸鲜、孜然味浓。

原料组成： 辣椒酱50克，酱油25克，孜然粉10克，茴香粉5克，胡椒粉3克，香油20克。

调配方法： ①辣椒酱用刀剁成细蓉，盛入碗内。②加入酱油调澥后，再加孜然粉、茴香粉和胡椒粉调匀，最后加入香油调匀即成。

调酱心语： ①辣椒酱增加辣味，用量可多一些。②酱油起上色、助咸、提鲜的作用。③孜然粉定主味，突出孜然的香味。④茴香粉和胡椒粉均起去异、增香的作用。⑤香油起提香、增亮的作用。

适用范围： 烤制羊肉食材。如烤孜然羊腿、烤羊蹄等。

实例举证： **烤孜然羊腿**

原料：羊腿1只，酱油15克，精盐5克，大葱3段，生姜5片，炖羊肉料1小包，烤羊肉酱适量。

制法：①将洗净的羊腿用纱布包好，放入水锅中，大火煮沸后撇去浮沫，放入葱段、姜片和炖羊肉料包，调入酱油和精盐，盖上盖子，用高压锅煮45分钟，捞出沥汁。②烤箱预热5分钟至230℃；把煮熟的羊腿刷匀一层烤羊肉酱，放在铺有锡纸的烤盘上，随后入烤箱中层烤10分钟即可。

特点：色泽褐红，外表酥香，肉质细嫩，香鲜微辣。

提示：①羊腿煮制时用纱布包住，以保持制熟后形态完整。②羊腿不能煮得太咸，因为烤制时还要刷上酱料。

蜂蜜葱辣酱

这种酱是以洋葱、辣椒酱、大葱、青辣椒、蜂蜜等料配制而成的，葱味浓郁、香辣回甜。

原料组成：洋葱50克，辣椒酱30克，大葱25克，青辣椒10克，大蒜3瓣，蜂蜜15克，红酒15克，辣椒粉10克，酱油8克，精盐5克，胡椒粉5克。

调配方法：①洋葱、大葱、青辣椒、蒜瓣分别洗净，切成碎粒，同辣椒酱放入料理机里打成细蓉，盛在小盆内。②依次加入蜂蜜、红酒、辣椒粉、酱油、精盐和胡椒粉，充分调匀即成。

调酱心语：①蜂蜜起上色和增加甜味的作用，切不可太多。②洋葱、大葱、大蒜起去异、增香的作用。③辣椒酱和辣椒粉起提色、定辣味的作用。④酱油起上色、助咸的作用，精盐定咸味。

适用范围：烤制肉类食材。

实例举证： **辣烤鸡肉串**

原料：肉鸡腿2只，鲜口蘑4个，蜂蜜葱辣酱50克，

制法：①肉鸡腿去净残毛，剔去骨头，切成2厘米长的小条；鲜口蘑洗净，一切为二。②把鸡腿肉条和鲜口蘑放在小盆里，加入蜂蜜葱辣酱拌匀，腌约20分钟，间隔穿在钢扦上，送入预热至190℃的烤箱内烤约15分钟即成。

特点：鸡肉焦嫩，咸香微辣。

提示：①还可以搭配不同品种的食用菌。②烤制期间可以拿出来，再涂一层酱料烤一下，这样色泽更漂亮，成品也更入味。

芝麻香蔬酱

这种酱是在具有特殊香味的香菜和青椒的混合蓉中加入白芝麻、辣椒酱等料配制而成的，蔬菜清香、味道鲜辣。

原料组成：香菜、青椒各50克，白芝麻15克，辣椒酱10克，美极

鲜味露、白糖、精盐、白胡椒粉各适量。

调配方法：①香菜择洗干净，控干水分，切成小段；青椒洗净，去蒂，切成小丁。②香菜段、青椒丁和辣椒酱放入搅拌机内打成细蓉，盛在小盆内，加入白芝麻、美极鲜味露、白糖、精盐和白胡椒粉搅匀即成。

调酱心语：①香菜和青椒突出蔬菜的清香，用量稍大。②白芝麻增香味，美极鲜味露提鲜味，辣椒酱定辣味，白糖增甜味。③白胡椒粉起去异、增香的作用。

适用范围：烤制蔬菜和肉类食材。

实例举证：烤莲藕片

原料：莲藕500克，芝麻香蔬酱、精盐、色拉油各适量。

制法：①莲藕洗净去皮，切成0.3厘米厚的片，用清水洗两遍，放在加有精盐的开水锅中焯至五成熟，捞出控水。②将烤盘上垫一层锡纸，将莲藕片与芝麻香蔬酱拌匀，摆在烤盘上，刷上色拉油，放入预热至180℃的烤箱内烤5分钟，取出翻面，再烤3分钟即成。

特点：焦脆可口，咸香微辣。

提示：①莲藕片不宜切得太薄。稍厚些更好吃。②也可用竹扦穿起来烤制。

芝麻辣椒酱

这种酱是在辣椒酱内加入酱油、辣椒粉、芝麻盐等调料配制而成的，味道咸香、辣味适口。

原料组成：辣椒酱30克，辣椒粉30克，酱油30克，料酒30克，白糖15克，蒜瓣15克，大葱15克，精盐10克，芝麻15克，香油15克。

调配方法：①芝麻和精盐放入干燥的热锅内炒香，盛出凉冷，擀成碎末；蒜瓣、大葱分别切末。②将辣椒酱放在小盆内，依次加入辣椒粉、酱油、料酒、白糖、蒜末、葱末、芝麻盐和香油，充分调匀即成。

调酱心语：①辣椒酱和辣椒粉增色泽、提辣味，用量以适口为宜。②芝麻起增加香味的作用，注意不要炒煳。③料酒、蒜瓣、大葱起去异、增香的作用。④白糖起上色和合味的作用，喜欢甜味的可适当加大用量。⑤精盐定咸味，应在加足含有盐分的辣椒酱和酱油后再加入。

适用范围： 烤制海鲜、肉类菜肴。

实例举证： **烤鲐鱼**

原料：净鲐鱼300克，芝麻辣椒酱适量。

制法：①将净鲐鱼横切开，用清水洗涤干净，揩干水分，均匀抹上芝麻辣椒酱，腌约15分钟。②把腌好的鲐鱼放在铺有烤肉纸的烤盘上，送入预热至200℃的烤箱内烤约15分钟即成。

特点：色泽深红，鱼肉焦嫩，香辣满口。

提示：①鲐鱼腌味前，表面的水分一定要揩干。②最好把鲐鱼放在烤肉纸上，这样烤完之后，将烤肉纸取下就可以了。

五香麻辣酱

这种酱是以蒜蓉辣酱、腐乳汁、甜面酱、海鲜酱等调料配制而成的，酱香浓郁、蒜辣开胃、略带麻味。

原料组成： 蒜蓉辣酱100克，腐乳汁50克，甜面酱30克，海鲜酱15克，味噌10克，辣椒粉30克，孜然粉30克，花椒粉15克，熟芝麻30克，色拉油50克，清水60克。

调配方法： ①锅内倒入色拉油烧至四成热，下入辣椒粉稍炸，倒入腐乳汁、甜面酱、蒜蓉辣酱、海鲜酱和味噌炒匀，加入清水熬5分钟。②把熬好的酱料倒入碗中冷却，加入孜然粉、花椒粉和熟芝麻调匀即成。

调酱心语： ①蒜蓉辣酱起定辣味的作用，用量稍大。②甜面酱、海鲜酱和味噌共同起突出酱香的作用。③辣椒粉起助辣、提色的作用，注意不要炸煳。④腐乳汁增加乳香味并助咸。⑤孜然粉增香味，花椒粉提麻香味，一定待酱汁冷却后加入，否则香味散失。

适用范围： 烧烤类菜肴或者煎制菜品的调味腌制。

实例举证： **烤五香麻辣鲶鱼**

原料：净鲶鱼500克，小葱50克，五香麻辣酱100克，化猪油

15克。

制法：①净鲶鱼切成1厘米厚的块，放在盆中，加入五香麻辣酱拌匀，腌20分钟。②在烤盘上刷上一层化猪油，铺上洗净的小葱，摆上腌味的鲶鱼块，放入上下火预热至220℃的烤箱内烤制15分钟，取出后刷一层化猪油和剩余腌料，续烤5分钟至熟透入味，取出装盘即可。

特点：色泽红亮，口感酥软，油而不腻。

提示：①鲶鱼土腥味重，使用化猪油较植物油烤出来的味道香。②鱼下铺葱烤制，既可去除鱼的腥异味，又可使成菜葱味香浓。

飘香泡椒酱

这种酱是以泡辣椒为主要调料，搭配芝麻酱、花生酱、蒜瓣等调料炒制而成的，色泽红亮、香醇微辣。

原料组成：泡辣椒50克，芝麻酱15克，花生酱20克，蒜瓣10克，白糖5克，精盐4克，花椒粉3克，味精3克，鲜汤50克，辣椒油5克，色拉油50克。

调配方法：①泡辣椒去蒂，剁成细蓉；蒜瓣入钵，捣成细蓉。②芝麻酱和花生酱入碗，先加鲜汤调开，再加入白糖、蒜蓉、精盐、花椒粉和味精搅匀。③坐锅点火，注入色拉油烧至六成热，下入泡辣椒蓉炒出红油，倒在调好的混合酱里，并加辣椒油搅匀即成。

调酱心语：①泡辣椒起突出泡辣香味的作用，必须用热底油炒出红油，其味才浓。②芝麻酱、花生酱起突出酱香、增加香味的作用。③蒜瓣增香，白糖合味，花椒粉提香，味精提鲜，这些调料均不宜多用。④辣椒油起增辣、提色的作用。

适用范围：烤制肉类、蔬菜及河、海鲜食材。

实例举证：烤菌蔬鱼串

原料：黑鱼肉200克，鲜蘑菇10个，洋葱75克，料酒10克，胡椒粉、精盐、飘香泡椒酱、色拉油各适量。

制法：①黑鱼肉切成1厘米厚、2厘米边长的片，与精盐、胡椒粉和料酒拌匀，腌约10分钟；鲜蘑菇用淡盐水洗净，一切为二；洋葱去皮，切成2厘米边长的片。②取竹扦按一份鱼片、一份洋葱片和一分蘑菇片间隔串起来，刷上飘香泡椒酱，摆在烤盘上，送入预热至220℃的烤箱内烤约10分钟，取出再刷上一层飘香泡椒酱即成。

特点：荤素搭配，营养味美。

提示：①切鱼片时要把残留的细小碎刺剔净。②鱼肉搭配蘑菇和洋葱烤制，其滋味最为清香可口。

咖啡甜辣酱

这种酱是以速溶咖啡、番茄酱、甜辣酱、辣椒酱等料调配而成的，褐色透亮、味道甜辣。

原料组成： 速溶咖啡5克，番茄酱30克，甜辣酱15克，辣椒酱10克，洋葱60克，蒜瓣15克，黄糖10克，酱油5克，色拉油50克，

调配方法： ①辣椒酱剁细；洋葱、蒜瓣分别剁成碎末。②锅内放色拉油烧至六成热，投入洋葱末和蒜末煸黄出香，加入番茄酱炒出红油，再加入甜辣酱、辣椒酱、黄糖、酱油和速溶咖啡，以小火煮至融合即成。

调酱心语： ①洋葱、蒜瓣起增香味的作用，注意不要炒煳。②番茄酱主要起调色的作用，必须先用热底油炒去酸涩味。③甜辣酱、辣椒酱定主味，突出甜辣味，黄糖起辅助甜味的作用。④酱油起提鲜、上色的作用，咖啡起助香的作用。⑤色拉油起炒制、增香和提亮的作用。

适用范围： 烤制肉类及河、海鲜类食材。

实例举证： **烤培根裹虾**

原料：鲜中虾6只，培根3片，精盐、胡椒粉各少许，咖啡甜辣酱适量。

制法：①把鲜中虾去除头，挑去沙线，剥去外壳（留下尾部的一节壳），洗净沥干，加精盐和胡椒粉拌匀腌味；培根片对切成两半。②将培根片裹住虾身，用竹扦穿起来，涂上咖啡甜辣酱，摆在烤盘上，送入预热至190℃的烤箱内，用上下火烤10分钟，取

出再刷上一层咖啡甜辣酱，续烤5分钟即成。

特点：形态美观，虾肉鲜嫩，甜辣适口。

提示：①鲜中虾腌制时间不宜过长，以免鲜味流失。②培根片不要裹住虾尾，保证形态的美观。

番茄烤肉酱

这种酱是在烤肉酱内加上番茄酱、辣椒粉等调料配制而成的，色泽深红、甜辣肉香。

原料组成：烤肉酱60克，番茄酱30克，辣椒粉15克，蜂蜜15克，洋葱30克，大蒜6瓣，小辣椒3个。

调配方法：①洋葱切丝后切粒；蒜瓣拍松，切末；小辣椒洗净去蒂，切圈。②把洋葱粒、蒜末和小辣椒圈一起放入料理机内打成细蓉，再加入烤肉酱、番茄酱、辣椒粉和蜂蜜打匀即成。

调酱心语：①烤肉酱定主味，突出烤肉香味。②番茄酱起调色的作用，因其有酸味，不宜多放。③蜂蜜起增亮和中和番茄酱酸味的作用。④辣椒粉起提辣味的作用。⑤洋葱、大蒜和小辣椒均起去异、增香的作用。

适用范围：烤制肉类食材。

实例举证：烤猪肋排

原料：猪肋排400克，洋葱75克，番茄烤肉酱75克，大葱2段，大蒜2瓣，料酒15克，胡椒数粒，精盐、胡椒粉各少许，色拉油10克。

制法：①猪肋排顺骨缝划开，切成2厘米长的段，放在清水中浸泡15分钟，漂净血水，同冷水放入锅中，加入葱段、蒜瓣、料酒和胡椒粒煮5分钟，捞出控净水分，撒上精盐和胡椒粉拌匀，再加入番茄烤肉酱拌匀，腌半小时以上。②把切好的洋葱丝平铺在烤盘上，再码入猪肋排，淋上色拉油，送入预热至200℃的烤箱内烤25分钟左右即成。

特点：色泽大红，骨肉焦嫩，甜辣味美。

提示：①猪肋排煮到表面发白、肉质软嫩即可。②要根据猪肋排的大小和厚度来调整烤制时间。

酸奶蛋黄酱

这种酱是以原味酸奶加上蛋黄酱、蜂蜜等调料配制而成的，味道酸甜、奶香味浓。

原料组成： 原味酸奶60克，蛋黄酱30克，大葱10克，大蒜5克，蜂蜜5克，精盐3克，香料粉2克，胡椒粉1克。

调配方法： ①大葱切成碎末；蒜瓣拍松，切末。②将蛋黄酱舀在小盆内，加入原味酸奶调匀，再加入蜂蜜、精盐、香料粉、胡椒粉、蒜末和葱末调匀即成。

调酱心语： ①原味酸奶起定奶香味的作用，并且突出酸味。②蛋黄酱起定主味的作用，搭配蜂蜜提升甜味。③精盐定基础咸味，以尝不出其味即好。④香料粉增香，胡椒粉去异、增香，均不宜多用。

适用范围： 烤制各种食材。

实例举证： 烤奶酪土豆条

原料：土豆200克，培根2片，切片奶酪4片，精盐5克，黄油20克，酸奶蛋黄酱150克。

制法：①将土豆洗净去皮，切成筷子粗的条，放入清水中浸泡10分钟，沥去水分，加入精盐和黄油拌匀，腌5分钟；培根烤后切碎；切片奶酪也切碎。②把土豆铺在烤盘中，放入预热至200℃的烤箱内烤约20分钟，取出放在烤箱容器内，加入酸奶蛋黄酱和一半奶酪碎拌匀，随后撒上剩余奶酪和培根碎，再入烤箱用170℃的温度烤5分钟即成。

特点：色泽金黄，酸甜奶香。

提示：①土豆条用清水浸泡去除部分淀粉，烤制后的色泽更黄亮。②第二次烤制时间以奶酪熔化即可。

海鲜烤肉酱

这种酱是以白糖、酱油、蚝油、海鲜酱等调料配制而成的，色泽酱红、海鲜味浓。

原料组成： 白糖45克，酱油30克，蚝油15克，海鲜酱15克，料酒

15克，蒜瓣10克，生姜5克，红腐乳1块，蜂蜜10克，精盐 3克，五香粉1克。

调配方法：①蒜瓣拍松，切末；生姜刮洗干净，剁蓉。②红腐乳纳碗，用羹匙压成细泥后，先加入酱油、蚝油和海鲜酱调匀，再加入白糖、料酒、蜂蜜、精盐、五香粉、蒜末和姜蓉调匀即成。

调酱心语：①蚝油、海鲜酱起助咸、增加海鲜味的作用。②酱油有咸、甜之分，主要起上色的作用。③白糖、蜂蜜起增加甜味、上色和增亮的作用。④红腐乳起助咸、增乳香味的作用。⑤精盐同含有盐分的调料确定咸味，应最后加入。⑥五香粉起增香的作用，用量以不压抑海鲜味为合适。

适用范围：烤制肉类食材。

实例举证：香橙烤鸭胸

原料：鸭胸肉1块，橙子1个，柠檬汁5克，海鲜烤肉酱适量。

制法：①将鸭胸肉用刀背拍松后，淋上柠檬汁揉匀，加入海鲜烤肉酱拌匀，用保鲜膜封好，放入冰箱冷藏12小时以上。②把腌好的鸭胸肉放在涂油的烤盘上，送入上下火预热至200℃的烤箱内烤10分钟，翻面续烤5分钟，取出鸭胸肉，斜刀切片。③将橙子用盐水搓洗干净，切片后与鸭肉片间隔码在烤盘内，并涂抹上一层海鲜烤肉酱，再入烤箱用220℃上下火烤5分钟便成。

特点：橙香肉嫩，味道特别。

提示：①橙子的皮里面含有丰富的精油，最好不要去皮。②第二次烤制时间不宜过长。

酸梅烤肉酱

这种酱是以酸梅酱搭配烤肉酱、生抽等料调配而成的，味道酸甜、酱红咸鲜。

原料组成：酸梅酱15克，烤肉酱15克，生抽15克，老抽5克，精盐2克，料酒5克，白胡椒粉1克，香油10克。

调配方法：①将酸梅酱和烤肉酱放在一起调匀。②加入生抽、老抽和料酒调匀，再加入精盐、白胡椒粉和香油搅匀即成。

调酱心语： ①酸梅酱、烤肉酱起定主味的作用，并且突出酸酸甜甜的味道。②生抽助咸、提鲜，精盐搭配生抽确定咸味。③老抽起上色的作用，必须控制好用量，以免烤出的成品发黑。④料酒、白胡椒粉起除异、增香的作用。⑤香油起增香、增亮的作用。

适用范围： 烤制肉类食材。

实例举证： **酸梅酱烤小排**

原料：猪小排500克，葱白1段，生姜3片，大蒜2瓣，酸梅烤肉酱、食用油各适量，锡纸1张。

制法：①葱白从中间切成两半；蒜瓣拍松，切碎；猪小排顺骨缝划开，剁成2厘米长的小段，洗净控干水分，放入容器中，加入葱段、姜片、蒜碎和酸梅烤肉酱用手抓拌均匀，密封好后放入冰箱冷藏腌制4小时以上。②把腌好的小排取出，一个一个码放在铺有锡纸并刷一层食用油的烤盘上，放入已预热至200℃的烤箱中层烤40分钟左右，取出再在小排上刷上剩余酱料，入烤箱内续烤5分钟即可。

特点：色泽深红油亮，味道酸酸甜甜，肉质外焦内嫩。

提示：①小排剁块儿要稍小一点儿，不然不容易熟，也不容易入味。②小排腌的时间不要太短，那样不易入味。放入冰箱冷藏腌制12小时以上味道更好。

蜂蜜芥末酱

这种酱是以蜂蜜和芥末酱两种调料配制而成的，色泽黄亮、甜香微辣。

原料组成： 蜂蜜15克，芥末酱15克。

调配方法： ①将芥末酱舀入小碗里。②加入蜂蜜，充分调匀即成。

调酱心语： ①芥末酱色泽黄亮，具有刺鼻辛辣味，根据所烤食材多少投放使用量。②蜂蜜起增加甜味、缓和芥末酱辛辣味的作用，用量以和芥末酱1∶1为好。

适用范围： 烤制鸡、鸭肉及各种海鲜食材。

实例举证：蜂蜜芥末烤鸭胸

原料：鸭胸1个，蜂蜜芥末酱30克，橙子汁15克，柠檬汁15克，精盐3克，白糖3克，白胡椒粉1克，黄油50克。

制法：①鸭胸洗净后揩干表面水分，在表皮面划上斜十字花刀，撒上精盐和白胡椒粉，抹匀腌制15分钟。②在腌制时间里，把柠檬汁和橙子汁混合倒入锅中，加入白糖，大火煮开后，转小火煮至冒小泡时，分次放入黄油，顺着一个方向不停地搅拌至液体变浓稠成柠香橙子酱，盛碟内备用。③将鸭胸皮朝下放入炙热的煎锅内，用中小火煎至两面呈金黄色时，放在铺有锡纸的烤盘上，刷上色拉油，送入预热180℃的烤箱中烤7分钟后取出，在鸭胸的表皮刷上一层蜂蜜芥末酱，再入烤箱烤8分钟，取出改刀装盘，随柠香橙子酱碟上桌蘸食即成。

特点：皮焦肉嫩，味道特别。

提示：①鸭胸斜切成十字花刀，便于蜂蜜芥末汁更好地进入鸭肉里。②带皮的鸭肉在煎的时候会出很多油，所以煎的时候不用放油。③煎鸭肉时，先煎带皮的一面，当肉定好型后，再翻面煎。

CHAPTER 7 甜点酱——吃出幸福甜蜜

本章所介绍的甜点酱，除可抹面包、馒头、卷薄饼食用外，还可以作甜馅料，或制甜点，也可作某些甜菜的淋酱或蘸酱。

草莓果酱

这种酱是以草莓、冰糖加上柠檬汁制作而成的，色泽红艳、口感清新、味道甜蜜。

原料组成： 草莓500克，冰糖140克，柠檬汁20克，干淀粉10克，精盐3克，清水150克。

调配方法： ①草莓放在小盆里，加入干淀粉、精盐和没过草莓的清水，浸约5分钟后，用手洗净表面脏物，再换清水漂洗一遍，控干水分，逐颗用小刀去除蒂部和硬心，切成小块。②不锈钢锅上火，放入清水和冰糖，待烧开后，放入草莓块，改小火熬煮15分钟左右至黏稠，倒入柠檬汁搅匀，离火装瓶即可。

调酱心语： ①应选用无异味、无腐烂现象的新鲜草莓。个头特别大的草莓不宜选用。②如果想有果肉口感，可切块大一点。③炒制草莓时一定要用珐琅锅或不锈钢锅，不要用铁锅。因为草莓如果炒的时间过长，颜色会发黑。④加入柠檬汁可以起到防腐保鲜的作用。⑤煮酱时应不停地搅拌，以防煳锅。⑥煮制时应把表面泡沫撇去，否则会影响口感。

适用范围： 用作甜点的淋酱或抹酱。

实例举证： 土豆冰淇淋

原料：土豆200克，哈密瓜、苹果肉各30克，炼乳20克，果糖20克，蜂蜜10克，色拉酱10克，草莓果酱30克，冰淇淋脆筒2个。

制法：①土豆洗净蒸熟，去皮压成细泥，加入炼乳、果糖和蜂蜜拌匀，装入裱花袋，备用。②把哈密瓜和苹果肉切成小颗粒，加入色拉酱拌匀，装入冰淇淋脆筒内，然后将拌好的土豆泥挤在脆筒上面，淋上草莓果酱即可。

特点：软糯香甜，吃法奇特。

提示：①土豆泥不能太稀，否则不便造型。②夏天食用此点，最好放入冰箱镇凉。

黄杏果酱

这种酱是以黄杏为主要原料，加上白糖和鱼胶粉制作而成的，色泽黄亮、酸甜可口。

原料组成： 鲜黄杏500克，白糖250克，鱼胶粉5克，清水50克。

调配方法： ①将鲜黄杏洗净，晾干水分，用手掰开，去净杏核，切成小块；鱼胶粉放在小碗内，加入清水调匀，待用。②不锈钢锅上火，放入杏肉块，用手勺边搅拌边压成泥状，加入白糖继续炒至黏稠且发亮，离火后加入调好的鱼胶糊，搅匀凉冷即成。

调酱心语： ①要选用熟透微软的黄杏，并且去净核。②为了使果酱更好看，最好把皮挑出。③加入白糖不仅可增加甜味，还可快一点把杏肉里面的水分杀出来。加白糖量与杏肉的比例约为2∶1。如果喜欢甜味，可加大白糖的用量。④应边炒边压杏肉，使其成为烂糊状。⑤鱼胶粉起增稠的作用。如果没有，就不用加水。

适用范围： 用作甜点的馅料或抹酱。

实例举证： 黄杏塔

原料：低筋面粉80克，黄杏酱80克，鸡蛋50克，淀粉20克，牛奶20克，白砂糖10克，精盐1克，黄油25克。

制法：①黄油隔水熔化，加入白砂糖搅拌至熔化，再加入25克鸡蛋液拌匀，最后加入低筋面粉和精盐和成面团，包上保鲜膜，放入冰箱冷藏半小时。②把黄杏酱、牛奶、淀粉和25克鸡蛋液依次放入碗内，充分搅拌均匀，放入冰箱冷藏备用。③把面团擀成薄片，用塔模压出圆片，放入塔模内，用拇指推按与塔模贴合，再用叉子在塔皮上插一些小孔，入烤箱中层用170℃箱温上下火烤10分钟，取出倒入黄杏馅，再入烤箱中层用170℃箱温烤20分钟，取出脱模即成。

特点：色泽金黄，皮脆馅甜。

提示：烤制塔馅时如果掌握不好温度，可加盖锡纸烤制，以免烤煳。

桂花酱

这种酱是以鲜桂花加上蜂蜜和白糖制作而成的，色泽黄亮、蜜香甜滑。

原料组成：鲜桂花50克，蜂蜜50克，白糖100克，精盐1克。

调配方法：①将鲜桂花择洗干净，晾干表面水分，纳容器内，加入精盐，用手搓匀，静置15分钟，再加入白糖揉搓均匀。②取一个干净无油无水的瓶子，装入一层糖桂花，淋入一层蜂蜜，直至装完，加盖密封好口，约1个月即成。

调酱心语：①鲜桂花有微弱毒性，用少量精盐揉搓便可去除。如果选用干桂花，则需先用水泡发剁碎后使用。② 蜂蜜和白糖起定甜味的作用。

适用范围：多用作汤圆、月饼等糕饼和点心的辅助原料，也可用于菜肴的调味。

实例举证：杏仁水果杯

原料：杏仁10克，猕猴桃、火龙果、红心柚各半个，吉利丁片6克，桂花酱10克，白糖5克，牛奶240克，清水60克。

方法：①杏仁放入料理机中，加入清水打汁，用过滤网过滤，备用；猕猴桃、火龙果分别去皮，切片；红心柚去皮，切丁。②不锈钢小锅坐火上，倒入杏仁汁和牛奶煮沸，加白糖和吉利丁片煮化，倒在保鲜盒内，放入冰箱冷凝成形。③取一玻璃杯子，先用羹匙舀入杏仁奶冻，摆上一层猕猴桃片，接着再用羹匙舀入杏仁奶冻，摆上一层火龙果片，再用羹匙舀入杏仁奶冻至杯口平，最后放上红柚丁，淋上桂花酱即成。

特点：三色相映，凉滑爽口。

提示：①可按季选用不同的水果。②不喜欢牛奶味，可把牛奶换成清水。

蓝莓酱

这种酱是以蓝莓和白糖为主要原料制作而成的，色泽黑紫、甜而可口。

原料组成： 蓝莓500克，白糖300克，柠檬汁30克，清水50克。

调配方法： ①蓝莓洗净，晾干水分，放入搅拌机内打成泥，盛出待用。②不锈钢锅上火，加入清水煮沸，倒入蓝莓泥，转小火煮约20分钟左右至黏稠，加入白糖和柠檬汁，搅匀至白糖溶化，离火装瓶即可。

调酱心语： ①加入水起稀释酱的作用，水与蓝莓的比例约是1：10。②白糖起突出甜味的作用，其用量一般是果酱的3/5。③鉴别酱是否煮好，用勺子舀起一点蓝莓酱滴入一碗清水里，如果在上面是散开的说明还没有好，还要继续熬煮，如果沉入碗底不会扩散，说明已经可以了。

适用范围： 用作蒸、拌、水果沙拉等素料的淋酱或甜点的馅料。

实例举证： 蓝莓山药

原料：山药200克，蓝莓酱30克，精盐少许，冰镇矿泉水适量。

制法：①山药洗净削皮，放在加有精盐的清水中洗去黏液，控干水分，切成6厘米长、小指粗的条。②锅内放清水烧沸，放入山药条煮熟，捞在冰镇矿泉水中激凉，取出控干水分，装在盘中，淋上蓝莓酱即成。

特点：酸酸甜甜，清脆爽口。

提示：①山药用淡盐水漂洗，有去除黏液和防止变色的作用。②煮熟的山药用冰水激凉，口感更脆。

桑葚果酱

这种酱是以桑葚加白糖制作而成的，色泽紫红、味道甜蜜。

原料组成： 桑葚500克，白糖200克，柠檬汁15克，清水100克。

调配方法： ①桑葚择去叶柄和蒂部，用清水洗净，晾干水分，待用。②不锈钢锅上火，加入适量水，倒入桑葚和白糖，转中火熬煮15分钟左右至黏稠，用铲子将桑葚铲碎，加入柠檬汁拌匀，续熬煮至黏稠，离火趁热装瓶即成。

调酱心语：①白糖既增甜味，又是防腐剂，添加量为桑葚的1/3以上，可防止变质。②加入清水量要控制好，不要使酱太稀或过稠。③要趁酱热时装瓶。但不要装得太满，使瓶中保持一部分热空气，冷却后使瓶内有一定的真空度。

适用范围：用作甜点的馅心，或抹面包。

实例举证：桑葚酱面包

原料：高筋面粉300克，桑葚酱50克，鸡蛋液50克，白砂糖30克，酵母粉4克，精盐3克，色拉油30克，清水150克。

制法：①将鸡蛋液和清水倒在面包桶内，加入白砂糖、精盐、色拉油和高筋面粉，把酵母粉放在高筋面粉上，合上盖子，按菜单选择普通面包，重量500克，浅烧色，按开始键，等待搅拌和发酵完成。②把面团放在案板上分成3份，每份擀成长长的片状，中间放上桑葚酱，顺长卷起成长圆条。再把面条盘起来，把终端压在面团下面做成蜗牛状，放入面包桶内，合上盖子。续烘烤至面包机发出“嘀嘀”提示音烘烤结束，即可取出面包食用。

特点：味道甜蜜，质感松软。

提示：①要把馅料包严实，避免烘烤时流出来。②也可把面包做成其他形状。

葡萄果酱

这种酱是以鲜葡萄加冰糖和柠檬汁制作而成的，色泽紫红、味道甜酸。

原料组成：鲜葡萄600克，冰糖100克，柠檬汁5克。

调配方法：①鲜葡萄用沸水烫3分钟，剥去外皮，用牙签剔去籽，待用。②坐锅点火，放入葡萄皮，加入适量水熬煮至水变色，捞出葡萄皮，再加入葡萄肉熬至溶化后，再加入冰糖不停地搅拌至黏稠，最后加入柠檬汁搅匀，趁热装瓶即可。

调酱心语：①葡萄皮富含花青素，必须煮水后才可弃之不用。②葡萄汁中加入冰糖后必须不停地搅拌，否则易煳锅。

适用范围：用作甜点的馅料或用面包、馒头蘸食。

实例举证：葡萄酱芝士蛋糕

原料：低筋面粉30克，鸡蛋2个，芝士100克，奶油80克，葡萄酱、白砂糖、黄桃片、猕猴桃片、樱桃各适量。

制法：①鸡蛋磕入容器里，倒入白砂糖，用打蛋器打至胀发，加入过筛的低筋面粉拌匀，倒在烤盘里，送入预热至170℃的烤箱中烤约10分钟，取出后脱离烤盘，用慕斯圈压出需要的海绵蛋糕底坯，备用。②芝士室温放软，加入白砂糖打匀；奶油打至七分发。将奶油和芝士拌匀，倒进蛋糕底中，然后抹平，在上面抹上葡萄酱，最后摆上黄桃片、猕猴桃片和樱桃，放进冰箱中冷藏2小时即成。

特点：色泽美观，软甜果香。

提示：①盛鸡蛋的容器里要求无水无油，否则不便打发。②根据季节和口感爱好选用不同的水果。

山楂果酱

这种酱是以红山楂加白糖、姜末等料熬制而成的，色泽红亮、酸甜可口、质感细腻。

原料组成：红山楂500克，白糖200克，生姜5克，精盐3克，清水500克。

调配方法：①红山楂洗净去蒂，剖成两半，抠去果核；生姜刨皮洗净，切末。②净锅上火，放入清水、山楂、姜末和精盐，烧开后以中火煮至软烂，凉冷后放在电动搅拌机内打成细泥，盛出备用。③坐锅点火，倒入山楂泥，用手勺不停地推炒至无水汽，再加入白糖炒匀炒透，离火凉冷，装瓶存用。

调酱心语：①应选用充分成熟、颜色鲜艳、无病虫害、无腐烂现象的山楂果。②山楂的果核要去净，以免影响口感。③必须将山楂煮烂，才能打成极细的泥。④所用锅具不能有油。⑤炒制时要不断搅拌，防止焦煳。

适用范围： 用作甜点的馅料或薄饼、面包的抹酱。

实例举证：山楂薄脆饼

原料：糯米粉200克，低筋面粉、玉米粉各50克，白芝麻25克，山楂果酱、白芝麻、色拉油各适量。

制法：①糯米粉、低筋面粉和玉米粉一起放在盆内掺匀，先注入100克沸水把中心粉烫熟，再加入适量冷水调匀成粉糊。②不粘锅上火炙热，放入色拉油布匀锅底，舀入适量粉糊摊成薄饼状，接着在表面撒上白芝麻，煎至两面金黄焦脆熟透时，铲出趁热刷上一层山楂果酱，切块叠起即可。

特点：入口酥脆，酸甜适口。

提示：①调好的面糊最好过一下箩，以去除粉粒状。②此饼摊得薄而均匀，才能煎出焦脆口感。

柿子酱

这种酱是以柿子为主要原料，搭配麦芽糖、白糖和柠檬汁制作而成的，色泽黄亮、味道清甜。

原料组成： 柿子700克，麦芽糖100克，白糖50克，柠檬汁10克。

调配方法： ①柿子洗净，去蒂剥皮，放在小盆中，用筷子搅成糊状。②不锈钢锅上火，倒入柿子肉和适量清水，搅匀后以小火加热煮沸，放入柠檬汁、麦芽糖和白糖，待煮至浓稠，离火装瓶即可。

调酱心语： ①太生的柿子涩味浓，不要选用。②一定要用小火，并不停地搅拌，以免煳锅。③根据柿子的实际甜度，适当地加白糖调味。

适用范围： 除制作甜点外，还可用开水冲饮。

实例举证：炸柿疙瘩

原料：面粉250克，柿子酱50克，鸡蛋3个，凉开水250克，色拉油适量。

制法：①鸡蛋磕破，蛋黄和蛋清分盛入碗，用筷子顺一个方向把蛋清打至胀发能立住筷子；鸡蛋黄用筷子充分调匀。均待用。②面粉入盆，倒入凉开水调匀成稠糊状，再加入鸡蛋黄和打发的鸡蛋清调匀，最后放入柿子酱拌匀，待用。③坐锅点火，注入色拉油烧至六成热时，用羹匙舀入一勺调好的面糊下入油锅中，边下边炸。待炸至金黄色且熟透时，捞出控油即成。

特点：色泽黄亮，外焦内软，味道香甜。

提示：①柿子酱要与面糊调匀，否则炸出的色泽不佳。②蛋清泡打好后要立即与面糊调匀。

芒果酱

这种酱是以芒果肉加冰糖制作而成的，色泽黄亮、入口细滑、甜而不腻。

原料组成：芒果750克，冰糖200克，柠檬1个。

调配方法：①芒果洗净，去皮及核；切块后放入料理机内打成泥，盛出待用。②不锈钢锅上火，倒入少量清水，加入芒果肉泥和冰糖，用小火煮约20分钟左右至黏稠，挤入柠檬汁搅匀，离火装瓶即可。

调酱心语：①冰糖起定甜味和增亮的作用，用量要够。②熬至稍微有些黏稠时，要一直不停地搅拌，以免煳底，或者熬煮不均匀。③一定要用小火把果胶煮出来，否则果酱的黏稠度不够，同样也会影响口感和储存时间。

适用范围：用作甜点的馅心或抹面包和馒头食用。

实例举证：芒果糯米糍

原料：糯米粉130克，芒果酱30克，澄粉30克，糖粉25克，炼奶25克，糕粉适量，色拉油10克。

制法：①将糯米粉倒入小盆中，加入澄粉和糖粉掺匀，再加炼奶和适量水揉和成团，最后加上色拉油揉匀。②把糯米粉团分成合适的小团，包入芒果酱，用手心搓圆，放入蒸笼，大火蒸10分钟，取出趁热滚上糕粉即成。

特点：色泽雪白，入口软糯。

提示：①糯米粉团中揉入色拉油，可起到增亮的作用。②糕粉在大型超市一般都可买到。

杨梅果酱

这种酱是以杨梅加白糖熬制而成的，色泽紫红、味道酸甜。

原料组成：杨梅600克，白糖150克。

调配方法：①杨梅洗净，放入淡盐水中浸泡15分钟，再用清水冲两遍，捞出晾干水分，去蒂去核后，用刀切成小丁。②不锈钢锅上火，倒入杨梅丁。待煮沸后转小火，并不停地搅拌至果酱开始浓稠，加入白糖续熬至黏稠时，离火装瓶即可。

调酱心语：①白糖不宜多放，以能中和大部分酸味为度，以免掩盖了杨梅的本味。②杨梅含水量很高，无须加水。③熬酱不可以熬到很稠的程度，不然放凉后质地会变成硬硬的。

适用范围：用作甜点的馅心或抹面包，以及制作甜菜。

实例举证：芝士焗香蕉

原料：香蕉250克，玉米粒10克，青豆5克，杨梅酱25克，炼乳15克，芝士75克。

制法：①香蕉剥皮，切成1.5厘米长的段，纳盆加玉米粒、青豆、杨梅酱和炼乳拌匀。②取一铝箔纸盒，摆入拌好的香蕉，再将芝士放在香蕉上面铺平，放入上下火230℃的烤箱内烤约10分钟，取出便成。

特点：色泽黄亮，软嫩酸甜。

提示：①香蕉不宜过早剥去皮，否则会氧化变黑。②控制好烤制时间，避免烤煳。

李子果酱

这种酱是以李子加白糖制作而成的，色泽紫亮、酸甜适口、果香味浓。

原料组成：李子500克，白糖250克，清水250克。

调配方法：①将李子洗净，晾干水分，用刀从中间横着转切一圈，分开去核，切成小丁。②净不锈钢锅上火，放入李子丁和清水，以旺火煮开后，转小火煮成烂糊状，加入白糖继续熬至黏稠且发亮，离火装瓶存用。

调酱心语：①一定要选用熟透的李子，酸涩的李子不适合做果酱。②李子果核一定要去净，否则会影响细腻的口感。③必须用小火熬制且时间要够，以把水分熬干，黏稠发亮才好。④所用瓶子应进行消毒处理，以在保存时不容易变质。

适用范围：除用作甜点的馅心外，也可抹面包或炸制菜肴。

实例举证： 吉列圣女果

原料：圣女果15个，淀粉、面粉各25克，面包糠、李子果酱、色拉油各适量。

制法：①圣女果洗净，用沸水略烫，撕去表皮，每3个用竹扦穿成一串，依法穿完；面粉和淀粉放小盆内，加适量水调匀成双粉糊，待用。②将圣女果串先拍上面粉，再蘸上面糊，最后沾上面包糠用手按实，投入到烧至四成热的色拉油锅中炸熟呈金黄色，捞出控油装盘，淋上李子果酱即成。

特点：外酥内软，汁多香甜。

提示：①圣女果先拍上面粉，才能均匀地挂上双粉糊。同理，挂上粉糊应待不往下滴时，再沾上面包糠。②面包糠受热时易上色，所以炸制时油温不能太高。

酸奶香蕉酱

这种酱是以酸奶和香蕉为主料，加上奶酪、白糖等料制作而成的，色泽白亮、味道酸甜、香蕉味浓。

原料组成：酸奶250克，香蕉150克，奶酪50克，白糖50克，柠檬汁15克。

调配方法：①香蕉剥去外皮，切成小丁，与柠檬汁拌匀。②奶酪入碗，入微波炉中加热至熔化，取出凉凉，加入酸奶和白糖调匀，再加入香蕉丁拌匀即成。

调酱心语：①香蕉去皮后容易被氧化变黑，改刀后应立即使用。

②如果不想吃到香蕉的颗粒口感，就打成细泥。③香蕉先与柠檬汁拌匀，目的是避免香蕉氧化发黑。④白糖起增甜味的作用。⑤奶酪增香，并起突出奶香味的作用。

适用范围： 用作软饼、面包的抹酱或拌制沙拉。

实例举证：奶香鸡蛋软饼

原料：面粉250克，鸡蛋2个，精盐少许，酸奶香蕉酱、色拉油各适量。

制法：①面粉倒入盆内，加入鸡蛋液和精盐拌匀，再慢慢加入适量温水调匀成糊。②平底锅上火炙热，涂上一层色拉油，舀入一勺面糊摊成薄饼，烙熟至两面微黄，铲出，抹上酸奶香蕉酱，卷起食用。

特点：金黄软嫩，酸甜开胃。

提示：①面糊不要调得太稠，以自然流动为好。若过稠，摊饼的时候比较困难。②控制好烙制时间，不要把表面烙焦，保证内外均有软嫩的口感。

玫瑰红枣酱

这种酱是以大枣肉为主料，加上桂圆肉、玫瑰花粉和冰糖制作而成的，色泽红亮、味道甜美、枣香和玫瑰花香浓郁。

原料组成： 鲜大枣500克，桂圆肉50克，干玫瑰花15克，冰糖适量。

调配方法： ①鲜大枣洗净去核，同桂圆肉分别放在料理机内打成泥；干玫瑰花去掉花萼，打成细粉。②不锈钢锅上火，放入鲜大枣泥、玫瑰花粉、桂圆肉泥和冰糖，大火煮开后，转小火煮至黏稠，离火降温，装瓶密封存用。

调酱心语： ①如果枣肉泥太稠，煮制时可少加适量水。②冰糖起增加甜味和亮度的作用。③煮制时一定要用小火，并不停搅拌，以免煳底，影响风味。

适用范围： 可佐食面包、薄饼或作甜点的馅心。

实例举证：枣酱面包夹

原料：面包4片，鸡蛋1个，牛奶50克，玫瑰红枣酱20克，精盐少许，色拉油适量。

制法：①鸡蛋磕入碗内打散，加入精盐和牛奶搅匀；每2片面包中间夹上一层玫瑰红枣酱，用手稍按，放在牛奶蛋液里浸半分钟。②平底锅中火预热，涂匀一层色拉油，放入制好的面包片，小火煎透至两面金黄色，即可出锅食用。

特点：金黄焦软，味鲜香甜。

提示：①面包片在牛奶蛋液里浸泡时间不可太长，否则太软，不便煎制。②煎制时不要放太多油，以免食用时腻口。

红薯杏仁酱

这种酱是以红薯泥为主要原料，加上杏仁、白糖等料制作而成的，色泽黄亮、清香微甜。

原料组成：黄心红薯250克，杏仁100克，白糖50克，香油5克。

调配方法：①黄心红薯洗净煮熟，去皮切成小块；杏仁用淡盐水泡10分钟，沥干水分，入锅以小火炒黄出香，盛出待用。②把杏仁和红薯块放在料理机内，加入白糖、香油和适量煮红薯的水，开机打成稠糊状即成。

调酱心语：①家里有烤箱，可用170℃的箱温把杏仁烤15分钟。但烤盘上要铺烘焙纸，不要用锡纸，否则导热快容易煳。②红薯带皮煮制，可保证其色泽金黄。③香油起增香的作用，不宜多用。

适用范围：用作甜点的馅心或抹面包食用。

实例举证：奶香薯酱馒头

原料：面粉200克，奶粉50克，白糖5克，酵母2克，红薯杏仁酱30克。

制法：①面粉和奶粉入盆混匀，白糖和酵母放在一起，加入温水搅拌至溶化，倒在面粉内和成面团，盖上保鲜膜，静置发酵至两倍大。②把面团放在垫有扑面的案板上揉光滑，下成六个小剂子，揉圆后中间按成凹形，放入红薯杏仁酱，包成馒头形，上笼旺火蒸熟即成。

特点：色泽雪白，柔软香甜。

提示：喜欢奶味浓郁的，可加大奶粉的用量。

奶味红薯酱

这种酱是以红薯泥为主要原料，加上白糖、牛奶等料制作而成的，甜滑细腻、奶味突出。

原料组成： 黄心红薯500克，白糖250克，牛奶、清水各250克。

调配方法： ①黄心红薯洗净去皮，用不锈钢刀切成小块，放入榨汁机中，加入清水打成糊状。②不锈钢锅坐火上，倒入红薯糊煮沸，加入牛奶和白糖搅拌均匀。转中小火不停地炒至呈稠糊状且水汽干时即成。

调酱心语： ①选用糖分高、淀粉含量低、纤维细、大小均匀的红薯。②红薯切块后应用清水浸泡，以防褐变。③水的用量尽量少，以防浓缩时不易进行。④浓缩期间应注意不断搅拌，以防焦煳。

适用范围： 用作甜点的馅心或抹面包食用。

实例举证： 奶味红薯煎饼

原料：面粉250克，白糖5克，干酵母、泡打粉各2克，黑芝麻、奶味红薯酱、色拉油各适量。

制法：①将面粉、白糖、干酵母和泡打粉放容器内拌匀，加适量清水和成稍软的面团，盖上湿布静置发酵。②把面团揉匀搓条，切成6等份小面团，按扁包进奶味红薯酱，收口后轻压成圆饼，在表面沾上黑芝麻，排在涂有色拉油的平底锅内煎至两面金黄至熟透，铲出食用。

特点：黄亮油润，软嫩香甜。

提示：①面团不要太硬，否则煎出的饼口感不好。②煎制时火不宜旺，且不时挪动饼坯。

奶油土豆酱

这种酱是以土豆为主料，加上牛奶、白糖、黄油等料制作而成的，色泽奶白、香甜柔滑。

原料组成： 土豆250克，牛奶250克，白糖75克，精盐5克，黄油50克。

调配方法： ①土豆洗净蒸熟，取出去皮，用刀拍碎，放在料理机内，加入牛奶打成稀糊状，待用。②不锈钢锅坐火上，放入黄油加热至熔化，倒入土豆牛奶糊，以小火炒成黏糊状，加入白糖和精盐煮至溶化，离火装瓶存用。

调酱心语：①土豆是主料，切不要选用绿皮或长芽的土豆。②掌握好土豆泥和牛奶的比例，不要使酱过稠或过稀。一般以用勺子舀起能缓缓流下为好。③炒时一定要使用微火不停地翻炒，以免炒煳。④此酱可放入冰箱冷藏一周，随吃随用。

适用范围：用作甜点的馅料或拌制沙拉。

实例举证：烤面包盒

原料：面包4片，柿子椒、胡萝卜、西蓝花、脆皮肠、洋葱、玉米粒各20克，黄油、奶油土豆酱各适量。

制法：①将柿子椒、胡萝卜、西蓝花、脆皮肠和洋葱分别切成小丁。其中把胡萝卜丁和西蓝花丁放沸水中焯一下，捞出控干水分。随后把以上原料和玉米粒一起放入碗中，加奶油土豆酱拌匀，待用。②取4只大小相同的小碗，底部分别抹上少许黄油，将面包片的四边去掉，切成正方形分别按入碗中，拌好的蔬菜沙拉分别放在面包片中间，放入预热至180℃的烤箱中烤15分钟左右即可。

特点：美味可口，奶香四溢。

提示：①将面包片的四边切掉，防止在烤箱中受热不均匀烤煳。②所用的蔬菜和其用量没有固定标准，手头有什么就用什么。

柳橙果酱

这种酱是以柳橙加白砂糖、柠檬汁调制而成的，色泽黄亮、味道酸甜。

原料组成：柳橙 600克，白砂糖150克，柠檬汁75克。

调配方法：①柳橙用清水浸湿，抹上精盐反复揉搓一遍，再换清水洗净，然后一切为二，剥下橙子皮，再将果肉去籽并剥除白色薄膜，切碎备用。②橙子皮先放在清水中泡2小时，再放入开水锅中煮10分钟，捞出过凉，控尽水分，切成细丝。③坐锅点火，放入橙子皮丝、柳橙肉、白砂糖和柠檬汁，以大火煮开后，改小火煮半小时至黏稠，即可出锅装瓶存用。

调酱心语：①用精盐反复揉搓橙子皮，以去掉表面上的蜡。②橙子皮放入清水中泡2小时，以去除苦涩味。③熬煮时必须用勺子不停地搅拌。

适用范围：用作甜点的馅料或抹面包、馒头食用。

实例举证： **柳橙布丁**

原料：柳橙果酱30克，柳橙肉25克，白砂糖10克，鱼胶片5克，牛奶240克，青橘数片。

方法：①鱼胶片用清水泡软；柳橙肉切成小丁。②不锈钢小锅坐火上，倒入牛奶烧沸，加入白砂糖和鱼胶片煮匀，离火降温，再加入柳橙果酱搅匀，分装到杯子里以后，放入冰箱冷藏成形，取出点缀柳橙肉丁和青橘片即成。

特点：形色美观，清凉爽口，味道甜美。

提示：①鱼胶片先用冷水泡软再煮，效果较好。②布丁成形时切不可镇凉时间过长，否则口感不佳。

百香果酱

这种酱是以百香果肉、冰糖和苹果肉制作而成的，色泽透亮、味道酸甜。

原料组成：百香果600克，冰糖500克，苹果150克。

调配方法：①百香果洗净对切，挖出籽与果肉；苹果洗净，去皮及核，切成小块。②百香果肉、百香果籽和苹果块放在小盆内，加入冰糖腌12小时，倒入不锈钢锅中，以大火煮沸，转小火煮约50分钟至呈黏稠状，用网筛滤去百香果籽和苹果块，趁热装瓶即成。

调酱心语：①百香果籽同百香果肉一起熬煮，突出果酱风味。②加入苹果是起增加果胶的作用，用量不宜多，以免掩盖百香果的风味。③冰糖增甜味，其用量与百香果籽和百香果肉以1：1为合适。

适用范围：用作甜点的馅料或抹面包、馒头食用。

实例举证：百香果酥饼

原料：面粉250克，鸡蛋1个，奶油50克，黄油50克，精盐少许，百香果酱适量。

制法：①将150克面粉放在盆内，磕入鸡蛋液，加精盐和适量水和成水面团；另50克面粉加黄油擦搓成油面团，放入冰箱冻硬，备用。②将油面团擀成1厘米厚长方形，水面团擀成油面团的两倍大小，然后把油面片放在一边，另一边覆盖在油面片上，然后把边按紧粘牢，擀成长方形，对折三层，再擀成长方形，如此对折三次，下成5个剂子。③每个剂子分别包上百香果酱，做成圆饼状，摆在烤盘中，入烤箱用上下火220℃的温度烤6分钟即成。

特点：金黄，酥软，香甜。

提示：①油面团放入冰箱冻硬再用，可使酥层更加清晰。②擀饼坯时用力不能过大，否则也会影响酥层的效果。

南瓜椰酱

这种酱是以南瓜肉和椰浆为主料，加上白糖配制而成的，色泽黄亮、入口甜滑。

原料组成：南瓜肉300克，椰浆200克，白糖粉100克。

调配方法：①南瓜肉切成厚片，上笼蒸熟取出，放在案板上凉冷，用刀压成细泥。②坐锅点火，倒入南瓜泥、椰浆和白糖粉，用小火炒约20分钟至黏稠，趁热装瓶即可。

调酱心语：①蒸熟的南瓜也可用料理机打成细泥。②椰浆突出酱的风味，以选用冷冻的椰浆最好。③白糖粉增加酱的甜味，依个人口味而加入。④炒制时如过稠，可加适量水。

适用范围：用作一些甜点的淋酱或馅料。

实例举证：瓜香糯米饭

原料：香瓜1个，糯米150克，炼乳30克，椰子汁10克，南瓜椰酱15克。

制法：①糯米淘洗干净，泡透后放入碗中，上笼蒸熟取出，加炼乳和椰子汁拌匀，待用。②香瓜洗净，用尖刀挖出一个直径约6厘米的洞，掏出瓜籽，装入拌好的糯米饭，按实。待装满后，用保鲜膜封好口，放进冰箱中静置1小时，取出后削去瓜皮，改刀成10瓣，装盘后淋上南瓜椰酱即成。

特点：香甜可口，瓜味浓郁。

提示：①香瓜一定要先洗净消毒。②把香瓜和糯米饭冰透即可，切不可冰冻，否则口感不好。

菠萝果酱

这种酱是以菠萝肉为主要原料，加上白砂糖和苹果制作而成的，色泽黄亮、味道香甜。

原料组成： 菠萝肉500克，白砂糖150克，苹果150克，淡盐水500克。

调配方法： ①菠萝肉切成小丁，在淡盐水中浸泡半小时，控水后放在料理机里加水打成泥；苹果洗净，去皮及核，切成小块。②把菠萝泥倒入不锈钢锅里，加入苹果块和白砂糖，大火煮开后，转小火煮至黏稠，拣出苹果块，趁热装瓶即成。

调酱心语： ①如想吃到菠萝颗粒口感，菠萝肉不用搅得太碎。②苹果起增黏稠的作用。没有苹果，可加麦芽糖代替。

适用范围： 可抹面包或作甜点的馅料。

实例举证： **菠萝酱面包**

原料：高筋面粉300克，牛奶150克，鸡蛋液50克，白砂糖50克，酵母粉4克，精盐3克，色拉油30克，菠萝果酱适量。

制法：①将牛奶和鸡蛋液倒在面包桶内，加入白砂糖、精盐、色拉油和高筋面粉，然后把酵母粉放在高筋面粉上。②将面包桶放入面包机内，合上盖子。按菜单选择普通面包，重量500克，浅烧色，按开始键，待搅拌和发酵结束。③案板上撒上扑面，把发酵好的面团放在案板上，擀成牛舌饼状。上面铺上一层菠萝果酱，两边向内折叠，再卷起来放入面包桶内，合上盖子，待烘烤至面包机发出“嘀嘀”提示音烘烤结束，即可取出面包食用。

特点：松软香甜，菠萝味浓。

提示：①菠萝果酱一定要抹在中间。②面包生坯的开口处要朝下放在面包桶内。

黄油蛋黄酱

这种酱是以鸡蛋黄、白砂糖、面粉、牛奶等料制作而成的，色泽淡黄、口感细腻、味道甜香。

原料组成： 鸡蛋黄2个，白砂糖60克，面粉30克，牛奶200克，黄油50克。

调配方法： ①鸡蛋黄入碗，加入白砂糖搅拌均匀，再加入过筛的面粉搅拌均匀，最后加入牛奶搅拌均匀。②用保鲜膜封口，入微波炉中高火加热2分钟，取出搅拌均匀。如此反复3次，共加热6分钟。再次取出，加入黄油搅拌至熔化，放入冰箱冷却至凉即成。

调酱心语： ①必须选用新鲜的鸡蛋黄。②如直接一次加热6分钟，不会凝结在一起，口感也不会很好。③每搅拌一次时应快速搅拌。④黄油蛋黄酱一定要冷后食用。

适用范围： 可抹面包或作甜点的馅料。

实例举证： 火腿面包圈

原料：圆形面包1个，芦笋25克，鸡蛋2个，火腿片、黄油蛋黄酱各适量。

制法：①锅中添入适量清水烧至微开，磕入鸡蛋煮熟成荷包蛋，捞出；再放入芦笋焯熟，捞出过凉待用。②平底锅坐火上，将圆形面包拦腰切为两半，剖面朝下放入锅中焙黄，取出放在盘中，上面依次放上火腿片、荷包蛋和芦笋，最后淋上黄油蛋黄酱即成。

特点：美味早餐，快速简捷。

提示：①倒入鸡蛋时水不能滚沸，否则不能成为圆润完整的荷包蛋。②选用鲜嫩的芦笋，并且要焯熟。

油桃果酱

这种酱是以油桃和白糖为主料制作而成的，颜色粉嫩、香气浓郁、甜而润滑。

原料组成：油桃750克，白糖200克，白醋5克，精盐1克。

调配方法：①油桃洗净，去皮去核，切成小块，放入搅拌机内，加少量清水打成细泥，待用。②不锈钢锅上火，倒入油桃肉泥和白糖搅匀，以小火熬制至白糖完全溶化后，加入白醋和精盐，并用铲子不停搅拌至黏稠时即成。

调酱心语：①油桃打泥时可留一些果粒，吃起来会更有质感。②加入精盐的量一定要少，这样可以使果酱更香甜。③果酱内加入白醋可以使成品味道更好。也可以用半个柠檬挤出来的柠檬汁代替白醋。④油桃含水分比较多，添加清水不宜过多。

适用范围：可淋在酸奶、吐司上或制作甜点、拌制各种水果沙拉。

实例举证：油桃酱蛋糕

原料：低筋面粉130克，细糖粉40克，油桃果酱30克，杏仁粉30克，牛奶30克，鸡蛋1个，泡打粉2克，精盐1克，黄油80克。

制法：①鸡蛋磕入碗内，充分打散；黄油、细糖粉和精盐混合放在一起，打发后分次打入鸡蛋液。待搅拌均匀，加入过筛的低筋面粉、杏仁粉、泡打粉和牛奶拌匀，装入裱花袋，待用。②将面糊挤一半到模具中，然后舀入油桃果酱，再将果酱之上挤一圈环形面糊。然后把模具放入预热至180℃的烤箱中层，用上下火烤约20分钟至表面金黄即可。

特点：形态美观，味道甜香。

提示：①杏仁粉颗粒比较粗，可不过筛，但放入之前可以先搅拌至松散。②油桃果酱的用量也不要太多，点缀即可，在果酱之上的面糊是一圈环形即可，要留出中间果酱部分，成品形状会比较特别。③根据模具的大小掌握好烘烤时间。

猕猴桃酱

这种酱是以猕猴桃和白糖为主要原料制作而成的，色呈淡绿、味甜适口。

原料组成： 猕猴桃500克，白糖150克，清水250克。

调配方法： ①将猕猴桃洗净沥水，去除残余的果柄和表皮，切成小丁；白糖和清水入锅煮至溶化，离火待用。②原锅重新上火，倒入猕猴桃肉丁和一半白糖水，以小火煮半小时至果肉透明。再加入剩余的白糖水，续煮至无水汽且呈黏稠状时，趁热装瓶即可。

调酱心语： ①应挑选充分成熟的猕猴桃为原料。②应边煮猕猴桃果肉丁边用手勺压制成泥。③炒制时要不断搅拌，防止焦煳。④将瓶子倒置，冷却后翻转，这样可以使瓶中没有装满的上部也得到消毒。

适用范围： 用作甜点的馅料，也可抹面包或加开水冲饮。

实例举证： 猕猴桃酱饼干

原料：低筋面粉250克，鸡蛋液30克，细砂糖60克，黄油120克，猕猴桃酱50克。

制法：①黄油室温放软，加入细砂糖搅打松发，再加入鸡蛋液搅打至完全被黄油吸收，倒入过筛的低筋面粉拌和成面团，盖上保鲜膜饧约10分钟。②将面团放在撒有扑面的案板上擀成厚0.5厘米的片状，覆盖保鲜膜放入冰箱冷冻室冻20分钟，取出用压模压出形状，移到垫不粘纸的烤盘上，送入预热至180℃的烤箱内，用上下火烤约15分钟至表面金黄，关火取出，将两片饼干之间，涂抹适量猕猴桃果酱，用手稍稍按实即成。

特点：色泽金黄，酥香味甜。

提示：刻压形状时，要每两个同样的形状中，就有一个中间用模具压出小一圈的形状，使得最好整合成一个时，下面的一块是完整的形状，上面的一块是镂空的，空心部分是果酱的颜色。

金橘酱

这种酱是以金橘加冰糖制作而成的，色泽黄亮、味道甜美。

原料组成： 金橘500克，冰糖300克，清水300克。

调配方法： ①金橘洗净，晾干水分。取一半金橘切丁去籽，放在搅拌机内打成泥；另一半金橘切丝。②不锈钢锅上火，倒入清水烧沸，放入冰糖、金橘丝和金橘泥。大火烧开后，转小火熬15分钟左右至黏稠，离火装瓶即成。

调酱心语： ①金橘是主料，要选用味甜新鲜佳品。②冰糖起增甜、防腐的作用。③熬酱时一定要用小火，并且勤搅拌。尤其是后期浓稠的时候特别容易煳底，更要多搅拌。

适用范围： 用作甜点的馅料或抹面包，也可加开水冲饮。

实例举证： 橘酱三角饼

原料：面粉250克，鲜牛奶50克，鸡蛋半个，白糖25克，黄油15克，泡打粉2克，精盐少许，金橘酱适量。

制法：①面粉纳盆，加入白糖、泡打粉和精盐掺匀，再加鸡蛋、黄油和鲜牛奶搅拌均匀，根据软硬加适量水和成软面团，用湿布盖住饧约几分钟。②把面团擀成0.5厘米厚的饼状，然后用碗口压成数个圆形片，在表面中间抹匀一层金橘酱，将边缘分成三等分折向中间成三角形，要求中间略露酱料，即成三角馅饼生坯。③把制好的饼坯摆在抹有油的烤盘上，入预热至180℃的烤箱中烤约12分钟至熟，取出即成。

特点：金黄酥脆，甜而不腻。

提示：①面和成团后不要饧置过长时间，以防生成较多面筋，制品不酥脆。②烤制时间要控制好。也可更换其他的不同果味酱料。